Beck-Wirtschaftsberater im dtv

Der Buchführungs-Ratgeber

dtv

Beck-Wirtschaftsberater

Der Buchführungs-Ratgeber

Grundlagen und Beispiele

Von Erich Herrling und Claus Mathes

7., überarbeitete und aktualisierte Auflage

dtv

Trotz sorgfältiger Bearbeitung können und dürfen wir für die Richtigkeit der Darstellungen bei der konkreten Umsetzung in einer Buchhaltung keine Haftung übernehmen.

www.dtv.de
www.beck.de

Originalausgabe

dtv Verlagsgesellschaft mbH & Co. KG,
Tumblingerstraße 21, 80337 München

Druck und Bindung: Druckerei C.H. Beck, Nördlingen
(Adresse der Druckerei: Wilhelmstraße 9, 80801 München)
Satz: ottomedien, Darmstadt
Umschlaggestaltung: Agentur 42, Bodenheim
ISBN 978-3-423-50953-4 (dtv)
ISBN 978-3-406-69854-5 (C. H. Beck)

9 783406 698545

Vorwort zur 7. Auflage

Anschaulichkeit und Verständlichkeit gelten als Grundprinzip dieses Buches. Ausgangspunkt bildet das Buchen auf Konten und nicht die Bilanz. So findet der Leser schneller die Regeln für grundlegende Buchungen, ohne sich zuerst mit einer Vielzahl neuer Begriffe beschäftigen zu müssen. Über einen Abgleich der Endbestände auf den Konten mit den tatsächlichen Werten wird der Leser zu Inventur, Inventar und Bilanz geführt. Schrittweise werden die Kenntnisse um Ergebniskonten und Umsatzsteuer und zahlreiche vertiefende Aspekte erweitert. Die Darstellung von Buchungen in der Finanzbuchhaltung und in der Lagerbuchhaltung verdeutlicht den Praxisbezug und erhöht die Anschaulichkeit. Zahlreiche Fallbeispiele vertiefen die Kenntnisse. Das Buchen auf Debitoren- und Kreditorenkonten unterstreicht die praxisgerechte Vorgehensweise. Personalbuchungen und ausführliche Darstellungen zu den notwendigen Arbeiten im Rahmen des Jahresabschlusses fehlen ebenso wenig wie die Darstellung einer EDV-Buchführung und der Darstellung des Geschäftsprozessgedankens. Aktuelle Bestimmungen wie die Grundsätze zur elektronischen Buchführung (GoBD), zur E-Bilanz und die Neudefinition der Umsatzerlöse sind berücksichtigt.
Der zunehmenden Bedeutung der Einnahmenüberschussrechnung wird entsprechend Rechnung getragen. Am Ende eines jeden Kapitals werden in „Fragen und Übungen" typische Verständnisfragen gestellt und anschaulich beantwortet. Übungen mit Lösungen ermöglichen dem Leser, sein erworbenes Wissen selbst zu testen. Ein Glossar buchhalterischer Grundbegriffe gibt eine Übersicht. Interessante Internetadressen ermöglichen eine intensive Beschäftigung mit diversen Themen aus dem Rechnungswesen.
Wir sind zuversichtlich, dass Sie nach dem Durcharbeiten des Bandes zu der Einsicht kommen: „Buchführung ist doch ganz einfach. Außerdem macht sie Spaß."
Für Anregungen und Kritik sind wir dankbar.
Ravensburg und Weingarten, im Juli 2016

Erich Herrling
Claus Mathes

Inhaltsübersicht

Inhaltsverzeichnis

Abkürzungsverzeichnis

AB .... Anfangsbestand
Abb. .... Abbildung
Abs. .... Absatz
Abschn. .... Abschnitt
AfA .... Absetzung für Abnutzung
AG .... Aktiengesellschaft
AO .... Abgabenordnung
BGA .... Betriebs- und Geschäftsausstattung
bzw. .... beziehungsweise
c .... Cent
ca. .... circa
d. J. .... des Jahres
E-Bilanz .... Elektronische Übermittlung von Bilanz und GuV-Rechnung
EBK .... Eröffnungsbilanzkonto
EDV .... Elektronische Datenverarbeitung
EPK .... Ereignisgesteuerte Prozessketten
ERP .... Enterprise Resource Planning
EStG .... Einkommensteuergesetz
EStR .... Einkommensteuer-Richtlinien
etc. .... et cetera (usw.)
EUR .... Euro
f. .... folgende
ff. .... fortfolgende
FIBU .... Finanzbuchhaltung
fifo .... first in – first out
Ford. .... Forderung
Ford. a. L. u. L ...... Forderungen aus Lieferungen und Leistungen
GAAP .... Generally Accepted Accounting Principles
GCD .... Global Common Document
GmbH .... Gesellschaft mit beschränkter Haftung
GoB .... Grundsätze ordnungsmäßiger Buchführung

GOBD	Grundsätze zur ordnungsmäßigen Führung und Aufbewahrung von Bücher, Aufzeichnungen und Unterlagen in elektronischer Form sowie zum Datenzugriff
GuV	Gewinn- und Verlustkonto
GWG	Geringwertige Wirtschaftsgüter
H	Haben
HGB	Handelsgesetzbuch
IAS	International Accounting Standards
IFRS	International Financial Reporting Standards
i. S. d.	im Sinne des
incl.	inclusive, einschließlich
IUS	Integrierte Unternehmenssoftware
KG	Kommanditgesellschaft
Kap.	Kapitel
LStDV	Lohnsteuer-Durchführungsverordnung
lifo	last in – first out
lt.	laut
MWSt	Mehrwertsteuer
S	Soll
SBK	Schlussbilanzkonto
TEur	Tausend Euro
u. a.	unter anderem
USt	Umsatzsteuer
UStG	Umsatzsteuergesetz
UStDV	Umsatzsteuer-Durchführungsverordnung
usw.	und so weiter
Verb.	Verbindlichkeit
Verb a. L. u. L.	Verbindlichkeiten aus Lieferungen und Leistungen
vgl.	vergleiche
z. B.	zum Beispiel

1. Kapitel

Einfache Buchungen auf Bestandskonten

In diesem Kapitel wird der Leser zunächst an einem vereinfachten Beispiel in die Buchführung eingeführt. Der Leser erfährt, wer buchführungspflichtig ist und welche Grundsätze in der Buchhaltung zu beachten sind. Der Leser wird mit grundlegenden Buchungsregeln vertraut gemacht. Er lernt zunächst das Buchen im sogenannten „Hauptbuch" auf „T-Konten". Diese sachlogische Betrachtungsweise wird um eine chronologische Sichtweise durch Einführung des sogenannten „Buchungssatzes" ergänzt.

1.1 Einführung in die Buchführung

Beginnen wir mit einem stark vereinfachten **BEISPIEL.**
Wir betreiben eine kleine Fahrradhandlung. Wir gehen von folgenden Zahlen aus:

- In der Kasse ist ein Startkapital in Höhe von 7.000 EUR.
- Ein Fahrrad kostet im Einkauf 100 EUR.
- Pro Periode fallen für Miete, Energie und Löhne insgesamt 200 EUR an, die bar gezahlt werden.
- Die Fahrradhandlung hat in Periode 1 (= 1 Monat) 5 Fahrräder eingekauft. Bei einem Verkaufspreis von 120 EUR konnten 5 Fahrräder an Kunden verkauft werden. Für Werbemaßnahmen zahlte das Unternehmen sofort bar; 70,00 EUR.

Erstellen wir für die Periode 1 die Einnahmen- und Ausgabenrechnung

Einnahmen- und Ausgabenrechnung Kasse in EUR

Text	**Anfangsbestand und Einnahmen**	**Ausgaben**
Anfangsbestand	7.000,00	
Einkauf Fahrräder		500,00
Mieten, Energie, Löhne		200,00
Werbung		70,00
Verkauf an Kunden	600,00	
Endbestand (= Saldo)		**6.830,00**

Erläuterungen zur Rechnung:

- Bei den Ausgaben für Fahrräder muss mit dem Einkaufspreis gerechnet werden: 5 Stück · 100 EUR = 500,00 EUR
- Bei den Einnahmen aus dem Verkauf an Kunden muss mit dem Verkaufspreis gerechnet werden: 5 Stück · 120 EUR = 600,00 EUR

War dieser erste Monat für die Fahrradhandlung ein guter oder schlechter Monat?

Das Monatsergebnis kann auf zwei unterschiedliche Arten ermittelt werden:

- Monatsergebnis: Endbestand Kasse – Anfangsbestand Kasse = 6.830,00 – 7.000,00 = – 170,00 EUR
- Monatsergebnis = Einnahmen – Ausgaben = 600,00 – 770,00 = – 170,00 EUR

Die Fahrradhandlung hat weniger Einnahmen als Ausgaben, d. h., sie hat ein negatives Monatsergebnis erzielt. Ihr Kassenbestand hat sich folglich von 7.000 EUR auf 6.830,00 EUR vermindert.

Wir haben oben den Anfangsbestand erfasst und die Geschäftsfälle (Kauf von Fahrrädern, Verkauf von Fahrrädern an Kunden usw.) planmäßig und lückenlos erfasst. Die Erfassung aller Anfangsbestände (z. B. auch den Anfangsbestand in der Kasse, des Warenbestandes etc.) und die planmäßige und lückenlose Erfassung aller Geschäftsfälle in einer Geschäftsperiode (in der Regel ein Jahr, in unserem Beispiel ein Monat) bezeichnet man als **Kaufmännische Buchführung**. Häufig werden dafür auch die Begriffe „**Finanzbuchführung** “ oder „**Geschäftsbuchführung** “ verwendet.

> Die Erfassung aller Anfangsbestände und die lückenlose Erfassung aller Geschäftsfälle in einer Geschäftsperiode bezeichnet man als **Kaufmännische Buchführung**.

Der Unternehmer hat ein Eigeninteresse, dass eine Buchführung betrieben wird. Darüber hinaus verpflichtet ihn aber auch der Gesetzgeber dazu. Die Verpflichtung kann sich aus dem Handelsgesetzbuch (= HGB) ergeben, das für alle Kaufleute gilt. Die Buchführungspflicht ergibt sich auch aber auch aus dem Steuerrecht, der sogenannten Abgabenordnung (= AO).

Umfang der Buchführungspflicht für Unternehmer[1]	
Freiberufler (Ärzte, Rechtsanwälte, Künstler etc.) Kleingewerbetreibende, die keinen in kaufmännischer Weise eingerichteten Geschäftsbetrieb benötigen und nicht im Handelsregister eingetragen sind	Gewerbetreibende nach AO[2] sofern der Gewinn höher als 60.000 EUR oder der Umsatz höher als 600.000 EUR
Einzelkaufleute, bei denen der Gewinn kleiner oder gleich 60.000 EUR und der Umsatz kleiner oder gleich 600.000 EUR[3] sind von der Pflicht zur doppelten Buchführung (HGB) befreit. Nach den Vorschriften des Steuerrechts genügt für diesen Personenkreis eine:	**Kaufleute nach HGB,** z. B. Kapitalgesellschaften: AG[4] und GmbH[5] **Ausnahme: Einzelkaufleute nur, wenn deren Umsatz größer als 600.000 EUR und** deren Gewinn höher als 60.000 EUR (nach HGB)
Einnahmenüberschussrechnung[b]	**Doppelte Buchführung**
Betriebseinnahmen – Betriebsausgaben = Gewinn	Eigenkapital am Ende des Jahres – Eigenkapital am Anfang des Jahres = Gewinn (durch Vermögensvergleich) Erträge – Aufwendungen = Gewinn
Keine Führung von (Bestands-) Konten erforderlich.	Geschäftsfälle werden auf Konten erfasst (= gebucht). Ein Geschäftsfall berührt mindestens zwei Konten.

Einzelkaufleute können sich von der Buchführungspflicht nach Handelsrecht aber nur befreien, wenn sie die Grenzwerte in zwei aufeinanderfolgenden Geschäftsjahren einhalten. Die Befreiungsregelung kann außerdem bei Neugründung in Anspruch genommen werden. Dazu müssen die Grenzwerte am Ende des ersten Geschäftsjahres eingehalten sein.

Die Einnahmenüberschussrechnung – wie wir sie vereinfacht für die Fahrradhandlung durchgeführt haben, wäre für größere Unternehmen nicht ausreichend. Wir werden uns daher im Weiteren zunächst mit der doppelten Buchführung beschäftigen und in einem eigenen Kapitel ausführlich auf die Einnahmenüberschussrechnung (Kap. 11) eingehen.

Vereinfachend bleiben wir aber zunächst bei der kleinen Fahrradhandlung und nehmen an, dass diese eine doppelte Buchführung betreibt.

Anforderungen an die Finanzbuchhaltung

Grundsätzlich muss die Buchführung so beschaffen sein, dass sie einem sachverständigen Dritten (z. B. einem Mitarbeiter des Finanzamtes oder einem Wirtschaftsprüfer) in angemessener Zeit einen Überblick über die Geschäftsfälle und die Lage des Unternehmens verschaffen kann. Was dieser Grundsatz im Einzelnen bedeutet, wird unter der Bezeichnung „Grundsätze ordnungsmäßiger Buchführung " (GOB) zusammengefasst. Sie werden ständig weiter entwickelt und aktuellen Gegebenheiten angepasst. Für die Erfassung der Geschäftsfälle sind dies insbesondere die folgenden Grundsätze:

Ausgewählte Grundsätze ordnungsmäßiger Buchführung	
Grundsatz	**Erläuterung**
Klarheit und Übersichtlichkeit	Geschäftsfälle müssen sich in ihrer Entstehung und Abwicklung verfolgen lassen.
Richtigkeit und Vollständigkeit	Korrekte Buchung und Aufzeichnung der Geschäftsfälle. Verwendung der korrekten Konten.
Ordnungsmäßigkeit	Keine Erfassung/Buchung ohne dass ein Beleg vorliegt! Umgekehrt bedeutet dies auch, dass jeder Beleg, der vorliegt, auch erfasst werden muss. Beispiele für Belege: Quittungen, Rechnungen, Kontoauszüge. Buchungen dürfen nicht unleserlich sein. Wenn ein Fehler gemacht wurde, darf der ursprüngliche Inhalt nicht unleserlich gemacht werden. Das bedeutet, dass Tintenkiller oder Tipp-Ex nicht erlaubt sind. Die ursprüngliche Eintragung muss immer noch lesbar sein.

Ausgewählte Grundsätze ordnungsmäßiger Buchführung	
Zeitgerechtigkeit	Geschäftsfälle sind in angemessener Zeit, nachdem sie angefallen sind, zu erfassen. Der Kasseneinnahmen und Kassenausgaben sollen täglich aufgenommen werden.
Nachprüfbarkeit	Buchungsbelege müssen 10 Jahre aufbewahrt werden. (Geschäftsbriefe: 6 Jahre). Die Daten der Buchhaltung müssen gesichert werden.

Die in Unternehmen zu führenden Aufzeichnungen und zunehmend die aufbewahrungspflichtigen Unterlagen werden in elektronischer Form aufbewahrt. Vor diesem Hintergrund wurden die „Grundsätze zur ordnungsmäßigen Führung und Aufbewahrung von Büchern, Aufzeichnungen und Unterlagen in elektronischer Form sowie zum Datenzugriff" (kurz: **GoBD**) entwickelt. Die GoBD gelten seit dem 1.1.2015. Sie lösen die „Grundsätze ordnungsmäßiger DV-gestützter Buchführungssysteme (GoBS) und die „Grundsätze zum Datenzugriff und zur Prüfbarkeit digitaler Unterlagen (GDPdU) ab.

Sie gelten nicht nur für buchführungspflichtige Unternehmen, sondern auch für Unternehmen, die freiwillig elektronische Bücher und Aufzeichnungen führen und grundsätzlich auch für sonstige Aufzeichnungen nicht buchführungspflichtiger Unternehmen, also z. B. für Unternehmen, die eine Einnahmenüberschussrechnung durchführen.

Die Ordnungsmäßigkeit elektronischer Bücher und sonst erforderlicher elektronischer Aufzeichnungen ist grundsätzlich nach den gleichen Prinzipien zu beurteilen wie die Ordnungsmäßigkeit bei manuell erstellten Büchern oder Aufzeichnungen. Vor diesem Hintergrund sind auch die bereits dargestellten GOB zu beachten.

Exemplarisch stellen wir hier einige **ausgewählte** GoBD-Grundsätze vor:

Ausgewählte GoBD-Grundsätze mit Beispielen	
Grundsatz	**Beispiele**
Einrichtung eines internen Kontrollsystems (= IKS)	Für die Einhaltung der Ordnungsvorschriften des § 146 AO hat der Steuerpflichtige Kontrollen einzurichten, auszuüben und zu kontrollieren. Beispiele für solche Kontrollen: spezifische Zugangs- und Zugriffsberechtigungen, Erfassungskontrollen (z. B. Plausibilitätsprüfungen), Abstimmungskontrollen bei der Dateneingabe, Verarbeitungskontrollen und Schutzmaßnahmen gegen Verfälschungen von Programmen, Daten und Dokumenten.Bei einem Systemwechsel muss geprüft werden, ob das eingesetzte DV-System tatsächlich dem dokumentierten System entspricht. Die Beschreibung des internen Kontrollsystems ist Bestandteil der Verfahrensdokumentation
Sicherung des DV-Systems	Der Steuerpflichtige muss sein DV-System sichern und gegen unberechtigte Veränderungen – z. B. durch Zugangs- und Zugriffskontrollen – schützen. Werden Daten, Datensätze oder elektronische Dokumente nicht ausreichend geschützt und können deshalb nicht mehr vorgelegt werden, dann ist die Buchführung formell nicht mehr ordnungsmäßig.
Aufzeichnung von Geschäftsfällen	Jede Buchung muss in Zusammenhang mit einem Beleg stehen. Durch Erfassungs-, Übertragungs- und Verarbeitungskontrollen muss sichergestellt werden, dass alle Geschäftsfälle vollständig erfasst werden und danach nicht unbefugt (Zugriffsschutzverfahren) und nicht ohne Nachweis des vorausgegangenen Zustandes verändert werden können. Die Durchführung der Kontrollen muss protokolliert werden. Kasseneinnahmen und Kassenausgaben sollen **täglich** festgehalten werden. Eine Erfassung von unbaren Geschäftsfällen **innerhalb von 10 Tagen** ist unbedenklich. Es wird der Vorgehensweise, Belege erst über einen längeren Zeitraum zu sammeln und dann erst zu buchen, eine Absage erteilt.

Ausgewählte GoBD-Grundsätze mit Beispielen	
Unveränderbarkeit von Belegen, Buchungen und Grundaufzeichnungen	Das Datenverarbeitungsverfahren muss die Gewähr dafür bieten, dass die Informationen, die einmal in den Verarbeitungsprozess eingeführt wurden, nicht mehr unterdrückt oder ohne Kenntlichmachung überschrieben, gelöscht, geändert oder gefälscht werden können.
Aufbewahrung von Unterlagen	Mit Ausnahme der Jahresabschlüsse, der Eröffnungsbilanz und der Zollunterlagen (Unterlagen nach § 147 Absatz 1 Nr. 4a AO) können die Unterlagen nach § 147, Abs. 1 AO auch als Wiedergabe auf einem Bildträger oder auf anderen Datenträgern aufbewahrt werden, wenn dies den Grundsätzen ordnungsmäßiger Buchführung entspricht und sichergestellt ist, dass die Wiedergabe oder die Daten 1. mit den empfangenen Handels- oder Geschäftsbriefen und den Buchungsbelegen bildlich und mit den anderen Unterlagen inhaltlich übereinstimmen, wenn sie lesbar gemacht werden, 2. während der Dauer der Aufbewahrungsfrist jederzeit verfügbar sind, unverzüglich lesbar gemacht und maschinell ausgewertet werden können. Sind Datensätze, elektronische Dokumente oder elektronische Unterlagen im Unternehmen entstanden oder eingegangen, sind sie auch in dieser Form aufzubewahren und dürfen vor Ablauf der Aufbewahrungsfrist nicht gelöscht werden. Sie dürfen daher nicht mehr nur in ausgedruckter Form aufbewahrt werden und müssen für die Dauer der Aufbewahrungspflicht unveränderbar erhalten bleiben. Es ist aber nicht zu beanstanden, wenn elektronisch erstellte und in Papierform abgesandte Handels- und Geschäftsbriefe nur in Papierform aufbewahrt werden. Werden z. B. Buchungsbelege nach dem Erhalt in Papierform eingescannt, ist das Scanergebnis so aufzubewahren, dass die Wiedergabe mit dem Original bildlich übereinstimmt, wenn sie lesbar gemacht wird. Das Verfahren muss dokumentiert werden. Es sollte deshalb

Ausgewählte GoBD-Grundsätze mit Beispielen	
	eine Organisationsanweisung erstellt werden, die u. a. regelt, wer scannen darf, zu welchem Zeitpunkt gescannt wird, wie die Qualitätskontrolle auf Lesbarkeit und Vollständigkeit und wie die Protokollierung von Fehlern zu erfolgen hat.
Nachvollziehbarkeit und Nachprüfbarkeit	Die Buchführung muss so beschaffen sein, dass sie einem sachverständigen Dritten innerhalb angemessener Zeit einen Überblick über die Geschäftsfälle und über die Lage des Unternehmens vermitteln kann. Von einem sachverständigen Dritten kann Sachverstand hinsichtlich der Ordnungsvorschriften (§§ 145 bis 147 AO) und allgemeiner DV-Sachverstand erwartet werden, nicht jedoch produktabhängige System- oder Programmierkenntnisse. Für die Prüfung ist eine aussagekräftige Verfahrensdokumentation notwendig, die alle System- bzw. Verfahrensänderungen inhaltlich und zeitlich lückenlos dokumentiert. Die Verfahrensdokumentation muss für einen sachverständigen Dritten verständlich sein, um eine Nachprüfung in angemessener Zeit zu ermöglichen.

Wenn Sie sich ausführlicher mit den GoBD beschäftigen wollen, finden Sie entsprechende Informationen z. B. beim Bundesfinanzministerium: **http://www.bundesfinanzministerium.de**. Geben Sie als Suchbegriff „GoBD" ein.

Im Mittelpunkt steht das Erfassen von Geschäftsfällen auf Konten. Man nennt dies „Buchen" der Geschäftsfälle. Um Unternehmen miteinander vergleichen zu können, ist der Aufbau eines Kontos in allen Unternehmen gleich. Im Gegensatz zur Staffelform (alles untereinanderschreiben), werden in einem Konto Zugänge und Abgänge **gegenübergestellt** (= **Kontenform**).

Da das Aussehen eines Kontos an ein großes „T" erinnert, spricht man auch von **„T-Konten"**.

Zugänge und Abgänge werden gegenübergestellt, weshalb man von **„Kontenform"** spricht.

Bei den sogenannten Vermögenskonten – wie z. B. Kasse – ist festgelegt, dass der Anfangsbestand auf der linken Seite steht. Kommt zu diesem Anfangsbestand noch etwas hinzu, wird es logischerweise auf dieselbe Seite geschrieben. Abnahmen werden dann zur Unterscheidung auf die andere Seite (rechte Seite) geschrieben.

Damit ergibt sich folgender Aufbau z. B. des Kontos „Kasse" in unserer Buchführung:

Kasse

Anfangsbestand	Abgänge (Abnahme)
Zugänge (Zunahme)	

Um sich schneller über Buchungen auf den Konten verständigen zu können, bekommt jede Seite des Kontos einen Namen. Bei allen Konten wird die linke Seite mit „Soll" und die rechte Seite mit „Haben" bezeichnet. Damit sieht das Konto „Kasse" in unserer Buchhaltung wie folgt aus:

Kasse

Soll	**Haben**
Anfangsbestand	Abgänge (Abnahme)
Zugänge (Zunahme)	

Die Bezeichnung der Seiten ist allerdings verwirrend. Vom Alltagsverständnis her, verbinden wir mit Soll = Minus und Haben = Plus. Dieses Verständnis gilt aber für die Buchführung nicht! Nun wird man mit Recht fragen, warum die Namen der Seiten dann so gewählt wurden. Das erklärt sich aus der Geschichte der Buchführung. Als man begann, Bücher zu führen, hat man damit angefangen zunächst für jeden Kunden ein Konto anzulegen. Die linke Seite bezeichnete man mit „der Kunde **soll** zahlen" und die rechte Seite „der Kunde **hat** gezahlt". So entstanden in Kurzform die Bezeichnungen „Soll" und „Haben", die man dann für alle Konten übernommen hat. Um auf der jeweils richtigen Seite des Kontos zu buchen, ist es wichtig, Soll = Minus und Haben = Plus aus dem

Gedächtnis zu streichen. Es gelten einfach die folgenden Überlegungen:

- Auf welcher Seite steht der Anfangsbestand?
- Kommt etwas hinzu, kommt es zum Anfangsbestand dazu, wird folglich auf derselben Seite gebucht.
- Geht etwas weg, muss es zur Unterscheidung auf die andere Seite geschrieben werden.

Dass wir dennoch nicht auf die Namen „Soll" und „Haben" verzichten können, liegt auch daran, dass die Verwendung heute noch üblich ist und einige PC-Buchhaltungsprogramme diese Seitenbezeichnungen verwenden.

Buchführung muss immer aus der Sicht dessen betrachtet werden, der die Buchführung betreibt. Wenn es um **unsere Buchhaltung** geht, dann betrachten wir die Geschäftsfälle auch nur von unserem Standpunkt aus.

Nehmen wir an, ich überziehe mein Konto bei der Bank um 3.000 EUR. Was bedeutet das aus Sicht der Buchhaltung der Bank? Die Bank führt in ihrer Buchhaltung ein Konto mit dem Namen „Mathes". Da mein Konto bisher auf null war und nun überzogen wird, hat die Bank an mich eine Forderung auf Rückzahlung der 3.000 EUR. Die Bank bucht dies auf der Soll-Seite des Kontos „Mathes". Dies aber nicht, weil aus Sicht der Bank „Soll = Minus" wäre, sondern weil der Anfangsbestand des Kontos Mathes (hier = 0) links (= Soll-Seite) steht und zu diesem Anfangsbestand nun eine Forderung hinzukommt. Da der Kontoauszug von der Bank erstellt wird und aus Sicht der Bankbuchhaltung ist, stand im Kontoauszug früher „3.000 EUR Soll". Heute findet sich in den Kontoauszügen in der Regel anstelle von „Soll" ein Minuszeichen beim Betrag.

Um den beschriebenen GOB gerecht zu werden, werden außerdem auf dem Konto alle Geschäftsfälle durchnummeriert und mit Datum versehen. Aus Vereinfachungsgründen lassen wir im Folgenden das Datum weg und beschränken uns auf die Nummerierung der Geschäftsfälle.

Das Konto „Kasse" in der Buchhaltung unserer kleinen Fahrradhandlung hat dann folgendes Aussehen:

Kasse

Soll			**Haben**
Anfangsbestand	7.000,00	(1) Kauf Fahrräder	500,00
(4) Verkauf an Kunden	600,00	(2) Miete, Energie, Löhne	200,00
		(3) Werbung	70,00

Allerdings dürfen wir diese Buchungen nur vornehmen, wenn wir für jeden Vorgang auch einen Beleg haben.

1.2 Ausgewählte aktive Bestandskonten

Unsere kleine Fahrradhandlung hatte am Ende des Monats noch 6.830,00 EUR in der Kasse. Dem Inhaber ist es zu riskant, so viel Bargeld im Unternehmen zu haben. Er entschließt sich, 6.000,00 EUR auf das Bankkonto des Geschäfts einzuzahlen. Wir nehmen an, dass das Geld auf dem Bankkonto sofort gutgeschrieben wird.

Wie wirkt sich der Vorgang in der Buchhaltung aus?

Auf dem uns bisher bekannten Konto „Kasse" müssen wir einen Abgang buchen, da das Geld aus der Kasse herausgenommen wurde. Abgänge werden im Haben erfasst. Die Buchung auf dem Konto „Kasse" ist durch Fettdruck hervorgehoben:

Kasse

Soll			**Haben**
Anfangsbestand	7.000,00	(1) Kauf Fahrräder	500,00
(4) Verkauf an Kunden	600,00	(2) Miete, Energie, Löhne	200,00
		(3) Werbung	70,00
		(6) Einzahlung Bankkonto	**6.000,00**

Bisher fehlt uns aber eine Erfassung der Tatsache, dass das Geld nun auf unserem Bankkonto ist. Wir benötigen folglich in unserer Buchhaltung ein Konto „Bank". Dieses Konto hat denselben Aufbau wie das Konto „Kasse".

Bank

Soll	**Haben**
Anfangsbestand Zugänge (Zunahme)	Abgänge (Abnahme)

Nehmen wir an, wir hatten auf dem Bankkonto bereits 5.000 EUR. Anfangsbestand und die Einzahlung von 6.000 EUR ergeben auf dem Konto folgendes Bild:

Bank

Soll		**Haben**
Anfangsbestand	5.000,00	
(6) Einzahlung Bankkonto	6.000,00	

Unsere kleine Fahrradhandlung hat als einen Kunden ein Wellnesshotel. Es möchte in Zukunft die Fahrräder, die es bei uns kauft, nicht mehr bar bezahlen. Es wünscht den Kauf auf Rechnung und die Möglichkeit, diese Rechnung innerhalb von 30 Tagen zu überweisen. Da der bargeldlose Zahlungsverkehr aufgrund von Sicherheitsüberlegungen (kein Bargeld) und aufgrund der einfachen Handhabung (z. B. Online-Banking) durchaus üblich ist, werden wir dem Wunsch entsprechen.
Welche Konsequenzen ergeben sich für unsere Buchhaltung?

Nehmen wir an, wir verkaufen am 22. Februar 20XX ein Fahrrad für 120,00 EUR an das Wellnesshotel. Der Verkauf auf Rechnung bedeutet, dass wir heute die Ware liefern und das Wellnesshotel aber erst im März bezahlen muss. Wenn wir den Verkauf am 22. Februar in der Buchhaltung erfassen wollen, muss irgendwie deutlich werden, dass wir vom Wellnesshotel noch Geld zu bekommen haben. Dies geschieht durch die Erfassung auf dem Konto „Forderungen aus Lieferungen und Leistungen". Aus unserer Lieferung vom 22. Februar haben wir noch 120,00 EUR zu fordern (da die Rechnung erst im März bezahlt wird).

Das Konto „Forderungen aus Lieferungen und Leistungen" (kurz: Ford. a. L. u. L.) hat denselben Aufbau wie die Konten „Kasse" und „Bank". Die Rechnung an das Wellnesshotel wäre auf diesem neuen Konto im Soll zu erfassen, da unsere Forderungen an das Wellnesshotel (bisher hatten wir noch keine) zunehmen.

Ford. a. L. u. L.

Soll		**Haben**
Anfangsbestand	0,00	
(7) Rechnung Wellnesshotel	120,00	

Natürlich müssten wir auch erfassen, dass unserem Bestand nun Fahrräder entnommen wurden. Dies lassen wir aber zunächst außerhalb unserer Betrachtung.

Wir haben bisher gesehen, dass die Konten „Bank", „Kasse" und „Ford. a. L.u. L." alle den gleichen Aufbau haben. Man nennt diese Konten Vermögenskonten oder „aktive Bestandskonten". Bestandskonten heißen diese Konten, da sie etwas über unseren Kassenbestand, unseren Bestand auf dem Bankkonto und unseren Bestand an Forderungen an Kunden aussagen. Es sind alles Konten, die Auskunft darüber geben, was wir mit unserem Geld gemacht haben. Wir haben es in die Kasse gelegt, aufs Bankkonto einbezahlt oder unseren Kunden „geliehen". Letzteres weil wir ihnen jetzt Waren geliefert haben, die sie aber erst später bezahlen müssen.

Weiter Beispiele für solche aktiven Bestandskonten sind:

Beispiele für aktive Bestandskonten	
Bezeichnung des Kontos	**Erläuterung**
Fuhrpark	Firmenfahrzeuge
Betriebsausstattung	Einrichtungsgegenstände im Lager und in der Produktion
Geschäftsausstattung	Einrichtungsgegenstände in der Verwaltung und im Verkaufsraum
Waren	

Aktive Bestandskonten (= Vermögenskonten) sind Konten, die Aussagen machen über die Mittelverwendung. Sie haben den Anfangsbestand und Zugänge im Soll und Abgänge im Haben.

Manche Konten hängen von der Branche ab. Während im Handel ein Konto „Waren" erforderlich ist (der Handel produzierte ja selbst keine Produkte, sondern kauft Waren ein, die er weiter verkauft), benötigt ein Industriebetrieb z. B. die Konten „Rohstoffe" und „Fertigerzeugnisse (= selbst hergestellte Produkte)". Um den jeweiligen Bedürfnissen gerecht zu werden, hat sich für jede Branche ein sogenannter Kontenrahmen herausgebildet. In ihm sind die in der Branche üblichen Konten nach einem bestimmten Ordnungsprinzip aufgelistet. Damit wird eine Einheitlichkeit in der Kontenbezeichnung innerhalb einer Branche erreicht.

Aus diesem Kontenrahmen sucht sich jedes Unternehmen die Konten heraus, die es benötigt. Man spricht dann von einem „Kontenplan". Umgekehrt könnte ein Unternehmen auch Konten in seinen Plan aufnehmen, die es benötigt, die aber üblicherweise für die Branche nicht vorgesehen sind.

Ein **Kontenrahmen** enthält die in einer Branche üblicherweise vorkommenden Konten. Ein **Kontenplan** ist unternehmensspezifisch und berücksichtigt die speziellen Bedürfnisse eines Unternehmens.

Nähere Informationen zum Kontenrahmen finden Sie in Kapitel 6.

1.3 Ausgewählte passive Bestandskonten

Unsere kleine Fahrradhandlung will expandieren und benötigt deshalb einen Bankkredit in Höhe von 50.000 EUR. Das Geld wird auf dem Firmenkonto bereitgestellt.

Auf dem in unserer Buchhaltung geführten Bankkonto ist ein Zugang zu buchen. Da „Bank“ ein aktives Bestandskonto ist, muss die Zunahme im Soll gebucht werden:

Bank

Soll		Haben
Anfangsbestand	5.000,00	
(6) Einzahlung Bankkonto	6.000,00	
(7) Kreditaufnahme	**50.000,00**	

Die Buchung auf dem aktiven Bestandskonto „Bank“ zeigt, was wir mit dem Geld gemacht haben: Wir haben es zunächst auf unser Bankkonto gelegt. Es wird aber noch nicht deutlich, woher das Geld (nämlich von einem Kredit) stammt. Außer den Konten, die Aussagen über die Verwendung der Mittel machen, benötigen wir folglich noch Konten, die Aussagen über die **Herkunft** der Mittel machen. Solche Konten nennt man Schuldkonten oder passive Bestandskonten. Um solche Konten von den aktiven Bestandskonten unterscheiden zu können, haben sie einen anderen Aufbau: Sie haben den Anfangsbestand im Haben. Zugänge erhöhen den Anfangsbestand und sind folglich ebenfalls im Haben zu erfassen. Abgänge werden dann im Soll gebucht.

Passive Bestandskonten (= Schuldkonten) sind Konten, die Aussagen machen über die Mittelherkunft. Sie haben den Anfangsbestand und Zugänge im Haben und Abgänge im Soll.

Das Konto für die Erfassung unseres Kredits und damit unserer Schulden bei der Bank heißt „Verbindlichkeiten gegenüber Kreditinstituten“. Der Begriff „Kreditinstitut“ umfasst Banken und Sparkassen. Da wir bisher noch keinen Kredit hatten (Anfangsbestand ist null) ergibt sich auf dem neuen Konto folgendes Bild:

Verbindlichkeiten gegenüber Kreditinstituten

Soll		Haben	
		Anfangsbestand	0,00
		(7) Kreditaufnahme	**50.000,00**

Die folgende Übersicht verdeutlicht nochmals die Unterschiede:

Arten von Bestandskonten	
Aktive Bestandskonten	**Passive Bestandskonten**
Anfangsbestand im Soll	Anfangsbestand im Haben
Zugänge im Soll	Zunahme im Haben
Abgänge im Haben	Abnahme im Soll
geben Auskunft über die Mittelverwendung	geben Auskunft über die Mittelherkunft

Unsere kleine Fahrradhandlung möchte in Zukunft die eingekauften Fahrräder nicht mehr bar bezahlen, sondern vom Lieferanten mit der Warenlieferung eine Rechnung erhalten, die sie innerhalb eines Monats per Überweisung bezahlt. Für unsere Fahrradhandlung sind die Fahrräder Waren, mit denen sie handelt.

Nehmen wir an, wir kaufen am 22. März 20XX Fahrräder für 500 EUR auf Rechnung ein. Die Rechnung ist innerhalb von 30 Tagen zu bezahlen. Wie ist dieser Vorgang in unserer Buchhaltung am 22. März zu erfassen?

Unser Bestand an Fahrrädern nimmt zu. Dies erfassen wir auf dem aktiven Bestandskonto „Waren". Nehmen wir an, wir hätten bisher noch keine Fahrräder auf Lager gehabt.

Waren

Soll		Haben	
Anfangsbestand	0,00		
(8) Einkauf Fahrräder auf Rechnung	500,00		

In der Buchhaltung wird nun deutlich, dass wir einen Bestand an Fahrrädern in Höhe von 500 EUR haben. Es ist bisher aber noch nicht erkennbar, dass wir diese Fahrräder noch bezahlen müssen.

Wenn wir den Vorgang am 22. März in der Buchhaltung erfassen, können wir sagen, dass wir bei unserem Lieferanten Schulden haben und zwar solange bis wir im März die Rechnung bezahlen. Letztlich hat uns der Lieferant einen Kredit gegeben. Wir haben die Ware heute erhalten, zahlen sie aber erst später. Da das Konto „Verbindlichkeiten gegenüber Kreditinstituten" für Kredite bei Banken und Sparkassen reserviert ist, müssen wir ein neues Konto einführen. Schulden bei Lieferanten werden auf dem Konto „Verbindlichkeiten aus Lieferungen und Leistungen" (kurz: Verb. a. L. u. L.) erfasst. Da dieses Konto Auskunft über die Mittelherkunft (= vom Lieferanten) macht, ist es ein passives Bestandskonto.

Verbindlichkeiten aus Lieferungen und Leistungen

Soll		**Haben**	
		Anfangsbestand	0,00
		(8) Rechnung Fahrräder	**500,00**

Die Mittel können demnach von Kreditinstituten oder von Lieferanten kommen. Die Mittel, die ins Unternehmen investiert (verwendet) wurden, können aber auch vom Inhaber selbst kommen. In diesem Falle spricht man von „Eigenkapital".

Beispiele für passive Bestandskonten	
Bezeichnung des Kontos	**Erläuterung**
Verbindlichkeiten gegenüber Kreditinstituten	Schulden aus einem Kredit bei Bank oder Sparkasse
Verbindlichkeiten aus Lieferungen und Leistungen	Schulden bei Lieferanten (noch nicht bezahlte Rechnungen)
Eigenkapital	Mittel, die der Unternehmer in sein Unternehmen einbringt (= Schulden des Unternehmens beim Inhaber).

1.4 Anwendung von Buchungsregeln

Alle Geschäftsfälle werden auf den entsprechenden Konten gebucht. Um die Buchungen richtig eintragen zu können, muss man wissen, auf welcher Kontenseite der entsprechende Vorgang einzutragen ist.

Dabei ist zu beachten, dass „Soll" nicht „Minus" und „Haben" nicht „Plus" bedeutet, wie die folgenden Beispiele noch zeigen werden. **Entscheidend ist vielmehr die Überlegung, auf welcher Seite jeweils der Anfangsbestand (= AB) steht.**

Nehmen wir an, die Fahrradhandlung kauft einen einfachen Laptop fürs Büro für 299,00 EUR und zahlt ihn bar. Um diesen Vorgang korrekt buchen zu können, sind folgende Überlegungen anzustellen:

Grundsätzliche Überlegungen	Antworten für das Beispiel „Barkauf Laptop"
Welche Konten sind betroffen?	Da eine Fahrradhandlung nicht mit Laptops handelt, stellt er keine Ware dar, sondern ist der Betriebs- und Geschäftsausstattung zuzuordnen. Unternehmen führen aber nicht ein Konto, sondern zwei Konten, nämlich „Betriebsausstattung" und „Geschäftsausstattung". Da der Laptop für die kaufmännische Verwaltung bestimmt ist, handelt es sich um Geschäftsausstattung. Da der Laptop bar bezahlt wird, ist das Konto „Kasse" betroffen.
Handelt es sich um ein aktives oder passives Bestandskonto?	Das Konto „Geschäftsausstattung" ist ein Konto der Mittelverwendung (Geldmittel werden für den Kauf von Geschäftsausstattung verwendet). Es ist deshalb ein aktives Bestandskonto. Das Konto „Kasse" ist ein Konto der Mittelverwendung (Geldmittel werden in die Kasse gelegt, d. h. als „Bargeld" benutzt = verwendet) Es ist deshalb ein aktives Bestandskonto.
Handelt es sich um einen Zugang oder Abgang?	Durch den Kauf des Laptops nimmt unsere Geschäftsausstattung zu. Da wir bar bezahlen, nimmt unser Kassenbestand ab
Auf welcher Kontenseite ist der Vorgang jeweils einzutragen (= zu buchen)?	
(a) Wo steht auf dem Konto jeweils der Anfangsbestand? (b) Auf welcher Kontenseite ist folglich zu buchen?	Da beides aktive Bestandskonten sind, haben beide Konten auch jeweils den Anfangsbestand auf der linken Seite (auch Soll-Seite genannt). Da bei der Geschäftsausstattung der Laptop zur bisherigen Geschäftsausstattung hinzukommt, wird

Grundsätzliche Überlegungen	Antworten für das Beispiel „Barkauf Laptop“
	auf der Seite gebucht, auf der auch der Anfangsbestand steht, also auf der linken Seite. Der Laptop kommt ja zur bisherigen Geschäftsausstattung (= Anfangsbestand) hinzu. Durch die Barzahlung nimmt unser Kassenbestand ab. Würde man die 299,00 EUR auf die linke Seite – auf der auch der AB steht – buchen, würde dies bedeuten, dass etwas zum Kassenbestand hinzukommt. Das ist aber hier nicht der Fall. Der Abgang aus der Kasse muss folglich auf der anderen Seite (= rechte Seite = Haben-Seite) gebucht werden.

Trägt man nun auf der richtigen Kontenseite ein, dann ist es zweckmäßig, vor die Zahl in Kurzform zu schreiben, worum es bei diesem Geschäftsfall ging. Diese Kurzform nennt man „Buchungstext“. Die Formulierung „Barkauf eines Laptops“ wäre für einen Eintrag auf den T-Konten zu lange. Der Vorgang ist stattdessen mit einem oder zwei Stichworten in abgekürzter Form zu beschreiben. Für den Buchungstext gibt es keine Vorschriften. Um die Arbeit am Anfang zu erleichtern, sind in der folgenden Liste „Buchungstexte“ für sehr häufig vorkommende Geschäftsfalle aufgelistet:

Ausgewählte Buchungstexte in Kurzform mit Erläuterungen	
Ausgewählte Buchungstexte	Erläuterung
ER	Eingangsrechnung = Rechnung, die wir von einem Lieferanten erhalten, d. h. Rechnung, die bei uns eingeht. Wir erhalten z. B. vom Lieferanten Waren und bekommen eine Rechnung, die wir aber nicht jetzt gleich, sondern erst später bezahlen.
AR	Ausgangsrechnung = Rechnung, die wir an einen Kunden schicken, d. h. Rechnung, die von uns rausgeht. Wir liefern dem Kunden z. B. Waren und schicken eine Rechnung mit, die der Kunde aber nicht gleich, sondern erst später bezahlt.
Übw ER	Überweisung einer Eingangsrechnung = Wir überweisen (zahlen) eine bereits erhaltene Eingangsrechnung.
Übw AR	Überweisungseingang einer Ausgangsrechnung = Ein Kunde zahlt eine Rechnung, die er von uns bekommen hatte (= Ausgangsrechnung)

Ausgewählte Buchungstexte in Kurzform mit Erläuterungen	
Bark	Barkauf = Wir kaufen etwas (z. B. einen Laptop) und zahlen ihn nicht später, sondern gleich bar (das Bargeld stammt aus der Geschäftskasse).
Barvk	Barverkauf = Wir verkaufen an einen Kunden z. B. Waren, die dieser aber nicht später, sondern gleich bar bezahlt.
Barabh	Barabhebung vom Bankkonto. Das abgehobene Geld wird in die Geschäftskasse (= bar) gelegt.
Bareinz	Bareinzahlung. Es wird Geld aus der Geschäftskasse (= bar) auf das Bankkonto eingezahlt.

Außerdem nummerieren wir alle Geschäftsfälle durch und tragen die Nummer des Geschäftsfalls ebenfalls auf dem Konto ein. Da der Barkauf des Laptops unser erster Geschäftsfall ist, bekommt er die Nr. [1].

Diese Nummerierung hilft uns, bei einem eventuell entstandenen Buchungsfehler leichter alle Buchungen nachprüfen zu können.

Die Anfangsbestände erhalten keine Nummer. Durchnummeriert werden nur die Geschäftsfälle, die während eines Jahres zu erfassen sind. Nehmen wir an, dass wir bei Geschäftsgründung eine Ladeneinrichtung im Wert von 5.000 EUR und Bargeld in Höhe von 1.250 EUR haben. Diese Ausgangsdaten sind als Anfangsbestände auf den Konten einzutragen.

Die Buchung des Geschäftsfalls kann nun auf den Konten eingetragen werden:

Geschäftsausstattung

Soll			Haben
Anfangsbestand	5.000,00		
[1] Bark	299,00		

Kasse

Soll			Haben
Anfangsbestand	1.250,00	[1] Bark	299,00

Die Geschäftsausstattung hat zugenommen. Diese Zunahme haben wir auf der linken Seite (= Soll-Seite) gebucht. Die Zunahme ist ja positiv und nicht negativ. Man sieht, dass die Gleichung „Soll = Minus“ nicht stimmt. Der Kassenbestand hat durch die Barzahlung abgenommen. Diese Abnahme – die wir auf dem Konto „Kasse“ im Haben (rechts) gebucht haben – ist sicher nicht „positiv“. Man sieht die Gleichung „Haben = Plus“ stimmt nicht. Um richtig buchen zu können, muss man unbedingt die Gleichungen „Soll = Minus“ und „Haben = Plus“ aus dem Gedächtnis streichen!

Entscheidend für das richtige Buchen ist zunächst nur, **auf welcher Seite der Anfangsbestand steht.** Daraus kann man logisch ableiten: Kommt etwas zum Anfangsbestand hinzu, steht es auf der Seite, auf der Anfangsbestand steht. Eine Abnahme steht dann logischerweise auf der anderen Seite.

Dies scheint auf den ersten Blick verwirrend zu sein. Schließlich sei es doch auf dem Kontoauszug so, dass „Soll = Minus“ und „Haben = Plus“ ist. Dies versteht man, wenn man sich in die Buchhaltung der Bank hinein denkt:

Stellen wir nochmals eine bereits vorgestellte Überlegung dar: Angenommen, ich überziehe mein Konto um 5.000 EUR. *Aus Sicht der Bank* bedeutet dies, dass die Bank eine Forderung an mich hat. „Forderungen“ ist ein Konto der „Mittelverwendung“ (Bank hat einen Teil ihres Geldes dazu benutzt, es mir auszuleihen) und folglich hat auch das Konto „Forderungen“ den Anfangsbestand links. Durch die Kontoüberziehung nimmt der Forderungsbestand der Bank zu. Diese Zunahme bucht die Bank folgerichtig links (weil sie zum Anfangsbestand dazu kommt). Die linke Seite heißt auch „Sollseite“ und deshalb stand im Kontoauszug früher „Soll“.

Nehmen wir ein anderes **BEISPIEL:**
Ich zahle auf mein Konto bei der Bank 1.000 EUR ein. *Aus Sicht der Bank* bedeutet dies, dass die Bank nun bei mir Schulden (= Verbindlichkeiten) hat, da ich das Geld ja irgendwann wieder zurückhaben möchte. „Verbindlichkeiten“ ist ein Konto der Mittelherkunft und folglich hat das Konto den Anfangsbestand und die Zunahme rechts. Die rechte Seite eines Kontos heißt „Habenseite“ und deshalb stand in meinem Kontoauszug früher „Haben“.

Die Buchführung muss man immer **aus Sicht des Unternehmens** sehen, das die Buchungen vornimmt.

1.5 Der Buchungssatz

Bisher haben wir Geschäftsfälle auf den T-Konten eingetragen, d. h. gebucht. Das manuelle (= von Hand) Eintragen der Geschäftsfälle auf den T-Konten ist sehr zeitintensiv. Ein Buchhaltungsprogramm oder eine Integrierte Unternehmenssoftware kann uns diese Arbeit abnehmen. Wir müssen dem Programm aber in irgendeiner Weise mitteilen, dass es z. B. auf dem Konto „Bank" 5.000,00 EUR im Soll (links) buchen soll. Diese **Mitteilung an die Software** sollte in möglichst knapper Form erfolgen. Eine Möglichkeit hierfür ist der sogenannte Buchungssatz. Er drückt aus, auf welchen Konten (mit Angabe der jeweiligen Kontenseite) welche Beträge zu buchen sind.

Wir brauchen die Buchungssätze aber noch aus einem anderen Grund: Die Anordnung auf den T-Konten erfolgt nach sachlichen Gesichtspunkten, d. h. z. B. alles, was Bargeschäfte betrifft, findet sich auf dem Konto „Kasse", alles, was Einrichtungsgegenstände im Büro betrifft, finden wir auf dem Konto „Geschäftsausstattung". Die Erfassung der Buchungssätze und die damit verbundene Auflistung nach Datum erleichtern uns das Auffinden und gegebenenfalls die Fehlersuche bestimmter Buchungen.

Die Buchungssätze ordnen die **Geschäftsfälle nach Datum**. Jeder Geschäftsvorgang wird folglich einmal nach sachlichen Gesichtspunkten auf T-Konten und **nach zeitlichen = chronologischen Gesichtspunkten mittels Buchungssätzen** erfasst. Auch aus diesem Grund spricht man von doppelter Buchführung.

Wir legen den Aufbau eines Buchungssatzes wie folgt fest:

Buchungsdatum und/oder Geschäftsfallnummer	Nennen Sie zuerst das Konto, auf dem links (= im **Soll**) gebucht wird	Nennen Sie dann das Konto, auf dem rechts (= im **Haben**) gebucht wird	Nennen Sie den Buchungsbetrag auf dem Konto, auf dem im Soll gebucht wird	Nennen Sie den Buchungsbetrag auf dem Konto, auf dem im Haben gebucht wird

Die Festlegung, dass zunächst das Konto genannt wird, auf dem im Soll gebucht wird, erleichtert den Austausch zwischen Buchhaltern, da jeder weiß, dass das zuerst genannte Konto das ist, auf dem in einem Geschäftsfall im Soll gebucht wird.

Den Buchungsbetrag könnte man auch nur einmal nennen. Es soll aber deutlich werden, dass der Betrag auf jedem der beiden Konten gebucht werden muss, und zwar einmal im Soll und einmal im Haben.

In vielen Lehrbüchern zur Buchhaltung finden Sie **zwischen dem Sollkonto und dem Habenkonto noch das Wort „an"**. Wir verzichten darauf, da es eher verwirrt als es nützt und in keiner Buchhaltungssoftware vorkommt.

Aus Vereinfachungsgründen nennen wir nur die Geschäftsfallnummer. Auf die Angabe des Geschäftsfalldatums verzichten wir.

Greifen wir auf unser **BEISPIEL** „Barkauf eines Laptops für 299 EUR" zurück. Wie lautet der Buchungssatz?

Der Buchungssatz lautet:

Nr.	Soll	Haben	Buchungsbetrag in EUR auf dem Sollkonto	Buchungsbetrag in EUR auf dem Habenkonto
1	Geschäftsausstattung		299,00	
		Kasse		299,00

Greifen wir ein anderes **BEISPIEL** auf: Wir entnehmen 6.000 EUR aus der Geschäftskasse und zahlen das Geld auf unser Geschäftskonto bei der Bank ein, wo der Betrag sofort gutgeschrieben wird. Wie lautet der Buchungssatz?

Der Buchungssatz lautet:

Nr.	Soll	Haben	Buchungsbetrag in EUR auf dem Sollkonto	Buchungsbetrag in EUR auf dem Habenkonto
2	Bank		6.000,00	
		Kasse		6.000,00

Manche Buchhaltungsprogramme benutzen anstelle der Überschrift „Soll" auch den Ausdruck „Konto" und für „Haben" „Gegenkonto".

Der Buchungsbetrag muss in der Regel in der Software nur einmal eingegeben werden.

Eingabe des Buchungssatzes in Buchhaltungsprogrammen

Konto	Gegenkonto	Buchungsbetrag in EUR
= Konto, auf dem im **Soll** gebucht wird	= Konto, auf dem im **Haben** gebucht wird	
Bank	Kasse	**6.000,00**

Die Buchung auf T-Konten (Bestandskonten) nennt man auch **Hauptbuch**. Da die Geschäftsfälle nach sachlichen Gesichtspunkten auf den T-Konten eingetragen werden, spricht man auch von Sachkonten.
Die Erfassung der Buchungen in zeitlicher Reihenfolge mittels Buchungssätzen bezeichnet man auch als **Grundbuch oder Tagebuch oder Journal**. In Buchhaltungssoftware ist der Begriff „Journal" üblich.

Nehmen wir an, unsere Fahrradhandlung hätte einen Kleinbus. Sie verkauft den gebrauchten Kleinbus für 20.000,00 EUR, was genau seinem Wert entspricht. Der Käufer zahlt bei Auslieferung 1.000,00 EUR bar an und überweist den Restbetrag auf unser Bankkonto. Firmenfahrzeuge sind auf dem aktiven Bestandskonto „Fuhrpark" erfasst.

Wie ist der Vorgang zu buchen?

Es wird deutlich, dass hier drei Konten betroffen sind. Bisher hatten wir aber nur Fälle, in denen zwei Konten vorkamen. Eine Möglichkeit besteht darin, zwei Buchungssätze zu machen:

Nr.	**Soll**	**Haben**	**Buchungsbetrag in EUR auf dem Sollkonto**	**Buchungsbetrag in EUR auf dem Habenkonto**
1	Kasse		1.000,00	
		Fuhrpark		1.000,00

und

Nr.	**Soll**	**Haben**	**Buchungsbetrag in EUR auf dem Sollkonto**	**Buchungsbetrag in EUR auf dem Habenkonto**
1	Bank		19.000,00	
		Fuhrpark		19.000,00

In jedem der beiden Buchungssätze kommt „Fuhrpark" vor. Man kann deshalb anstelle von zwei einfachen Buchungssätzen auch einen zusammengesetzten machen und auf dem Konto „Fuhrpark" 20.000 EUR (= 1.000 EUR + 19.000 EUR) buchen.

Soll	**Haben**	**Buchungsbetrag in EUR Soll**	**Buchungsbetrag in EUR Haben**
Kasse		1.000,00	
Bank		19.000,00	
	Fuhrpark		20.000,00

Man spricht hier auch von einer sogenannten Aufteilungsbuchung (weil der Betrag von 20.000 EUR auf einer Kontenseite auf die Beträge 1.000 EUR und 19.000 EUR aufgeteilt wird.). Häufig findet man auch den Ausdruck „**Splittbuchung**" (weil der Betrag von 20.000 EUR in Teilbeträge aufgesplittet wird). Die Splittung kann auf der Sollseite – wie in unserem Beispiel- oder auf der Habenseite erfolgen. Bucht man mit einem Finanzbuchhaltungsprogramm, ist es allerdings in der Regel **nicht** möglich, **auf beiden Seiten eine Splittung vorzunehmen**.
Bei einer Aufteilungsbuchung muss die **Summe der gebuchten Sollbeträge** (im Beispiel: 1.000 EUR + 19.000 EUR) der **Summe der gebuchten Habenbeträge** (im Beispiel 20.000 EUR) **entsprechen.**

1.6 Begründung von Buchungen

Es macht keinen Sinn, Buchungssätze auswendig zu lernen. Wer am Beginn seiner Beschäftigung mit Buchhaltung einfache Buchungssätze auswendig lernt, wird spätestens bei komplexeren Buchungen scheitern. Umgekehrt: Wer von Anfang an erklären kann, warum auf welchem Konto und auf welcher Kontenseite zu buchen ist, der wird auch mit schwierigeren Geschäftsfällen keine Probleme haben.

Es ist hilfreich, die Begründung für eine Buchung nach einem bestimmten Schema zu formulieren. Wir schlagen folgenden Aufbau für die Begründung einer Buchung vor:

(1) Art des Kontos
(2) Buchungsregel
(3) Anwendung auf den Fall

Nehmen wir folgendes **BEISPIEL:** Unsere Fahrradhandlung kauft eine Stehlampe für das Ladengeschäft für 200 EUR auf Rechnung in einem Möbelhaus.

Wie lautet der Buchungssatz?

Nr.	Soll	Haben	Buchungsbetrag in EUR auf dem Sollkonto	Buchungsbetrag in EUR auf dem Habenkonto
1	Geschäfts-ausstattung		200,00	
		Verbindlichkeiten aus Lieferungen und Leistungen		200,00

Die Frage, warum so gebucht wird, führt zur Begründung. Beginnen wir mit dem Konto „Geschäftsausstattung" und begründen danach die Buchung auf dem Konto Verbindlichkeiten aus Lieferungen und Leistungen:

Art des Kontos	Geschäftsausstattung ist ein aktives Bestandskonto.
Buchungsregel	Aktive Bestandskonten haben den Anfangsbestand und Zugänge im Soll und Abgänge im Haben.
Anwendung auf den Fall	Da durch den Kauf der Lampe für unser Ladengeschäft unsere Geschäftsausstattung zunimmt, buchen wir im Soll.

Art des Kontos	Verbindlichkeiten aus Lieferungen und Leistungen ist ein passives Bestandskonto.
Buchungsregel	Passive Bestandskonten haben den Anfangsbestand und Zugänge im Haben und Abgänge im Soll.
Anwendung auf den Fall	Da wir die Lampe auf Rechnung kaufen, nehmen unsere Schulden beim Möbelhaus zu, weshalb wir im Haben buchen.

Die Fahrradhandlung zahlt nun die Rechnung des Möbelhauses durch Überweisung vom Geschäftskonto.

Überlegen Sie nun zunächst den Buchungssatz und formulieren Sie die Begründung bevor Sie weiter lesen.

Nr.	Soll	Haben	Buchungsbetrag in EUR auf dem Sollkonto	Buchungsbetrag in EUR auf dem Habenkonto
1	Verbindlichkeiten aus Lieferungen und Leistungen		200,00	
		Bank		200,00

Begründung:

Art des Kontos	Verbindlichkeiten aus Lieferungen und Leistungen ist ein passives Bestandskonto.
Buchungsregel	Passive Bestandskonten haben den Anfangsbestand und Zugänge im Haben und Abgänge im Soll.
Anwendung auf den Fall	Da wir die Rechnung des Möbelhauses durch Überweisung bezahlen, nehmen unsere Schulden beim Möbelhaus ab, weshalb wir im Soll buchen.

Art des Kontos	Bank ist ein aktives Bestandskonto.
Buchungsregel	Aktive Bestandskonten haben den Anfangsbestand und Zugänge im Soll und Abgänge im Haben.
Anwendung auf den Fall	Da durch die Überweisung unser Bankkonto abnimmt, buchen wir im Haben.

1.7 Fragen und Übungen

(1) Worin unterscheidet sich die Kontenform von der Staffelform?

(2) Worin unterscheiden sich aktive und passive Bestandskonten?

(3) Warum ist „Eigenkapital" ein passives und kein aktives Bestandskonto?

(4) Warum ist „Forderungen aus Lieferungen und Leistungen" ein aktives Bestandskonto?

(5) Ich verwechsle bei Buchungen immer „Forderungen aus Lieferungen und Leistungen" und „Verbindlichkeiten aus Lieferungen und Leistungen". Wie kann ich dieses Problem lösen?

(6) Angenommen ich hebe vom Geschäftskonto 1.000 EUR ab und lege das Geld in die Geschäftskasse. Für die Buchung stelle ich folgende Überlegungen an: „Vom Bankkonto nehme ich das Geld weg, also minus, also buche ich auf Bank im Soll. Das Geld lege ich in die Kasse, also habe ich das Geld, also nimmt die Kasse zu. Ich buche auf Kasse im Haben." Die Buchung ist aber genau umgekehrt. Was mache ich falsch?

(7) Bilden Sie für folgende Geschäftsfälle Buchungssätze und begründen diese Buchungen! Sie sind Buchhalter(in) der Fahrradhandlung Heckmann.

(1) Heckmann verkauft einen Kleinbus (Firmenfahrzeug) für 50.000 EUR auf Rechnung.

(2) Der Käufer überweist die Rechnung (Fall 7.1) durch Überweisung auf unser Bankkonto.

(8) Bilden Sie für folgende Geschäftsfälle Buchungssätze (ohne Begründung)! Sie sind Buchhalter(in) der Fahrradhandlung Heckmann.

(1) Heckmann kauft Fahrräder für 10.000 EUR bei einem Lieferanten auf Rechnung ein.

(2) Von den gekauften Fahrrädern (Fall 8.1) sind Fahrräder für 800 EUR beschädigt. Heckmann erhält vom Lieferanten eine entsprechende Gutschrift und sendet die beschädigten Fahrräder zurück.

(3) Heckmann hat für den Ausstellungsraum ein Regal für 2.000 EUR bei einem Lieferanten auf Rechnung gekauft. Versehentlich hat Heckmann diesen Kauf zwei Mal gebucht. Welche Buchung muss Heckmann vornehmen, um diesen Fehler zu korrigieren?

(9) Die buchführungspflichtige Unternehmerin Helene Heckmann will Platz sparen. Aus diesem Grund scannt sie ihre Bilanz ein und speichert sie. Das Original in Papierform vernichtet sie sachgerecht. Ihre Freundin Susanne bezweifelt, ob das rechtens ist. Entscheiden und begründen Sie, wer von beiden Recht hat!

(10) Der buchführungspflichtige Unternehmer Thomas Fischer ist häufig im Stress, obwohl er eine elektronische Buchführung betreibt. Um sich zu entlasten, bucht er seine Kasseneinnahmen gebündelt immer am Monatsende. Die Rechnungen sammelt er und bucht sie alle zwei Monate. Als er das am Stammtisch der Jungunternehmer erzählt, schütteln alle den Kopf. Wie erklären Sie sich das Kopfschütteln?

(11) Der buchführungspflichtige Unternehmer Franz Müller erstellt seine Kassenaufzeichnungen mit einem Datenverarbeitungssystem. Nachdem er die Daten ausgedruckt hat, löscht er sie im System. Er ist der Überzeugung: „Ausdrucken und dann ab-

heften, ist viel sicherer!" Entscheiden und begründen Sie, ob Sie sich seiner Überzeugung anschließen!

Lösungen:

(1) Bei der Staffelform stehen Anfangsbestand, Zugänge und Abgänge (bzw. Einnahmen und Ausgaben) untereinander. Bei der Kontenform stehen Anfangsbestand und Zugänge auf der einen Seite und Abgänge auf der anderen Seite; sie sind also gegenübergestellt.

(2) Aktive Bestandskonten sind Konten, die Aussagen darüber machen, was wir mit unserem Kapital gemacht haben. Sie haben den Anfangsbestand und Zugänge im Soll und Abgänge im Haben. Passive Bestandskonten sind Konten, die Aussagen darüber machen, woher unser Kapital stammt. Sie haben Anfangsbestand und Zunahmen im Haben und Abnahmen im Soll.

(3) Das „Eigenkapital" darf nicht mit Bargeld verwechselt werden. Das Eigenkapital sagt aus, wie viel Kapital vom Unternehmer stammt. Es gehört zu den passiven Bestandskonten, weil es eine Aussage darüber macht, woher (in diesem Fall: vom Unternehmer) das Kapital stammt. Was mit diesem Kapital gemacht wurde (z. B. als Bargeld in die Kasse gelegt oder in Firmenfahrzeuge investiert usw.) kann den aktiven Bestandskonten (Kasse, Fuhrpark usw.) entnommen werden.

(4) Wenn wir heute an einen Kunden Waren auf Rechnung verkaufen und der Kunde muss z. B. erst in 30 Tagen die Rechnung bezahlen, geben wir dem Kunden eigentlich einen Kredit. Das Konto „Forderungen aus Lieferungen und Leistungen" macht damit eine Aussage darüber, was wir mit unserem Kapital gemacht haben: Wir haben es Kunden geliehen. Konten, die Aussagen darüber machen, was wir mit unserem Kapital gemacht haben, sind aktive Bestandskonten.

(5) Beim Buchen ist wichtig, dass wir die Buchungen aus unserer Sicht, d. h. aus Sicht dessen, der die Buchungen vornimmt, betrachten. Wenn wir etwas an einen Kunden auf Rechnung verkaufen, bekommt der Kunde jetzt die Ware, zahlt aber erst später. Wir haben folglich vom Kunden noch Geld zu bekommen

bzw. wir haben noch das Geld zu fordern. Der entsprechend Geldbetrag ist auf dem Konto „Forderungen aus Lieferungen und Leistungen" zu buchen.

Wenn wir etwas bei einem Lieferanten auf Rechnung einkaufen, erhalten wir heute die Ware, müssen aber z. B. erst in 30 Tagen die Rechnung bezahlen. Wir haben folglich bis zur Zahlung Schulden bei dem Lieferanten. Schulden bei Lieferanten werden auf dem Konto „Verbindlichkeiten aus Lieferungen und Leistungen" erfasst.

Wenn Sie dennoch Forderungen und Verbindlichkeiten verwechseln, liegt das vielleicht daran, dass Sie einen Vorgang aus Sicht des anderen, aber nicht aus unserer Sicht sehen. Wenn wir z. B. etwas auf Rechnung an einen Kunden verkaufen, dann sind das **aus seiner Sicht** Schulden, die er bei uns hat. **Er** wird sie deshalb als Verbindlichkeiten erfassen. Uns interessiert buchhalterisch aber nicht, wie der Kunde bucht.

(6) Das ist ein „klassischer Fehler". Wer an das Buchen mit dem immer noch weitverbreiteten Alltagsverständnis, dass Soll= Minus und Haben = Plus herangeht, wird die Buchungen immer falsch machen. Wir haben das in diesem Band mehrfach deutlich gemacht. Einige Gedanken in Kurzform:

- Früher stand im Kontoauszug „Soll", weil die Bank (der Kontoauszug stammt ja von der Bank) bei einer Kontoüberziehung auf dem Konto „Forderungen an Kunden" einen Zugang gebucht hat. Auf aktiven Bestandskonten werden Anfangsbestand und Zugänge im Soll gebucht. Aus Sicht der Bank, die die Buchung vornimmt und den Kontoauszug erstellt, hat das mit „Minus" nichts zu tun.

- Zwar heißen die Seiten eines Kontos „Soll" und „Haben", das hat aber nichts mit Plus und Minus zu tun. Es lässt sicher vielmehr aus der Geschichte der Buchführung erklären. Man hatte mit Kundenkonten begonnen und die linke Seite mit „Kunde soll zahlen" und die rechte Seite mit „Kunden hat gezahlt" verbunden. Von daher hat man in Kurzform die Bezeichnungen „Soll" und „Haben" abgeleitet und für alle Konten übernommen.

  - „Soll" ist die Bezeichnung für die linke Seite eines Kontos und „Haben" die Bezeichnung für die rechte Seite eines Kontos. Eine Assoziation mit „Plus" und „Minus" ist im Gehirn für die Buchhaltung zu streichen.
  - Stattdessen ist bei Buchungen zu überlegen, ob es sich um aktive oder passive Bestandskonten (siehe hierzu Lösung zu Frage 2) handelt. Aktive Bestandskonten haben den Anfangsbestand auf der Seite, die man mit „Soll" bezeichnet. Kommt etwas zum Anfangsbestand dazu, steht dies folglich auf der Seite, auf der auch der Anfangsbestand steht, da es ja zum Anfangsbestand hinzukommt. Ein Abgang wird auf der anderen Seite (= Seite, die mit „Haben" bezeichnet wird) erfasst.

(7) (1)

Sollkonto	Habenkonto	Betrag Soll	Betrag Haben
Forderungen aus Lieferungen und Leistungen		50.000,00	
	Fuhrpark		50.000,00

- Begründung:
  - „Forderungen aus Lieferungen und Leistungen" ist ein aktives Bestandskonto. Aktive Bestandskonten haben den Anfangsbestand und Zugänge im Soll und Abgänge im Haben. Da durch den Verkauf des Fahrzeugs auf Rechnung unsere Forderungen zunehmen, buchen wir im Soll.
  - „Fuhrpark" ist ein aktives Bestandskonto. Aktive Bestandskonten haben den Anfangsbestand und Zugänge im Soll und Abgänge im Haben. Da durch den Verkauf des Fahrzeugs unser Bestand an Firmenfahrzeugen abnimmt, buchen wir im Haben.

(2)

Sollkonto	Habenkonto	Betrag Soll	Betrag Haben
Bank		50.000,00	
	Forderungen aus Lieferungen und Leistungen		50.000,00

– Begründung:
  – „Bank" ist ein aktives Bestandskonto. Aktive Bestandskonten haben den Anfangsbestand und Zugänge im Soll und Abgänge im Haben. Da durch die Überweisung des Kunden unser Bankkonto zunimmt, buchen wir im Soll.
  – „Forderungen aus Lieferungen und Leistungen" ist ein aktives Bestandskonto. Aktive Bestandskonten haben den Anfangsbestand und Zugänge im Soll und Abgänge im Haben. Da durch die Überweisung des Kunden unsere Forderungen an Kunden abnehmen, buchen wir im Haben.

(8) (1)

Sollkonto	Habenkonto	Betrag Soll	Betrag Haben
Waren		10.000,00	
	Verbindlichkeiten aus Lieferungen und Leistungen		10.000,00

(8) (2) Vorbemerkung: Wir haben die Rechnung (siehe Fall 8.1) noch nicht bezahlt. Die Gutschrift des Lieferanten ist deshalb nicht mit einer Geld(rück)zahlung seitens des Lieferanten verbunden. Wir können vielmehr von unseren gebuchten Verbindlichkeiten in Höhe von 10.000 EUR nun 800 EUR abziehen, was wir durch eine Sollbuchung auf dem Konto „Verbindlichkeiten aus Lieferungen und Leistungen"(= Abgang) erreichen. Da durch die Rücksendung der defekten Fahrräder unser (im Fall 8.1. gebuchter) Bestand an Fahrrädern (= Waren) abnimmt, buchen wir auf „Waren" im Haben.

Sollkonto	Habenkonto	Betrag Soll	Betrag Haben
Verbindlichkeiten aus Lieferungen und Leistungen		800,00	
	Waren		800,00

(8) (3) Vorbemerkung: Heckmann hat den Kauf des Regals auf dem Konto „Geschäftsausstattung" im Soll und auf dem Konto „Verbindlichkeiten aus Lieferungen und Leistungen" im Ha-

ben gebucht. Diese Buchung passierte versehentlich doppelt. Damit stehen auf „Geschäftsausstattung" und auf „Verbindlichkeiten" jeweils 4.000 EUR statt 2.000 EUR. Folglich muss die Buchung einmal korrigiert werden, in dem jeweils auf der anderen Seite gebucht wird.

Sollkonto	Habenkonto	Betrag Soll	Betrag Haben
Verbindlichkeiten aus Lieferungen und Leistungen		2.000,00	
	Geschäftsausstattung		2.000,00

(9) Bilanzen gehören zu den Belegen, die nicht zur elektronischen Aufbewahrung geeignet sind. Sie müssen im Original 10 Jahre aufbewahrt werden. Die Zweifel der Freundin sind also berechtigt.

(10) Nach den GoBD sollen Kasseneinnahmen und Kassenausgaben täglich festgehalten werden. Eine Erfassung von unbaren Geschäftsfällen innerhalb von 10 Tagen ist unbedenklich. Die von Thomas Fischer gewählten Fristen sind folglich deutlich zu lange, was zum Kopfschütteln der anderen geführt haben dürfte.

(11) Kassenaufzeichnungen, die mit einem DV-System erstellt wurden, sind 10 Jahre aufzubewahren. Während dieser Dauer müssen die Aufzeichnungen nach den GoBD jederzeit verfügbar, lesbar und maschinell auswertbar sein. Eine Ablage lediglich in ausgedruckter Form ist nicht zulässig.

2. Kapitel

Inventur und Bilanz

In diesem Kapitel wird der Leser zunächst am Beispiel „Kasse" in die Notwendigkeit eines Kontenabgleichs eingeführt. Der errechnete Wert wird mit dem tatsächlichen Wert verglichen. Dieses Vorgehen wird mit allen Bestandskonten durchgeführt. Am Beispiel einer einfachen Inventurdifferenz wird dem Leser vor Augen geführt, dass die auf den Konten gebuchten Zahlen an die tatsächlichen Werte angepasst werden müssen. Dies geschieht durch Korrekturbuchungen. Anschließend erfolgt eine tiefer gehende Beschäftigung mit dem Entstehen der tatsächlichen Zahlen im Rahmen einer Inventur. Das Ergebnis der Inventur wird im Inventar dargestellt. Grundlegende Fachbegriffe werden erläutert und aus einem Eigenkapitalvergleich der Erfolg berechnet. Aus dem Inventar wird die Bilanz erstellt. Dies wird an einem Beispiel aufgezeigt und gesetzliche Vorgaben werden dem Leser vorgestellt.

2.1 Kontenabgleich und Inventurdifferenz

Angenommen unsere kleine Fahrradhandlung hätte im gesamten Jahr 20XX folgende Buchungen auf dem T-Konto „Kasse":

Soll	Kasse	Haben
AB	771,00	
(1) Barvk	1.200,00	
(2) Barvk	49,00	
(3) Barvk	260,00	
(4) Barvk	1.020,00	

Wie viel EUR haben wir am Jahresende in der Kasse?

Da keine Abgänge aus der Kasse vorkamen, können wir den Endbestand durch Addition der Zugänge zum Anfangsbestand errechnen: 771,00 + 1.200,00 + 49,00 + 260,00 + 1.020,00 = 3.300,00 EUR. Können wir ganz sicher sein, dass wir tatsächlich 3.300 EUR in der Kasse haben? Wir haben alle Buchungen nochmals überprüft und die Summe nochmals nachgerechnet. Alle Buchungen und die Summe sind richtig. Folglich können wir sicher sein, dass wir 3.300 EUR in der Kasse haben oder?

Den Betrag in Höhe von 3.300 EUR haben wir durch eine Berechnung (AB + Zugänge) ermittelt. Es sollten 3.300 EUR in der Kasse sein (rechnerischer Wert). Dennoch können wir nicht ganz sicher sein, ob tatsächlich 3.300 EUR in der Kasse sind. Es könnte ja Geld aus der Kasse gestohlen worden sein, was wir auf dem T-Konto ja nicht erkennen können. Um ganz sicher zu sein, dass 3.300 EUR in der Kasse sind, müssen wir das Geld in der Kasse zählen. Den Vorgang des Zählens bezeichnet man als Bestandsaufnahme = Inventur. (Näheres zur Inventur in Kap. 2.2).

Den Vergleich der errechneten Endbestände auf den Bestandskonten mit den tatsächlichen Werten bezeichnet man als **Kontenabgleich**.

Das Zählen des Geldes in der Kasse erfolgt mithilfe einer Zählliste. Die Zählliste unserer Fahrradhandlung zeigt folgendes Ergebnis:

Kassenaufnahme:					**Datum: 31. 12. 20XX**
Anzahl	**Einheit**	**EUR**	**Anzahl**	**Einheit**	**EUR**
28	2,00	56,00	15	100	1.500,00
20	1,00	20,00	18	50	900,00
15	0,50	7,50	18	20	360,00
8	0,10	0,80	13	10	130,00
9	0,05	0,45	5	5	25,00
6	0,02	0,12			
13	0,01	0,13			
	Summe Münzgeld	*85,00*		*Summe Papiergeld*	*2.915,00*
Summe: Bargeld					**3 000,00**
Kasse gezählt:			31. 12. 20XX	*Müller*	
Zählung notiert und addiert:			31. 12. 20XX	*Schneider*	
Kontrolle			31. 12. 20XX	*Bürkle*	

Was stellen Sie fest?

Richtig: In der Kasse sind nur 3.000 EUR. Es sollten aber 3.300 EUR in der Kasse sein.

Eine Differenz zwischen errechneten Endbeständen auf den Bestandskonten und den durch Inventur ermittelten tatsächlichen Werten bezeichnet man als **Inventurdifferenz**.

Was nun? Wir müssen unser Konto „Kasse“ an die Wirklichkeit anpassen. Das bedeutet: Auf dem Konto „Kasse“ stehen 3.300 EUR. Es dürfen dort aber nur 3.000 EUR stehen. Wir müssen bildlich gesprochen vom Konto „Kasse“ 300 EUR wegnehmen. Wie machen wir das?

Wir buchen auf dem Konto „Kasse“ im Haben einen Abgang in Höhe von 300 EUR und korrigieren damit den errechneten Endbestand. Man spricht deshalb auch von einer **Korrekturbuchung**. Aber auf welchem Konto buchen wir im Soll?

Gehen Sie im Geiste alle Ihnen bisher bekannten Bestandskonten durch. Welches kommt infrage?

Da andere aktive Bestandskonten ausscheiden, bleibt nur ein passives Bestandskonto. Es ist das Konto „Eigenkapital“. Das fehlende Geld geht zulasten des Inhabers, dem nun weniger Geld zusteht. Sein Eigenkapital nimmt um 300 EUR ab. Damit ist der Buchungssatz für die Buchung der Kassendifferenz komplett:

Sollkonto	Habenkonto	Betrag Soll	Betrag Haben
Eigenkapital		300,00	
	Kasse		300,00

Nun stimmt unser T-Konto „Kasse“ mit der Realität überein:

Kasse

Soll			**Haben**
AB	771,00	Inventurdifferenz	300,00
(1) Barvk	1.200,00		
(2) Barvk	49,00		
(3) Barvk	260,00		
(4) Barvk	1.020,00		

Zur Kontrolle errechnen wir nun nochmals den Endbestand:

771 + 1200 + 49 + 260 + 1.020 – 300 = **3.000 EUR**

Da es sich bei der Buchung der Inventurdifferenz nicht um einen Geschäftsfall handelt, erhält sie auf dem T-Konto keine (Geschäftsfall-) Nummer.

Buchhalterisch ist die Sache nun in Ordnung. Sicher wird der Inhaber nun der Frage nachgehen müssen, wie es zu dieser Differenz kam. Hat ein Kassierer oder ein Kunde Geld aus der Kasse gestohlen? Hat ein Kassierer falsch herausgegeben?

Der Vorgang des Kontenabgleichs wird nun mit allen anderen Bestandskonten durchgeführt. Gibt es keine Abweichungen, könnte man auf dem Konto jeweils einen Haken anbringen, damit man später noch weiß, dass man den Vergleich mit dem Inventurwert durchgeführt hat und sich keine Abweichung ergeben hat. Nehmen wir an, in unserer Fahrradhandlung hätten sich auf den Konten und im Rahmen der Erhebung der tatsächlichen Werte (Inventur) folgende Zahlen ergeben:

	Errechnete Endbestände auf den Konten	**Tatsächliche Endbestände durch Inventur**
Kasse	3.300,00	3.000,00
Bank	32.000,00	32.000,00
Waren	27.631,00	27.631,00
Forderungen a. L.u:L.	2.700,00	2.700,00
Geschäftsausstattung	76.289,00	76.289,00
Verbindlichkeiten a. L.u.L.	22.720,00	22.720,00
Eigenkapital	119.200,00	?

Wie könnten wir das Eigenkapital auf der Grundlage der Inventur ermitteln?

3.000 + 32.000 + 27.631 + 2.700 + 76.289 – 22.720 = **118.900 EUR**.

Wie erklärt sich die Differenz?

Es sind die 300 EUR unsere Kassendifferenz. Sie sehen, die Entscheidung das Konto „Eigenkapital" als Sollkonto für die Buchung der Differenz auszuwählen, ist richtig gewesen.

Durch die Buchung der Kassendifferenz stimmen nun sowohl das Konto „Kasse" sowie das Konto „Eigenkapital" mit der Realität überein:

Eigenkapital

Soll			**Haben**
Inventurdifferenz	**300,00**	AB	119.200,00

Auf dem Konto ergibt sich nun als Endbestand: 119.200,00 – 300,00 = **118.900,00** EUR. Das entspricht dem aus den tatsächlichen Werten errechneten Eigenkapital.

Durch die Korrekturbuchung auf dem Konto „Kasse" stimmt auch diese mit dem tatsächlichen Endbestand überein:

Kasse

Soll			**Haben**
AB	771,00	**Inventurdifferenz**	**300,00**
(1) Barvk	1.200,00		
(2) Barvk	49,00		
(3) Barvk	260,00		
(4) Barvk	1.020,00		

Inventurdifferenzen sind keine Kleinigkeit. Alleine im Einzelhandel machen Inventurdifferenzen insgesamt eine Größenordnung von ca. 4 Milliarden im Jahr aus. Inventurdifferenzen bei Waren können sich aber auch daraus ergeben, dass Waren im Laufe des Jahres z. B. durch Modellwechsel bei den Fahrrädern in unserer Fahrradhandlung an Wert verloren haben. Auf solche Bewertungsfragen gehen wir Rahmen der Darstellung der Jahresabschlussarbeiten in einem späteren Kapitel ein.

Wir haben bisher die Werte aus der Inventur mit den Endbeständen auf den Konten verglichen. Wie wird aber eine Inventur durchgeführt? Gibt es gesetzliche Vorgaben? Wie führt man z. B. die Inventur beim Bankkonto oder bei den Forderungen durch? Der nächste Abschnitt geht diesen Fragen nach.

2.2 Inventur und Inventar

Die Inventur (lat. invenire = ausfindig machen) ist eine Bestandsaufnahme aller Vermögenswerte und Schulden des Unternehmens, die dabei jeweils einzeln nach ihrer Art, Menge und ihrem Wert zu einem bestimmten Zeitpunkt zu erfassen sind. Sofern möglich erfolgt eine körperliche Bestandaufnahme durch Zählen, Messen oder Wiegen. Während z. B. die Kasse gezählt wird, kann man Kleinteile (z. B. Dichtungsringe in unserer Fahrradhandlung) wiegen. Die Werte aller nicht körperlichen Vermögensgegenstände und der Schulden wie z. B. das Bankguthaben, die Forderungen und die Verbindlichkeiten aus Lieferungen und Leistungen ergeben sich aus entsprechenden Belegen (z. B. Kontoauszüge) oder buchhalterischen Aufzeichnungen. Von Lieferanten beispielsweise können Saldenbestätigungen (= Bestätigung des jeweils noch offenen Betrages) angefordert werden. Da die Inventur der nicht körperlichen Vermögenswerte und Schulden aufgrund von Unterlagen (= von „Büchern") erfolgt, spricht man auch von „Buchinventur". Das Ergebnis der Inventur ist das Inventar.

Unter **Inventur** versteht man die Bestandsaufnahme aller Vermögenswerte und Schulden. Das Ergebnis der Inventur ist das Bestandsverzeichnis, das man auch als **Inventar** bezeichnet.

Abkürzungen:

HGB = Handelsgesetzbuch
AO = Abgabenordnung
EStR = Einkommensteuerrichtlinien

In den folgenden Bestimmungen wird der Begriff „Bilanzstichtag" benutzt. Damit ist der letzte Tag eines Geschäftsjahres gemeint. Ein Geschäftsjahr geht über 12 Monate. Beginnt das Geschäftsjahr am 1. Januar, dann ist der Bilanzstichtag der 31. Dezember.

Auszüge aus den gesetzlichen Bestimmungen zu Inventur und Inventar

§ 238 HGB Buchführungspflicht

(1) Jeder Kaufmann ist verpflichtet, Bücher zu führen und in diesen seine Handelsgeschäfte und die Lage seines Vermögens nach den Grundsätzen ordnungsmäßiger Buchführung ersichtlich zu machen. Die Buchführung muss so beschaffen sein, dass sie einem sachverständigen Dritten innerhalb angemessener Zeit einen Überblick über die Geschäftsvorfälle und über die Lage des Unternehmens vermitteln kann. Die Geschäftsvorfälle müssen sich in ihrer Entstehung und Abwicklung verfolgen lassen.

(...)

§ 240 HGB Inventar

Jeder Kaufmann hat zu Beginn seines Handelsgewerbes seine Grundstücke, seine Forderungen und Schulden, den Betrag seines baren Geldes sowie seine sonstigen Vermögensgegenstände genau zu verzeichnen und dabei den Wert der einzelnen Vermögensgegenstände und Schulden anzugeben.

Er hat (...) für den Schluss eines jeden Geschäftsjahres ein solches Inventar aufzustellen. Die Dauer des Geschäftsjahres darf zwölf Monate nicht überschreiten. Die Aufstellung des Inventars ist innerhalb der einem ordnungsmäßigen Geschäftsgang entsprechenden Zeit zu bewirken.

(...)

§ 241a HGB Befreiung von der Pflicht zur Buchführung und Erstellung eines Inventars
Einzelkaufleute, die an den Abschlussstichtagen von zwei aufeinanderfolgenden Geschäftsjahren nicht mehr als 600.000 EUR Umsatzerlöse und 60.000 EUR Jahresüberschuss aufweisen, brauchen die §§ 238 bis 241 nicht anzuwenden. Im Falle der Neugründung treten die Rechtsfolgen schon ein, wenn die Werte des Satzes 1 am ersten Abschlussstichtag nach der Neugründung nicht überschritten werden.

§ 241 HGB Inventurvereinfachungsverfahren
(1) Bei der Aufstellung des Inventars darf der Bestand der Vermögenswerte nach Art, Menge und Wert auch mit Hilfe anerkannter mathematisch-statistischer Methoden aufgrund von Stichproben ermittelt werden. (...)
(3) In dem Inventar für den Schluss eines Geschäftsjahres brauchen Vermögenswerte nicht verzeichnet werden, wenn
1. der Kaufmann ihren Bestand auf Grund einer körperlichen Bestandsaufnahme oder auf Grund eines nach Absatz 2 zulässigen anderen Verfahrens nach Art, Menge und Wert in einem besonderen Inventar verzeichnet hat, das für einen Tag innerhalb der letzten drei Monate vor oder der ersten zwei Monate nach dem Schluss des Geschäftsjahres aufgestellt ist, und
2. auf Grund des besonderen Inventars durch Anwendung eines den Grundsätzen ordnungsmäßiger Buchführung entsprechenden Fortschreibungs- oder Rückrechnungsverfahrens gesichert ist, dass der am Schluss des Geschäftsjahres vorhandene Bestand der Vermögensgegenstände für diesen Zeitpunkt ordnungsgemäß bewertet werden kann.

R 5.3 EStR
Inventur
(1) Die Inventur (...) braucht nicht am Bilanzstichtag vorgenommen zu werden. Sie muss aber **zeitnah** – in der Regel innerhalb einer Frist von zehn Tagen vor oder nach dem Bilanzstichtag – durchgeführt werden. (...)

Zeitverschobene Inventur
(2) Nach § 241 Abs. 3 HGB kann die jährliche körperliche Bestandaufnahme ganz oder teilweise innerhalb der letzten drei Monate vor oder der ersten zwei Monate nach dem Bilanzstichtag durchgeführt werden. Der dabei festgestellte Bestand ist nach Art und Menge in einem besonderen Inventar zu verzeichnen, das auch aufgrund einer permanenten Inventur erstellt werden kann. (...)

Fehlerhafte Bestandsaufnahme
(4) Fehlt eine körperliche Bestandsaufnahme, oder enthält das Inventar in formeller oder materieller Hinsicht nicht nur unwesentliche Mängel, so ist die Buchführung nicht als ordnungsmäßig anzusehen. (...)

> **§ 257 HGB Aufbewahrung von Unterlagen, Aufbewahrungsfristen**
> (1) Jeder Kaufmann ist verpflichtet, die folgenden Unterlagen geordnet aufzubewahren: (…) Inventare (…).
> (4) die in Absatz 1 Nr. 1 (…) aufgeführten Unterlagen sind zehn Jahre (…) aufzubewahren.

Die körperliche Inventur durch Zählen, Messen und Wiegen kann bei körperlichen Vermögensgegenständen z. B. wie folgt durchgeführt werden:

- Waren werden in Listen ihrer Art nach festgehalten oder es wird verglichen, ob vorhandene Lagerlisten noch stimmen. Bestimmte Vorräte können auch geschätzt werden, bei Heckmann beispielsweise die Zahl der in kleineren Behältern sortierten Dichtungsringe.
- Für die systematische Erfassung der Betriebs- und Geschäftsausstattung hat Heckmann seit Längerem jedes Stück mit einer Inventarnummer bezeichnet. Für die Gegenstände jedes Raumes wird ein gesondertes Verzeichnis erstellt. Der Wert der Gegenstände wird unter Berücksichtigung der Abschreibung (vgl. hierzu im Kapitel 10 „Abschlussarbeiten“) ermittelt.

Die **Buchinventur** erfasst alle nichtkörperlichen Gegenstände. Forderungen an Kunden, Guthaben bei Banken, Verbindlichkeiten an Lieferanten und an Banken können nur wertmäßig aufgrund von buchhalterischen Aufzeichnungen festgestellt werden; deren Richtigkeit wird durch Kontoauszüge oder Saldenbestätigungen nachgewiesen. Grundsätzlich muss die Inventur am Schluss eines Geschäftsjahres, dem sogenannten Abschlussstichtag oder **Bilanzstichtag** durchgeführt werden. Wenn durch organisatorische Maßnahmen gesichert ist, dass eine Wertfortschreibung oder Wertrückrechnung jeweils auf den Abschlussstichtag möglich ist, sind folgende Vereinfachungsverfahren für die Inventur zulässig:

- **Zeitnahe Stichtagsinventur:** Nach R 5.3 EStR können Vermögensgegenstände innerhalb einer Frist von 10 Tagen vor oder nach dem Abschlussstichtag aufgenommen werden.

- **Permanente Inventur** setzt eine während des ganzen Geschäftsjahres vorhandene Bestandsbuchführung voraus, in der alle Mengenbewegungen laufend erfasst werden. Dann genügt es, wenn mindestens einmal jährlich der tatsächlich vorhandene Bestand mit dem Buchbestand verglichen wird. Das Wesen der permanenten Inventur besteht darin, dass ein am Bilanzstichtag vorhandener buchmäßiger Bestand (Sollbestand) ohne gleichzeitige körperliche Bestandsaufnahme als tatsächlicher Bestand (Istbestand) zum Bilanzstichtag aufgenommen wird. Der Sollbestand gilt also ohne Nachprüfung als Istbestand (R 5.3 Abs. 2 EStR). Beim Anlagevermögen muss das Bestandsverzeichnis jeden Zugang und jeden Abgang daten- und wertmäßig ausweisen (vgl. Abschn. R.5.4 Abs. 5 EStR). Beim Vorratsvermögen müssen alle Zugänge und Abgänge nach Tag, Art und Menge (Stückzahl, Gewicht oder Kubikinhalt) in Lagerbüchern nachgewiesen werden.
- **Zeitlich verlegte Inventur** nach § 241 Abs. 3 HGB ist innerhalb der ersten drei Monate vor oder der ersten zwei Monate nach dem Abschlussstichtag zulässig (Abschn. 5.3 Abs. 2 EStR). Der Wert des Bestands für den Bilanzstichtag muss durch ein Fortschreibungs- oder Rückrechnungsverfahren, das sogenannte Wertnachweisverfahren, festgestellt werden. Der Unterschied zur permanenten Inventur besteht darin, dass die Bestandsveränderungen nur wertmäßig nachgewiesen zu werden brauchen.
- Die sogenannte **Stichprobeninventur** ist für den Lagerbestand bei Anwendung mathematisch-statistischer Methoden nach § 241 Abs. 1 HGB zulässig. Die sogenannte geschichtete Stichprobeninventur ermöglicht es, die sehr lohnintensive Inventur und Bewertung erheblich zu rationalisieren. Dabei wird die körperliche Bestandsaufnahme und Bewertung auf einen bestimmten Prozentsatz der Wirtschaftsgüter beschränkt und dann „hochgerechnet". Insbesondere für den Einzelhandel ermöglicht die Stichprobeninventur eine schnellere und einfachere Inventurabwicklung. Bei diesem Verfahren werden auch die Preise nach dem Zufallsprinzip ermittelt, z. B. wird nur jeder zehnte Preis notiert.

- **Festbewertung:** Vermögensgegenstände des Anlagevermögens und Roh-, Hilfs- und Betriebsstoffe von geringer Bedeutung und mit geringen Veränderungen brauchen nur alle drei Jahre aufgenommen zu werden (§ 240 Abs. 3 HGB).

Das Ergebnis der Inventur ist das Inventar.

> Formale Vorschriften zur **Aufstellung des Inventars** gibt der Gesetzgeber nicht.

Aus diesem Grund muss das Inventar nicht aus *einer* großen Gesamtaufstellung bestehen. Die geordnete Ablage der Inventurunterlagen (z. B. Listen und Verzeichnisse) mit den entsprechenden Additionen kann als ausreichend betrachtet werden. Es hat sich aber durchaus bewährt, die Ergebnisse der Inventur nochmals in einer verdichteten und überschaubaren Form zusammenzufassen. Aufgrund des engen Zusammenhangs zur Bilanz – die später behandelt wird- verwenden wir für die Aufstellung des Inventars das für die Bilanz vorgegebene Begriffssystem. Um das Beispielinventar verstehen zu können, gilt es zunächst einige Begriffe zu klären.

Klärung ausgewählter Begriffe aus einem Inventar

Anlagevermögen	Vermögen, das dem Unternehmen langfristig dient und es langfristig „arbeitsfähig" hält.
■ Immaterielles Anlagevermögen	Software und Lizenzen
■ Sachanlagen	
– Grundstücke und Gebäude	Unbebaute und bebaute Grundstücke, Lagergebäude, Verwaltungsgebäude, Produktionshallen
– Technische Anlagen	Technische Anlagen und Maschinen
– Fuhrpark	Beim Fuhrpark handelt es sich um die Firmenfahrzeuge (PKW; LKW)
– Betriebs- und Geschäftsausstattung	Es handelt sich in erster Linie um Einrichtungsgegenstände wie z. B. Möbel und Computer. Stehen diese Gegenstände in der Produktionshalle, spricht man von **Betriebsausstattung**; stehen sie in der kaufmännischen Verwaltung (z. B. im Personalbüro oder in der Werbeabteilung), spricht man von **Geschäftsausstattung**.

Umlaufvermögen	Vermögensgegenstände, die der ständigen Erneuerung oder des laufenden Umsetzens dienen. Es ist Vermögen, das sich durch die Geschäftstätigkeit häufig ändert.
■ Warenvorräte (in Handelsunternehmen)	Es sind Waren, die unser Unternehmen eingekauft hat und unverändert an Kunden weiterverkauft. Ein Handelsunternehmen handelt mit Waren. Die Warenvorräte zeigen, wie viele und welche Waren wir im Lager haben.
■ Rohstoffe, Hilfsstoffe, Betriebs-Stoffe, unfertige Erzeugnisse, Fertige Erzeugnisse, Handelswaren (in Industrieunternehmen).	Rohstoffe sind der Hauptbestandteil eines Produktes (z. B. Holz beim Stuhl). Hilfsstoffe sind Nebenbestandteile des hergestellten Produkts (z. B. Schrauben oder Leim beim Stuhl). Hilfsstoffe sind kein Bestandteil des Produkts, sondern sie dienen dazu, z. B. die Maschinen zu „betreiben". Es sind z. B. Schmierstoffe für die Maschine. Fertigerzeugnisse sind die fertig hergestellten Produkte (z. B. der Stuhl in einer Möbelfabrik). Handelswaren sind fertige Erzeugnisse, die aber unser Industriebetrieb nicht selbst herstellt. Es sind Waren, die der Industriebetrieb einkauft und sie unverändert weiter verkauft, d. h. mit ihnen „handelt".
■ Forderungen aus Lieferungen und Leistungen	Angenommen, wir haben am 15. September an einen Kunden Waren auf Rechnung geliefert. Wir gewähren dem Kunden bis zum 15. Oktober Zeit, die Rechnung zu bezahlen. Heute sei der 16. September. Dies bedeutet, dass der Kunde die Ware bereits hat, wir haben aber noch kein Geld. Da der Kunde die Rechnung noch bezahlen muss, haben wir von ihm noch Geld zu bekommen – oder anders ausgedrückt- Geld „zu fordern". Wir haben eine Forderung an den Kunden. Die Forderung besteht so lange, bis der Kunde die Rechnung bezahlt hat. Die Forderung beruht auf unserer Lieferung vom 15. September, weshalb man diese Forderungen auch Forderungen aus Lieferungen und Leistungen nennt. Häufig wird folgende Abkürzung verwendet: Ford. a. L. u. L. = **Ford**erungen **a**us **L**ieferungen **u**nd **L**eistungen

Verbindlichkeiten	Verbindlichkeiten sind Schulden, die wir haben.
■ Verbindlichkeiten gegenüber Kreditinstituten	Es sind Schulden, die wir bei Banken oder Sparkassen (= Kreditinstitute) haben. Es können **Darlehensschulden,** d. h. Schulden aus einem längerfristigen Bankkredit oder **Hypothekenschulden**, d. h. Schulden aus einem langfristigen Bankkredit, bei dem als Sicherheit ein Grundstück dient, sein. Möglich wäre auch, dass wir unser Konto – nach vorheriger Absprache mit der Bank – überzogen haben. In diesem Fall spricht man von einem „**Kontokorrentkredit**" (Kontokorrent = „in laufender Rechnung"). Bei Privatleuten nennt man dies einen Dispokredit.
■ Verbindlichkeiten aus Lieferungen und Leistungen	Angenommen wir haben am 15. September bei einem Lieferanten Waren auf Rechnung eingekauft. Die Waren wurden geliefert, der Lieferant gewährt uns aber bis zum 15. Oktober Zeit, die Rechnung zu bezahlen. Heute ist der 16. September. Dies bedeutet für uns, dass wir beim Lieferanten noch Schulden – oder anders ausgedrückt „Verbindlichkeiten" – haben. Diese bestehen solange, bis wir die Rechnung bezahlt haben. Die Schulden beruhen auf einer Lieferung von Waren, weshalb man diese Schulden auch Verbindlichkeiten aus Lieferungen und Leistungen nennt. Häufig wird folgende Abkürzung verwendet: Verb. a. L.u. L. = **Verb**indlichkeiten **a**us **L**ieferungen **u**nd **L**eistungen

Reihenfolge im Inventar

Um mehrere Unternehmen leichter miteinander vergleichen zu können, bietet es sich an, eine einheitliche Reihenfolge der Positionen zu wählen. Es ist Folgendes zu beachten:

Zunächst werden das Vermögen, dann werden die Schulden und schließlich das Eigenkapital in Staffelform (untereinander) dargestellt. Die Ermittlung des Reinvermögens (= Eigenkapitals) knüpft an das Inventar an, ist aber nicht Gegenstand des Inventars. Vor diesem Hintergrund könnte Punkt C im Musterinventar auch weggelassen werden.

Innerhalb des Vermögens kommt zunächst das Anlagevermögen (das dem Unternehmen langfristig dient) und dann das Umlaufvermögen. Innerhalb des Anlagevermögens kommt z. B. ein Gebäude weiter oben, weil es nicht so einfach zu Geld gemacht werden kann wie z. B. ein Fahrzeug (Fuhrpark).

Innerhalb des Umlaufvermögens ist sicherlich der Kassenbestand am leichtesten zu Geld zu machen (Geld aus der Kasse nehmen). Folglich müsste der Kassenbestand innerhalb des Umlaufvermögens ganz am Ende (unten) stehen. Allerdings hat es sich abweichend von der Regel eingebürgert, zunächst den Kassenbestand und dann erst das Guthaben bei Banken aufzulisten. Von der Logik her könnte man aber auch erst das Guthaben bei Banken und dann erst den Kassenbestand auflisten.

Die Schulden gliedert man nach der Art der Schulden in Schulden bei Kreditinstituten und Schulden aus Lieferungen und Leistungen (bei Lieferanten). Man könnte auch von einer Ordnung nach der Fälligkeit (Rückzahlungszeitpunkt) sprechen. Zunächst kommen langfristige Schulden und dann erst kurzfristige, d. h. solche, für die man weniger Zeit für die Rückzahlung hat. Ein Bankdarlehen kann z. B. über mehrere Jahre laufen, während Schulden bei einem Lieferanten in der Regel innerhalb von spätestens 30 Tagen zu zahlen sind.

Das folgende Beispiel zeigt ein Inventar für unsere kleine Fahrradhandlung. Die erste Zahlenspalte ist für die Auflistung von Einzelbeträgen vorgesehen, während die hintere Zahlenspalte die jeweiligen Summen enthält.

BEISPIEL für ein Inventar:

Inventar zum 31. Dezember 20XX der Fahrradhandlung Uli Heckmann, Humpisstraße 11, 88212 Ravensburg

Vermögen	**EUR**	**EUR**
Anlagevermögen		
Grundstücke		
– Humpisstraße 15	924.800,00	
– Heinkelstraße 13	125.000,00	1.049.800,00
Gebäude		
– Fabrikgebäude Humpisstraße 15	429.450,00	

– Verwaltungsgebäude Heinkelstraße 13	675.000,00	1.104.450,00
Fuhrpark lt. Einzelinventarliste 1		144.550,00
Betriebs- und Geschäftsausstattung		
– Lagereinrichtung lt. Einzelinventarliste 2	45.600,00	
– Verwaltungseinrichtung lt. Einzelinventarliste 3	29.275,00	
– EDV-Anlagen lt. Einzelinventarliste 4	20.725,00	95.600,00
Umlaufvermögen		
Warenvorräte lt. Einzelinventarliste 5		1.394.020,00
Forderungen aus Lieferungen und Leistungen		
– Fahrradgroßhandlung BIG OHG, Ulm	12.125,00	
– Fahrrad Krämer e.Kfm., Baienfurth	9.550,00	
– Bike Dannewitz, Stuttgart	11.900,00	33.575,00
Kasse lt. Einzelinventarverzeichnis 6		1.250,00
Guthaben bei Banken		
– Guthaben Volksbank	5.900,00	
– Guthaben Sparkasse	28.780,00	3.857.925,00
Schulden		
Verbindlichkeiten gegenüber Kreditinstituten		
– Darlehen bei der Volksbank	890.600,00	
– Darlehen bei der Sparkasse	123.145,00	1.013.745,00
Verbindlichkeiten aus Lieferungen und Leistungen		
– Stahlfabrik EMU AG, Essen	55.150,00	
– Stahl Krumm GmbH, Duisburg	47.350,00	1.116.245,00
C. Ermittlung des Reinvermögens (Eigenkapitals)		
Summe des Vermögens		3.857.925,00
Summe der Schulden		1.116.245,00
= *Reinvermögen (Eigenkapital)*		2.741.680,00

Das **Inventar wird in Staffelform erstellt**. Zunächst wird das Vermögen – unterteilt in Anlage- und Umlaufvermögen- aufgelistet. Auf das Vermögen folgen die Schulden- unterteilt in langfristige und kurzfristige Schulden. Die Berechnung des Reinvermögens – auch als Eigenkapital bezeichnet – knüpft an das Inventar an. Das Eigenkapital ergibt sich rechnerisch als Differenz zwischen Vermögen und Schulden.

2.3 Erfolgsermittlung durch Eigenkapitalvergleich

Der Erfolg, also ein Gewinn oder Verlust, kann insgesamt als die Veränderung des Reinvermögens innerhalb eines Geschäftsjahres ermittelt werden. Dabei sind nur die betriebsbedingten Veränderungen zu berücksichtigen. Die Vorgehensweise wird an einem vereinfachten Beispiel aufgezeigt:

Einfache BEISPIELE einer Musikband

Ausgangssituation: Klaus, Thomas und Bruno haben Anfang 20XX eine Band mit dem Namen „Firestones" gegründet. Instrumente im Wert von 10.000,00 EUR stellen das Startkapital dar.

BEISPIEL 1: Im Jahre 20XX sind der Band folgende Gelder zugeflossen:

- Gage für das Konzert in der Oberschwabenhalle in Ravensburg am 20. März 20XX: 3.000 EUR
- Gage für ein Konzert in Oberzell am 20. Juli 20XX: 2.000 EUR
- Klaus hat im Lotto gewonnen und schenkt der Band am 20. September 20XX: 6.000 EUR.

Da die Band vom Veranstalter jeweils abgeholt wurde, sind keine Fahrtkosten entstanden:

Am Ende des ersten Geschäftsjahrs 20XX will die Band wissen, ob sich die Gründung und der Einsatz der 10.000 EUR für Instrumente gelohnt haben.

(A) Die Band macht folgende Rechnung auf:

	EUR	Nebenrechnungen
Eigenkapital am 31. 12. 20XX	21.000,00	10.000+3.000+2.000+6.000
– Eigenkapital am 1. 1. 20XX	– 10.000,00	
= Eigenkapitalmehrung = Erfolg	= 11.000,00	

Thomas meint: „Da lügen wir uns ja ganz schön an!" Entscheiden und begründen Sie, ob Sie Thomas zustimmen!
Thomas ist zuzustimmen, da das Geldgeschenk in Höhe von 6.000 EUR zwar das Eigenkapital der Band erhöht hat, aber nichts mit dem Erfolg der Band zu tun hat! Die 6.000 EUR müssen abgezogen werden, wenn man den Erfolg der Band berechnen will.
Wie hoch war dann im Jahre 20XX der Erfolg der Band?

	EUR	Nebenrechnungen
Eigenkapital am 31. 12. 20XX	21.000,00	10.000+3.000+2.000+6.000
– Eigenkapital am 1. 1. 20XX	– 10.000,00	
= Eigenkapitalmehrung	= 11.000,00	
– Privateinlage von Klaus	– 6.000,00	
= Erfolg	**= 5.000,00**	

BEISPIEL 2: Im nächsten Geschäftsjahr 20XY hat die Band
- am 5.1. in Ulm (Gage: 4.000 EUR) und
- am 20.4. in Frankfurt (Gage: 6.000 EUR)

gespielt. Fahrtkosten sind nicht entstanden. Am 17.5. hat Bruno 3.000 EUR mit dem Einverständnis der anderen Band-Mitglieder aus der Bandkasse genommen, um sich einen neuen Fernseher zu kaufen.
Wie hoch der Erfolg der Band im Jahre 20XY?

	EUR	Nebenrechnungen
Eigenkapital am 31. 12. 20XY	28.000,00	21.000+4.000+6000–3.000
– Eigenkapital am 1. 1. 20XY	– 21.000,00	= Eigenkapital am 31.12.20XX
= Eigenkapitalmehrung	7.000,00	
+ Privatentnahme Bruno	+ 3.000,00	
= Erfolg	**= 10.000,00**	

Ohne die Privatentnahme von Bruno hätte die Band am 31.12.20XY 3.000 EUR mehr Eigenkapital gehabt. Die Band hat ja 4.000 EUR (Ulm) und 6.000 EUR (Frankfurt) = 10.000 EUR durch ihre Musik eingenommen. Da die 3.000 EUR „vorzeitig" entnommen wurden, müssen sie jetzt addiert werden.

Bei der **Erfolgsermittlung durch Eigenkapitalvergleich** müssen Privatentnahmen addiert und Privateinlagen subtrahiert werden.

2.4 Die Bilanz

Je größer ein Unternehmen ist, umso mehr steht es im Blickfeld der Öffentlichkeit. Diese ist daran interessiert, in die wirtschaftliche Lage eines Unternehmens Einblick nehmen zu können; das Wohlergehen vieler Menschen hängt oft vom Wohlergehen des Unternehmens ab. Aber auch kleine Unternehmen können ihre „Zahlen" nicht ganz verschweigen: Wer Kredit von Kreditinstituten, aber auch von Lieferanten oder von staatlichen Stellen erhalten will, muss seine „Vertrauenswürdigkeit" erst einmal dadurch beweisen, dass er seine wichtigsten wirtschaftlichen Verhältnisse offen legt. Zumindest verlangt diese der Staat für die Steuererhebung. Diese Offenlegung geschieht regelmäßig mit der Bilanz des Unternehmens.

Der Begriff der Bilanz ist auch in die Alltagssprache eingegangen: Man „zieht Bilanz" eines Handelns, macht die „Bilanz" eines vergangenen Kalenderjahres oder Jahrzehnts bis zur „Bilanz des Lebens".

Das Unternehmen kann sein Ergebnis in der Gesamtsumme auch aus dem Inventar ableiten. Für die Öffentlichkeit und selbst für eigene Zwecke ist diese Übersicht meistens zu umfangreich und zu sehr den Gegebenheiten des einzelnen Unternehmens angepasst. Der Gesetzgeber hat deshalb auch mit den Formvorschriften in Zusammenhang mit der Bilanzierungspflicht eine gewisse Vereinheitlichung geschaffen.

Im Gegensatz zum Inventar sind der **Inhalt und der Aufbau einer Bilanz** gesetzlich vorgeschrieben.

Die Bilanz ist eine verkürzte Fassung des Inventars in einer für alle Unternehmen einheitlichen Form. Sie wird ergänzt durch die Gewinn- und Verlustrechnung (siehe Kapitel 5) und bildet mit dieser zusammen den Jahresabschluss.

Für die Bilanz gilt eine Vielzahl gesetzlicher Regelungen.

Ausgewählte gesetzliche Bestimmungen zur Bilanz

§ 242 HGB Pflicht zu Aufstellung der Bilanz

(1) Der Kaufmann hat zu Beginn seines Handelsgewerbes und für den Schluss eines jeden Geschäftsjahres einen das Verhältnis seines Vermögens und seiner Schulden darstellenden Abschluss (Eröffnungsbilanz, Bilanz) aufzustellen. (...)

(4) Die Absätze 1 bis 3 sind auf Einzelkaufleute im Sinne des § 241a[7] nicht anzuwenden. Im Fall der Neugründung treten die Rechtsfolgen nach Satz 1 schon ein, wenn die Werte des § 241a Satz 1 am ersten Abschlussstichtag nach der Neugründung nicht überschritten werden.

§ 243 HGB Aufstellungsgrundsatz

Der Jahresabschluss ist nach den Grundsätzen ordnungsmäßiger Buchführung aufzustellen.

Er muss klar und übersichtlich sein.

Der Jahresabschluss ist innerhalb der einem ordnungsmäßigen Geschäftsgang entsprechenden Zeit aufzustellen.

§ 244 HGB Sprache, Währungseinheit

Der Jahresabschluss ist in deutscher Sprache und in Euro aufzustellen.

§ 247 HGB Inhalt der Bilanz

In der Bilanz sind Anlage- und das Umlaufvermögen, das Eigenkapital, die Schulden (...) gesondert auszuweisen und hinreichend aufzugliedern.

Beim Anlagevermögen sind nur Gegenstände auszuweisen, die bestimmt sind, dauernd dem Geschäftsbetrieb zu dienen. (...)

§ 246 HGB Vollständigkeit. Verrechnungsverbot

Der Jahresabschluss hat sämtliche Vermögensgegenstände, Schulden, (...) zu enthalten (...)

Posten der Aktivseite dürfen nicht mit Posten der Passivseite (...) verrechnet werden. (...)

§ 266 HGB Gliederung der Bilanz

Die Bilanz ist in Kontenform aufzustellen. Dabei haben große und mittelgroße Kapitalgesellschaften (...) auf der Aktivseite die in Absatz 2 und auf der Passivseite die in Absatz 3 bezeichneten Posten gesondert und in der vorgeschriebenen Reihenfolge auszuweisen. Kleine Kapitalgesellschaften (...) brauchen nur eine verkürzte Bilanz aufzustellen (...).

§ 245 HGB Unterzeichnung
Der Jahresabschluss ist vom Kaufmann unter Angabe des Datums zu unterzeichnen. Sind mehrere persönlich haftende Gesellschafter vorhanden, so haben sie alle zu unterzeichnen.

§ 257 HGB Aufbewahrung von Unterlagen. Aufbewahrungsfristen
(...)

§ 147 AO Ordnungsvorschriften für die Aufbewahrung von Unterlagen
(1) Die folgenden Unterlagen sind geordnet aufzubewahren:
1. Bücher und Aufzeichnungen, Inventare, Jahresabschlüsse, Lageberichte, die Eröffnungsbilanz sowie die zu ihrem Verständnis erforderlichen Arbeitsanweisungen und sonstigen Organisationsunterlagen,
2. die empfangenen Handels- und Geschäftsbriefe,
3. Wiedergaben der abgesandten Handels- und Geschäftsbriefe,
4. Buchungsbelege
4a....
5. Sonstige Unterlagen, (...)

(2) Mit Ausnahme der Jahresabschlüsse und der Eröffnungsbilanz (...) können die in Absatz 1 aufgeführten Unterlagen auch als Wiedergabe auf einem Bildträger oder auf anderen Datenträgern aufbewahrt werden, wenn dies den Grundsätzen ordnungsmäßiger Buchführung entspricht und sichergestellt ist, dass die Wiedergabe oder die Daten
1. mit den empfangenen Handels- oder Geschäftsbriefen und den Buchungsbelegen bildlich und mit den anderen Unterlagen inhaltlich übereinstimmen, wenn sie lesbar gemacht werden.
2. während der Dauer der Aufbewahrungsfrist verfügbar sind und jederzeit innerhalb einer angemessenen Frist lesbar gemacht werden können.

(3) Die in Absatz 1 Nr. 1 und 4 (...) aufgeführten Unterlagen sind zehn Jahre, die sonstigen in Absatz 1 aufgeführten Unterlagen sechs Jahre aufzubewahren (...).

§ 331 HGB Unrichtige Darstellung
Mit Freiheitsstrafe bis zu drei Jahren oder mit Geldstrafe wird bestraft, wer
1. als Mitglied des vertretungsberechtigten Organs[8] oder des Aufsichtsrates[9] einer Kapitalgesellschaft[10] die Verhältnisse der Kapitalgesellschaft in der Eröffnungsbilanz, im Jahresabschluss (...) unrichtig wiedergibt oder verschleiert.
(...)

Die Buchführung wurde früher tatsächlich in Büchern geführt. Da wir von links nach rechts schreiben, beginnen wir auch in einem Buch mit der linken Seite. Der Kaufmann früherer Zeiten schrieb in sein Buch erst einmal auf der linken Seite sein Vermögen auf. Die Übersichtlichkeit war gegeben, wenn er die Schulden auf die rechte Seite des Buches geschrieben hat. Das Reinvermögen konnte dann als sogenannter **Saldo**[11] errechnet werden.

Die Vermögenswerte auf der linken Seite der Bilanz werden **„Aktiva"** (lat. activus = tätig), die Schulden und das Eigenkapital auf der rechten Seite **„Passiva"** (lat. passivus = untätig) genannt. Aus den gesetzlichen Bestimmungen ergibt sich, dass keine Verrechnung der Posten der Aktivseite mit denen der Passivseite vorgenommen werden darf.

Die Werte der Bilanz werden aus dem Inventar durch Verkürzung abgeleitet.

Betrachtet man das Inventar der Fahrradhandlung Heckmann (siehe Kap. 2.2), wird offensichtlich, wie die Darstellung kompakter gemacht werden könnte:

- Bei der Betriebs- und Geschäftsausstattung könnte nur der Endbetrag angegeben werden, auf die Auflistung einzelner Teile (Lagereinrichtung, Verwaltungseinrichtung, EDV-Anlagen) könnte verzichtet werden.
- Bei den Forderungen a. L. u. L. könnte auf die Angabe der Namen der Kunden verzichtet und nur die Summe angegeben werden.
- Beim Bankguthaben könnte auf die Auflistung der einzelnen Banken bzw. Kreditinstituten verzichtet werden.
- Bei Angabe der Darlehensschulden könnte auf die Nennung der einzelnen Banken verzichtet werden.
- Bei den Verbindlichkeiten a. L. u. L. könnte auf die Angabe der Lieferanten verzichtet werden und nur die Summe angegeben werden.

Während das Inventar rein für interne Zwecke genutzt wird, wird die Bilanz z. B. Banken zur Verfügung gestellt, wenn es um eine mögliche Kreditaufnahme geht. Aktiengesellschaften, deren Aktien an der Börse gehandelt werden, veröffentlichen ihre Bilanz. Auch aus dieser Perspektive macht die Zusammenfassung von Inventarpositionen Sinn. Schließlich geht es die Öffentlichkeit nichts an, wie unsere Kunden oder Lieferanten heißen und bei welchen Banken wir Konten haben. Unsere Kunden wollten sicherlich nicht, dass die Öffentlichkeit erfährt, in welcher Höhe wir noch Forderungen an sie haben.

Im § 266 HGB wird für Kapitalgesellschaften (Kapitalgesellschaften sind GmbHs und AGs) eine Bilanzgliederung genau vorgeschrieben. Für Einzelunternehmen und Personengesellschaften (OHG, KG) wird keine detaillierte Bilanzgliederung festgelegt. Diese Unternehmen müssen lediglich die Gliederungspunkte beachten, die in § 247 HGB genannt werden. Um Bilanzen verschiedener Unternehmen besser miteinander vergleichen zu können und vor dem Hintergrund in der Praxis weitverbreiteter Finanzbuchhaltungsprogramme hat sich das – eigentlich nur für große Kapitalgesellschaften vorgeschriebene – Bilanzschema, wie es in § 266 HGB aufgeführt wird, allgemein durchgesetzt. Zunächst verwenden wir eine **vereinfachte** Bilanzgliederung, die an die Vorgaben des § 266 HGB angelehnt ist.[12]

Wir orientieren uns an unserer Fahrhandlung und weisen somit Warenvorräte aus. In einem Industrieunternehmen würde man die Vorräte an Roh-, Hilfs- und Betriebsstoffen, an unfertigen und fertigen Erzeugnissen und ggf. an Handelswaren ausweisen.

Innerhalb der Bilanz ist die Reihenfolge der Positionen genau festgelegt und muss eingehalten werden. Die Anordnung der Positionen erfolgt nach denselben Gesichtspunkten wie beim Inventar (siehe Kap. 2.2). Die Bilanz wird nicht wie das Inventar in Staffelform (Vermögen und Schulden untereinander), sondern in Kontenform (Vermögen und Verbindlichkeiten gegenübergestellt) dargestellt.

Vereinfachte Bilanzgliederung

Aktiva	Passiva
Anlagevermögen Grundstücke und Gebäude Technische Anlagen und Maschinen Fuhrpark[13] Betriebs- und Geschäftsausstattung **Umlaufvermögen** Warenvorräte[14] Forderungen a. L. u. L. Flüssige Mittel[15]	**Eigenkapital** **Verbindlichkeiten** Verbindlichkeiten gegenüber Kreditinstituten Verbindlichkeiten a. L. u. L.

Die **Bilanz wird in Kontenform aufgestellt**. Die linke Seite der Bilanz wird mit „Aktiva" und die rechte Seite mit „Passiva" bezeichnet.

Die aus dem Inventar erstellte Bilanz der Fahrradhandlung Heckmann sieht wie folgt aus:

Bilanz der Fahrradhandlung Heckmann zum 31. 12. 20XX

Aktiva			Passiva
A. Anlagevermögen		**A. Eigenkapital**	2.741.680,00
Grundstücke und Gebäude	2.154.250,00	**B. Verbindlichkeiten**	
Fuhrpark	144.550,00	Verbindlichkeiten gegenüber Kreditinstituten	1.013.745,00
Betriebs- u. Geschäftsausstattung	95.600,00	Verbindlichkeiten a. L. u. L.	102.500,00
B. Umlaufvermögen			
Warenvorräte	1.394.020,00		
Forderungen a. L. u. L.	33.575,00		
Flüssige Mittel	35.930,00		
	3.857.925,00		**3.857.925,00**

Ravensburg, den 5. Januar 20XY *Heckmann*

Die Bilanz muss von Heckmann unterschrieben werden. Mit seiner Unterschrift steht er für die Richtigkeit der Angaben ein. Ein schräger Strich nach oben zu den Verbindlichkeiten und von dort aus nach rechts zur Zahl 1 (von 102.500) wird als Buchhalternase bezeichnet. Damit werden die leeren Zeilen optisch „entwertet". Da man heute allerdings Bilanzen mittels EDV erstellt, spielt die sogenannte „Buchhalternase" in der Praxis keine so große Rolle mehr. Im Folgenden verzichten wir deshalb ebenfalls darauf.

Die Bilanzsumme ist auf beiden Seiten 3.857.925,00 EUR. Warum ist das so?

Die **Aktiva-Seite** der Bilanz gibt Auskunft über die Mittelverwendung (= „Investierung") und beantwortet die Frage, was man mit dem Kapital getan hat. Die **Passiva-Seite** gibt Auskunft über die Mittelherkunft (= „Finanzierung") und beantwortet die Frage, woher das Kapital stammt.

Nehmen wir ein einfaches Beispiel: Sie gründen Ihr Unternehmen und haben zunächst nur 50 EUR aus Ihrem Vermögen, das Sie ins Unternehmen einbringen und zunächst in einen Briefumschlag mit der Aufschrift „Kasse" legen. Wie würde die Bilanz aussehen?

Auf der rechten Seite stehen bei Eigenkapital 50 EUR. Damit machen Sie deutlich, dass die 50 EUR von Ihnen stammen (und nicht etwa aus einem Bankkredit, denn dann müssten die 50 EUR bei Verbindlichkeiten gegenüber Kreditinstituten auftauchen). Was haben Sie mit den 50 EUR gemacht? Sie haben das Geld in die Kasse gelegt. Folglich müssten die 50 EUR auf der Aktiva-Seite als „Flüssige Mittel" auftauchen. Ihre Bilanz bestünde in diesem Beispiel also insgesamt aus nur zwei Positionen.

Häufig findet man in Buchhaltungslehrbüchern das Bild der Bilanz als „Waage". Wir verwenden dieses Bild nicht. Mit einer Waage verbindet man die Vorstellung einer traditionellen Balkenwaage mit zwei Schalen. Ist eine der beiden Schalen weiter unten, bringt man nun durch Gewichte auf der anderen Seite die Waage wieder in die Balance. Wenn man so will, ist aber eine Bilanz immer im Gleichgewicht, wie das „50-Euro-Beispiel“ zeigt. Die Bilanzseiten sind wertmäßig immer gleich.

Verdeutlichen wir nun nochmals die Zusammenhänge zwischen Inventar, Bilanz und dem Buchen auf Konten:

Inventar, Bilanz und dem Buchen auf Bestandskonten			
Inventur		**Buchen von Geschäftsfällen auf Konten**	
Inventar		**Grundbuch**	**Hauptbuch**
Bilanz		Buchungssätze	T-Konten
		Aktive und passive Bestandskonten	
stichtagsbezogen (31.12.)		**zeitraumbezogen** (1. 1. bis 31.12.)	
tatsächliche Werte	**Abgleich**	**errechnete Werte** (= errechnete Endbestände)	
		ggf. Korrekturbuchungen	

Die E-Bilanz

Vereinfachend ausgedrückt handelt es sich bei der sogenannten „E-Bilanz“ um die elektronische Übermittlung der Bilanz und der GuV-Rechnung (vgl. hierzu Kap. 5) an die Finanzämter. Die ausschließlich elektronische Übermittlung ist für alle bilanzierenden Unternehmen seit dem Geschäftsjahr 2013 zwingend vorgeschrieben. Nicht betroffen sind Unternehmen, die eine Einnahmenüberschussrechnung (vgl. hierzu Kap. 11) abgeben. Die Verpflichtung zur elektronischen Übermittlung der Bilanz und der GuV-Rechnung ist im Einkommensteuergesetz geregelt:

> **§ 5b**
> **Elektronische Übermittlung von Bilanzen sowie Gewinn- und Verlustrechnungen**
> (1) Wird der Gewinn nach § 4 Absatz 1, § 5 oder § 5a ermittelt, so ist der Inhalt der Bilanz sowie der Gewinn- und Verlustrechnung nach amtlich vorgeschriebenem Datensatz durch Datenfernübertragung zu übermitteln. Enthält die Bilanz Ansätze oder Beträge, die den steuerlichen Vorschriften nicht entsprechen, so sind diese Ansätze oder Beträge durch Zusätze oder Anmerkungen den steuerlichen Vorschriften anzupassen und nach amtlich vorgeschriebenem Datensatz durch Datenfernübertragung zu übermitteln. Der Steuerpflichtige kann auch eine den steuerlichen Vorschriften entsprechende Bilanz nach amtlich vorgeschriebe-

> nem Datensatz durch Datenfernübertragung übermitteln. § 150 Absatz 7 der Abgabenordnung gilt entsprechend. Im Fall der Eröffnung des Betriebs sind die Sätze 1 bis 4 für den Inhalt der Eröffnungsbilanz entsprechend anzuwenden.
> (2) Auf Antrag kann die Finanzbehörde zur Vermeidung unbilliger Härten auf eine elektronische Übermittlung verzichten. § 150 Absatz 8 der Abgabenordnung gilt entsprechend.

Zur Übermittlung der elektronischen Datensätze hat sich die Finanzverwaltung für den international akzeptierten Datenstandard **XBRL** (=e**X**tensible **B**usiness **R**eporting **L**anguage) entschieden. XBRL basiert auf der Skriptsprache XML, die auch die Internetsprache HTML verwendet.

Die E-Bilanz wird über das sogenannte „Elster-Verfahren" versendet. Mit Hilfe eines entsprechenden Zertifikates werden die Daten bei der Übermittlung an das Finanzamt authentifiziert. Die Übertragung weiterer Unterlagen – wie z. B. den Anhang- ist möglich. Es ist zu beachten, dass außerdem die E-Bilanz beim Bundesanzeiger auf https://www.bundesanzeiger.de durch entsprechendes Hochladen hinterlegt werden muss.

Für die E-Bilanz und auch für die GuV-Rechnung ist ein tief detailliertes Gliederungsschema vorgegeben. Dieses Gliederungsschema wird auch als Taxonomie bezeichnet.

Im Zusammenhang mit der-Bilanz stehende zentrale Begriffe klären wir überblicksartig:

Begriffe im Zusammenhang mit der E-Bilanz

Begriff	Kurze Begriffsklärung
Taxonomie	Hierarchisch gegliedertes Schema für die Bilanz und die GuV-Rechnung in das die Unternehmen ihre Daten einordnen müssen.
Kerntaxonomie	Mindestumfang an Daten und Positionen, die zwingend zu übermitteln sind. Es ist die rechtsform- und branchenunabhängige Standardtaxonomie
Branchentaxonomien	Spezialtaxonomien für bestimmte Branchen wie z. B. Banken und Versicherungsunternehmen.Daneben gibt es Ergänzungstaxonomien zur Kerntaxonomie für bestimmte Branchen wie z. B. Krankenhäuser

Begriffe im Zusammenhang mit der E-Bilanz	
GCD-Modul	**G**lobal **C**ommon **D**ocument.Es ist der Teil der Kerntaxonomie, der das Datenschema für die Stammdaten eines Unternehmens – z. B. Rechtsform, Sitz, Steuernummer und Wirtschaftsjahr- umfasst.
GAAP-Modul	**G**enerelly **A**ccepted **A**ccounting **P**rinciples. Es ist der Teil der Kerntaxonomie, der die Daten des Jahresabschlusses umfasst.
Mussfelder	Die Übermittlung der als „Mussfelder" gekennzeichneten Positionen ist im Sinne eines Mindestumfangs des amtlich vorgeschriebenen Datensatzes erforderlich.
NIL	Lässt sich ein Mussfeld nicht mit Werten füllen, so ist zur Übermittlung des Datensatzes die entsprechende Position leer (technisch= NL-Wert) zu übermitteln.

Die Taxonomien werden von der Finanzverwaltung jährlich überprüft und ggf. angepasst. Die neue Taxonomie-Version wird durch ein BMF (**B**undes-**M**inisterium der **F**inanzen) – Schreiben veröffentlicht. So wurde z. B. mit BMF-Schreiben vom 25.06.2015 die Taxonomie-Version 5.4 veröffentlicht, die grundsätzlich für die Übermittlung von Jahresabschlüssen für Wirtschaftsjahre, die nach dem 31.12.2015 beginnen, zu verwenden sind.

Die Technik der E-Bilanz stellt zwar grundsätzlich keine neuen Anforderungen an die Ordnungsmäßigkeit der Buchführung, wirkt sich aber mittelbar dadurch aus, dass bestimmte Werte einer bestimmten Taxonomieposition zugeordnet werden müssen. Die steuererheblichen Inhalte der Bilanz sowie der GuV-Rechnung müssen gemäß den Anforderungen des Datensatzes übermittelt werden. Es besteht aber die Möglichkeit ein Mussfeld ohne Wert zu übermitteln (= NL-Wert), wodurch das Buchungsverhalten des Steuerpflichtigen weitgehend unberührt bleibt.

Wenn Sie sich über die E-Bilanz allgemein und die jeweils aktuellen Taxonomie-Versionen im Speziellen informieren wollen, finden Sie die entsprechenden Informationen im Internet unter:

http://www.esteuer.de

2.5 Fragen und Übungen

(1) Was versteht man unter einem „Kontenabgleich“ und warum ist er nötig?

(2) Wie hängen Bilanz und das Buchen auf Konten zusammen?

(3) Angenommen auf dem Konto „Waren“ ergibt sich ein Endbestand in Höhe von 30.000 EUR. Die Inventur ergibt einen Warenbestand in Höhe von 28.000 EUR. Wie ist diese Differenz zu buchen und wie kann es zu einer solchen Differenz kommen?

(4) In einem anderen Lehrbuch habe ich gelesen, dass die Bestandskonten per Abschlussbuchungssatz auf Schlussbilanz abgeschlossen werden. Warum wird das in diesem Buch nicht so gemacht?

(5) In einem anderen Lehrbuch werden Bestandskonten mittels Abschlussbuchungssatz auf Schlussbilanzkonto abgeschlossen. Warum wird das in diesem Buch nicht so gemacht?

(6) Worin unterscheiden sich Inventar und Bilanz?

(7) Worüber gibt die Aktiva-Seite und worüber die Passiva-Seite einer Bilanz Auskunft?

(8) Die Fahrradhandlung Buck hat am Anfang des Geschäftsjahres ein Eigenkapital in Höhe von 590.000 EUR. Am Ende des Geschäftsjahres betrugen laut Inventar das Vermögen 890.000 EUR und die Schulden 210.000 EUR. Während des Jahres sind Privatentnahmen in Höhe von 48.000 EUR und Privateinlagen in Höhe von 25.000 EUR getätigt worden. Berechnen Sie den Erfolg der Fahrradhandlung in EUR.

(9) Was versteht man unter der sogenannten „E-Bilanz“?

(10) Im Zusammenhang mit der „E-Bilanz“ wird von Taxonomie gesprochen. Was ist damit gemeint?

Lösungen:

(1) Unter „Kontenabgleich“ versteht man den Vergleich der auf den Bestandskonten errechneten Endbestände mit den sich aus der Inventur ergebenden tatsächlichen Endbeständen. Dies ist nötig, um bei Abweichungen zu erkennen und ggf. die Bestandskonten an die tatsächlichen Werte anpassen zu können. Diese Anpassung erfolgt durch entsprechende Korrekturbuchungen.

(2) Während eines Jahres werden alle Geschäftsfälle auf Konten gebucht. Diese Buchungen erfolgen chronologisch (mittels nach Datum geordneten Buchungssätzen) und sachlich (auf T-Konten) geordnet. Am Ende des Jahres werden auf den T-Konten die Endbestände rechnerisch ermittelt.
Am Ende des Jahres schreibt der Gesetzgeber vor, dass eine Bilanz zu erstellen ist. Zu einem bestimmten Zeitpunkt (in der Regel zum 31.12.) müssen das Vermögen und die Schulden aufgenommen werden. Die Zahlen für die Bilanz kommen aus dem Inventar (= Bestandsverzeichnis), das auf Grundlage einer Inventur (= Bestandsaufnahme) erstellt wurde. Grundlage für die Bilanz sind damit nicht die rechnerischen Endbestände auf den T-Konten, sondern die im Rahmen der Inventur festgestellten tatsächlichen Zahlen.
Bei Abweichungen zwischen errechneten und tatsächlichen Endbeständen sind die Endbestände auf den Konten an die tatsächlichen Zahlen anzupassen, was über Buchungssätze erfolgt (siehe hierzu Frage 1 und 3).

(3) Laut T-Konto müssten rechnerisch Waren im Wert von 30.000 EUR vorhanden sind. Tatsächlich sind aber am Jahresende nur Waren in Höhe von 28.000 EUR vorhanden. Auf dem T-Konto ist der Warenbestand folglich um 2.000 EUR zu hoch ausgewiesen. Dies muss nun durch eine Buchung korrigiert werden. Damit sich auf dem T-Konto ein Endbestand von 28.000 EUR ergibt, muss ein Abgang in Höhe von 2.000 EUR gebucht werden. Da „Waren“ ein aktives Bestandskonto ist, hat es den Anfangsbestand und Zugänge im Soll und Abgänge im Haben. Da wir einen buchhalterischen Abgang erfassen müssen, buchen wir auf dem T–Konto „Waren“ im Haben. Die Gegenbuchung erfolgt

auf dem Konto „Eigenkapital". „Eigenkapital" ist ein passives Bestandskonto. Es hat den Anfangsbestand und Zugänge im Haben und Abgänge im Soll. Da unser Eigenkapital abnimmt, buchen wir im Soll. Außer auf den T-Konten ist für die Buchung dieser Inventurdifferenz ein entsprechender Buchungssatz zu formulieren.

Die Ursachen für die Abweichung können vielfältig sein. Möglicherweise handelt es sich um Diebstahl. Vielleicht sind aber Waren auch durch Unachtsamkeit des Lagerpersonals beschädigt und deshalb aussortiert worden. Ursachen können auch darin begründet sein, dass man die Waren am Jahresende nach den gesetzlichen Bestimmungen mit einem bestimmten Bewertungsverfahren bewertet, was zu anderen Zahlen führt. Auf Bewertungsfragen gehen wir aber erst in einem späteren Kapitel ein.

(4) Eine Bilanz muss auf der Grundlage der **tatsächlichen** Werte erstellt werden. Die tatsächlichen Werte ergeben sich aus der Inventur, nicht aus den Bestandskonten. Die Bilanz ist zeitpunktbezogen (31.12.).

Die Gliederung einer Bilanz ist im HGB vorgeschrieben. Die Bezeichnungen sind nicht identisch mit den Namen von Konten. So gibt es z. B. eine Position „Andere Anlagen, Betriebs- und Geschäftsausstattung", in die die (tatsächlichen) Werte aus Fuhrpark, Betriebsausstattung und Geschäftsausstattung eingehen. Ein anderes Beispiel: Es gibt eine Position „Kassenbestand, Bundesbankguthaben, Guthaben bei Kreditinstituten und Schecks" (= Flüssige Mittel). In diese Position gehen u. a. die Zahlen des Kassenbestandes und der Guthaben bei Banken ein. Ein formaler Abschluss des Kontos „Kasse" an Schlussbilanz wäre also schon aus diesem Grund gar nicht machbar, da es in der Bilanz ja keine „isolierte" Position „Kasse" gibt.

(5) Ein Schlussbilanzkonto ist ein Konto und damit nicht an die Gliederungsvorgaben und die Positionen des HGB gebunden. Vor diesem Hintergrund ist der Abschluss über Schlussbilanzkonto – im Gegensatz zum Abschluss über Schlussbilanz (siehe hierzu Frage 4)- buchungstechnisch möglich. Betrachtet man aber die Arbeit moderner Integrierte Unternehmenssoftware,

sieht man, dass man die Endbestände auf den Konten durch Setzen eines Datumsfilters erhält. In diesen Programmen ist ein „Schlussbilanzkonto“ gar nicht vorgesehen.
Häufig werden die Abschlussbuchungssätze der Bestandskonten damit begründet, dass in der Buchführung die Doppik gelte. Doppik bedeutet aber, dass Geschäftsfälle in Form von Buchungssätzen und auf „T-Konten“ erfasst werden und dass die Gewinnermittlung durch Eigenkapitalvergleich und durch Abschluss der Aufwands-und Ertragskonten (siehe hierzu Kap. 5) ermittelt werden kann.
Wir sind überzeugt, dass ein Schlussbilanzkonto außerdem beim Buchführungsneuling mehr zur Verwirrung beiträgt als es nützt. Machen wir ein Beispiel. Angenommen auf dem Konto „Kasse“ wären im Laufe eines Jahres folgende Buchungen angefallen:

Kasse

Soll			**Haben**
AB	1.000,00	(3) Bark	200,00
(1) Barvk	400,00		
(2) Barvk	500,00		

Rechnerisch ergibt sich nun ein Endbestand in Höhe von 1.700 EUR. Nehmen wir weiter an, dieser errechnete Endbestand stimmt mit dem Inventurergebnis überein. Bei Abschluss mittels Buchungssatz über Schlussbilanzkonto wird nun der Endbestand auf der rechten Seite eingetragen und mittels Buchungssatz (Soll: Schlussbilanzkonto; Haben: Kasse) abgeschlossen. Auf dem Schlussbilanzkonto erscheint nun im Soll „Kasse“ mit 1.700 EUR. Die „Haben-Seite“ auf dem Konto „Kasse“ ist die Seite, auf der Abgänge erfasst werden. Die 1.700 EUR sind aber doch noch da?!

(6)

Inventar	**Bilanz**
ausführlich	kurzgefasst
Staffelform (untereinander)	Kontenform (gegenübergestellt)
Aufbau und Form nicht vorgeschrieben	Aufbau und Form vorgeschrieben

(7) Die Aktiva-Seite gibt Auskunft darüber, wofür das Kapital verwendet wurde. Die Passiva-Seite gibt darüber Auskunft, woher das Kapital stammt.

(8)

	EUR	Nebenrechnungen
Eigenkapital am 31. 12. 20XX	680.000,00	890.000,00 – 210.000,00
– Eigenkapital am 01. 01. 20XX	– 590.000,00	
= Eigenkapitalmehrung	= 90.000,00	
+ Privatentnahmen	+ 48.000,00	
– Privateinlagen	– 25.000,00	
= Erfolg	**113.000,00**	

(9) Mit „E-Bilanz“ wird die elektronische Übermittlung der Bilanz und der Gewinn- und Verlustrechnung von bilanzierenden Unternehmen an das jeweilige Finanzamt bezeichnet. Die elektronische Übermittlung ist seit dem Geschäftsjahr 2013 Pflicht.

(10) Taxonomie ist ein hierarchisch gegliedertes Schema für die Bilanz und die Gewinn- und Verlustrechnung, in das die Unternehmen ihre Daten einordnen müssen.

3. Kapitel

Zusammenfassende Übungen zu den Kapiteln 1 bis 3

In den ersten drei Kapiteln wurden wichtige Grundlagen gelegt. Am Ende eines jeden Kapitels wurden Verständnisfragen gestellt und Möglichkeiten zum Üben gegeben. In diesem Kapitel hat der Leser die Möglichkeit anhand von zwei umfangreichen Übungsaufgaben sein aus den ersten drei Kapiteln erworbenes Wissen und Können zu überprüfen. Die am Ende jeder Aufgabe vorgestellten Lösungen eröffnen die Möglichkeit zur Selbstkorrektur. Die beiden Aufgaben umfassen Buchungen im Hauptbuch (T-Konten) und im Grundbuch (Buchungssätze). Außerdem ist jeweils ein Kontenabgleich durchzuführen und auf der Grundlage der Inventurwerte jeweils eine Bilanz aufzustellen. Fragen zum Nachdenken tragen zur Analyse des Geschäftsjahres bei.

3.1 Übung 1

Die Schlussbilanz der Möbelhandlung Krämer zum 31. 12. 20XX ist gleichzeitig die Eröffnungsbilanz zum 1. 1. 20XY. Sie enthält folgende Werte in EUR:

Bilanz der Möbelhandlung Krämer zum 31. 12. 20XX

Aktiva			Passiva
A. Anlagevermögen		**A. Eigenkapital**	1.000.000,00
Grundstücke und Gebäude	700.000,00	**B. Verbindlichkeiten**	
Fuhrpark	200.000,00	Verbindlichkeiten gegenüber Kreditinstituten	600.000,00
Betriebs- u. Geschäftsausstattung	100.000,00	Verbindlichkeiten a. L. u. L.	250.000,00
B. Umlaufvermögen			
Warenvorräte	500.000,00		
Forderungen a. L. u. L.	200.000,00		
Flüssige Mittel	150.000,00		
	1.850.000,00		**1.850.000,00**

Aus der Inventur und dem Inventar zum 31. 12. 20XX liegen Ihnen zusätzlich folgende Informationen vor:

- Grundstück: 400.000 EUR; Gebäude: 300.000 EUR
- Betriebsausstattung: 30.000 EUR; Geschäftsausstattung: 70.000 EUR
- Kassenbestand: 5.000 EUR; Guthaben bei der Commerzbank 145.000 EUR

Während des Jahres 20XY fallen folgende Geschäftsfälle an:

Fall	Datum	Geschäftsfall /Vorgang
1	02. 1.	Ein Kunde zahlt eine Rechnung aus dem letzten Jahr in Höhe von 5.000 EUR durch Banküberweisung.
2	03. 1.	Der Buchhalter entnimmt 3.000 EUR aus der Geschäftskasse und zahlt sie auf das Bankkonto ein, auf dem sie sofort gutgeschrieben werden.
3	10. 1.	Krämer kauft Möbel für 10.000 EUR ein. Er erhält eine Rechnung, die innerhalb von 30 Tagen zu zahlen ist. Buchen Sie die Rechnung.
4	08. 2.	Krämer kauft einen neuen Personal Computer für die Buchhaltung auf Rechnung ein: 3.000 EUR.
5	10. 2.	Die Rechnung für die Möbel (siehe Fall Nr. 3) wird durch Banküberweisung bezahlt.
6	20.10.	Die Möbelhandlung zahlt einen Kredit bei ihrer Bank in Höhe von 100.000 EUR durch Banküberweisung zurück.
7	10.11	Die Möbelhandlung kauft ein Regal für das Lager für 500 EUR und zahlt es sofort bar.

Aufgaben:

A Führen Sie die T-Konten und tragen Sie die Anfangsbestände für 20XY ein.

B Beantworten Sie für die Geschäftsfälle 1 bis 7 jeweils die folgenden Fragen:

- Welche Konten sind betroffen?
- Handelt es sich um ein aktives oder passives Bestandskonto?
- Handelt es sich um einen Zugang oder Abgang?
- Auf welcher Kontenseite ist zu buchen?

C Buchen Sie die Geschäftsfälle 1 bis 7 im Hauptbuch (T- Konten) und im Grundbuch (Buchungssätze).

D Errechnen Sie auf den Konten jeweils den Endbestand und vergleichen Sie die Endbestände auf den Konten mit den folgenden angegebenen Inventurergebnissen.

E Buchen Sie im Hauptbuch und im Grundbuch Inventurdifferenzen, falls diese vorkommen.

F Erstellen Sie die Bilanz zum 31. 12. 20XY.

G Schauen Sie sich die Geschäftsfälle und die Bilanz des Jahres 20XY nochmals an und beantworten Sie dann stichwortartig die folgenden Fragen:

- Entscheiden und begründen Sie, ob das Jahr 20XY für die Möbelhandlung ein gutes oder schlechtes Jahr war.
- Versuchen Sie aus den Zahlen herauszufinden, ob die Möbelhandlung ein „gesundes" oder „krankes" Unternehmen ist.
- Unterbreiten Sie als Unternehmensberater der Möbelhandlung Vorschläge für das kommende Geschäftsjahr.

Ergebnisse der Inventur zum 31. 12. 20XY:

	Werte in EUR
Grundstücke	400.00,00
Gebäude	300.00,00
Fuhrpark	200.00,00
Betriebsausstattung	30.500,00

Geschäftsausstattung	73.000,00
Waren	510.000,00
Forderungen a. L. u. L.	195.00,00
Bankguthaben	43.000,00
Kassenbestand	1.500,00
Verbindlichkeiten gegenüber Kreditinstituten	500.000,00
Verbindlichkeiten a. L. u. L.	253.000,00
Reinvermögen (Eigenkapital)	muss aus den Inventurwerten noch errechnet werden

Lösungen:

Wir beginnen mit der Lösung von Aufgabe B, da die Lösungen zu Aufgabe A und C gemeinsam dargestellt werden:

Lösung Aufgabe B

Hinweis: Aus Platzgründen lassen wir in der folgenden Tabelle bei Forderungen und Verbindlichkeiten jeweils den Zusatz „aus Lieferungen und Leistungen" (kurz a. u. L. u. L.) weg.

Fall	Welche Konten sind betroffen?	Handelt es sich um ein aktives oder passives Bestandskonto?	Handelt es sich um einen Zugang oder Abgang?	Auf welcher Kontenseite ist zu buchen? (Soll = links; Haben = rechts)
1	Bank	Aktives Bestandskonto	Zugang	Soll
	Forderungen	Aktives Bestandskonto	Abgang	Haben
2	Kasse	Aktives Bestandskonto	Abgang	Haben
	Bank	Aktives Bestandskonto	Zugang	Soll
3	Waren	Aktives Bestandskonto	Zugang	Soll
	Verbindlichkeiten	Passives Bestandskonto	Zugang	Haben
4	Geschäftsausstattung	Aktives Bestandskonto	Zugang	Soll
	Verbindlichkeiten	Passives Bestandskonto	Zugang	Haben

5	Verbindlichkeiten	Passives Bestandskonto	Abgang	Soll
	Bank	Aktives Bestandskonto	Abgang	Haben
6	Verbindlichkeiten gegenüber Kreditinstituten	Passives Bestandskonto	Abgang	Soll
	Bank	Aktives Bestandskonto	Abgang	Haben
7	Betriebsausstattung	Aktives Bestandskonto	Zugang	Soll
	Kasse	Aktives Bestandskonto	Abgang	Haben

Lösung Aufgabe A und C:

Grundstücke

Soll		Haben	
AB	400.000,00		

Geschäftsausstattung

Soll		Haben	
AB	70.000,00		
(4) ER	3.000,00		

Gebäude

Soll		Haben	
AB	300.000,00		

Betriebsausstattung

Soll		Haben	
AB	30.000,00		
(7) Bark	500,00		

Fuhrpark

Soll		Haben	
AB	200.000,00		

Waren

Soll		Haben	
AB	500.000,00		
(3) ER	10.000,00		

Forderungen

Soll		Haben	
AB	200.000,00	(1) ÜbwAR	5.000,00

Bank

Soll		Haben	
AB	145.000,00	(5) ÜbwER	10.000,00
(1) ÜbwAR	5.000,00	(6) Tilg	100.000,00
(2) Bareinz	3.000,00		

Soll	Kasse		Haben
AB	5.000,00	(2) Bareinz	3.000,00
		(7) Bark	500,00

Soll	Eigenkapital		Haben
		AB	1.000.000,00

Soll	Verbindlichkeiten g. KI		Haben
(6) Tilg	100.000,00	AB	600.000,00

Soll	Verbindlichkeiten a. L. u. L.		Haben
(5) ÜbwER	10.000,00	AB	250.000,00
		(3) ER	10.000,00
		(4) ER	3.000,00

Hinweis: als Buchungstexte verwendete Abkürzungen:

ER	Eingangsrechnung (bei uns geht eine Rechnung eines Lieferanten ein)
ÜbwER	Überweisung der Eingangsrechnung durch uns
ÜbwAR	Überweisung einer Ausgangsrechnung (= Rechnung, die von uns an den Kunden gegangen ist) durch den Kunden
Bark	Barkauf
Bareinz	Bareinzahlung auf unser Bankkonto
Tilg	Tilgung (= Rückzahlung)

Buchungssätze:

Nr.	Soll	Haben	Buchungsbetrag in EUR auf dem Sollkonto	Buchungsbetrag in EUR auf dem Habenkonto
1	Bank		5.000,00	
		Forderungen		5.000,00
2	Bank		3.000,00	
		Kasse		3.000,00
3	Waren		10.000,00	
		Verbindlichkeiten		10.000,00
4	Geschäftsausstattung		3.000,00	
		Verbindlichkeiten		3.000,00

5	Verbindlichkeiten		10.000,00	
		Bank		10.000,00
6	Verbindlichkeiten gegenüber Kredit-instituten		100.000,00	
		Bank		100.000,00
7	Betriebsausstattung		500,00	
		Kasse		500,00

Lösung Aufgabe D:

Die Endbestände auf den Konten stimmen alle mit den Inventurwerten (31. 12. 20XY) überein. Sie können also anhand der Inventurwerte zum 31. 12. 20XY überprüfen, ob Sie die Endbestände auf den Konten richtig errechnet haben. Die Inventurwerte sind nach den Aufgaben A bis G abgedruckt.

Lösung Aufgabe E:

Es liegen keine Inventurdifferenzen vor.

Lösung Aufgabe F:

Bilanz der Möbelhandlung Krämer zum 31. 12. 20XY

Aktiva			**Passiva**
A. Anlagevermögen		**A. Eigenkapital**	1.000.000,00
Grundstücke und Gebäude	700.000,00	**B. Verbindlichkeiten**	
Fuhrpark	200.000,00	Verbindlichkeiten gegenüber Kreditinstituten	500.000,00
Betriebs- u. Geschäftsausstattung	103.500,00	Verbindlichkeiten a. L. u. L.	253.000,00
B. Umlaufvermögen			
Warenvorräte	510.000,00		
Forderungen a. L. u. L.	195.000,00		
Flüssige Mittel	44.500,00		
	1.753.000,00		**1.753.000,00**

Die Bilanz ist vom Inhaber zu unterschreiben.

Lösung Aufgabe G:

- Das Eigenkapital ist am Jahresende genauso hoch wie am Jahresanfang, d. h., es wurde kein Gewinn erwirtschaftet. Betrachtet man die Geschäftsfälle 1 bis 7, stellt man fest, dass im ganzen Jahr keine Möbel verkauft wurden. Es war ein schlechtes Jahr.
- Das Eigenkapital (1.000.000 EUR) ist deutlich höher als alle Verbindlichkeiten zusammen (753.000 EUR). Das deutet daraufhin, dass das Unternehmen in seiner Substanz (noch) „gesund" ist. Im Krisenfall könnte ein Teil des Anlagevermögens (insgesamt 1.003.500 EUR) zu Geld gemacht werden.

Vorschläge für das kommende Jahr:

- Da im Jahr 20XY keine Waren verkauft wurden, stammen die Forderungen gegenüber Kunden in Höhe von 195.000 EUR alle noch aus dem Vorjahr. Es wurde also offenbar im Jahr 20XY nichts unternommen, um die Forderungen einzutreiben. Es ist in Zukunft unbedingt eine systematische Überwachung der Zahlungseingänge von Kunden einzuführen. Nach Ablauf der jeweiligen Zahlungsfrist sind entsprechende Maßnahmen (Mahnungen) einzuleiten. Falls nicht bereits geschehen, könnte man den Kunden einen Skonto anbieten, um eine schnelle Zahlung zu erreichen.
- Da im Jahr 20XY keine Waren verkauft wurde, ist unbedingt das vorhandene Warensortiment zu überprüfen. Marketingmaßnahmen (evtl. Druck von Prospekten, Zeitungsbeilagen usw. und eine Präsentation auf Messen, Tag der offenen Tür usw.) sind einzuleiten.
- Ein Großteil der Verbindlichkeiten bei Lieferanten (250.000 EUR) stammt aus dem Vorjahr. Auch die Rechnung über den PC aus diesem Jahr (Rechnungsdatum 08. Februar!) wurde nicht bezahlt. Zwar erstaunt es, dass die Lieferanten scheinbar keine Maßnahmen ergriffen haben, aber die Möbelhandlung sollte selbst auf eine Überwachung ihrer Zahlungsverpflichtungen achten. Werden Rechnungen nicht bezahlt, kann der Ruf leiden.

- Die Flüssigen Mittel (44.500 EUR) reichen nicht aus, um die Verbindlichkeiten bei Lieferanten (253.000 EUR) zu bezahlen. Die Flüssigen Mittel sind unbedingt deutlich zu erhöhen. Dies könnte durch eine entsprechende Ankurbelung des Warenverkaufes und/oder ggf. durch den Verkauf eines Teils des Anlagevermögens erreicht werden.

3.2 Übung 2

Beachten Sie bei dieser Aufgabe, dass es hier um ein Industrieunternehmen und nicht um ein Handelsunternehmen geht.

Die Schlussbilanz der Fahrradfabrik Maier zum 31. 12. 20XX ist gleichzeitig die Eröffnungsbilanz zum 1. 1. 20XY. Sie enthält folgende Werte in EUR:

Bilanz der Fahrradfabrik Maier zum 31. 12. 20XX

Aktiva			**Passiva**
A. Anlagevermögen		**A. Eigenkapital**	2.741.680,00
Grundstücke und Gebäude	1.404.450,00	**B. Verbindlichkeiten**	
Techn. Anlagen u. Maschinen	749.800,00	Verbindlichkeiten gegenüber Kreditinstituten	1.013.745,00
Fuhrpark	144.550,00	Verbindlichkeiten a. L. u. L.	102.500,00
Betriebs- u. Geschäftsausstattung	95.600,00		
B. Umlaufvermögen			
Vorräte	1.394.020,00		
Forderungen a. L. u. L.	33.575,00		
Flüssige Mittel	35.930,00		
	3.857.925,00		**3.857.925,00**

Aus der Inventur und dem Inventar zum 31. 12. 20XX liegen Ihnen zusätzlich folgende Informationen vor:

- Grundstück: 300.000 EUR; Gebäude: 1.104.450 EUR
- Betriebsausstattung: 45.600 EUR; Geschäftsausstattung: 50.000 EUR

- Maschinen: 749.800; Technische Anlagen: 0 EUR
- Kassenbestand: 1.250 EUR; Guthaben bei der Sparkasse 34.680 EUR
- Vorräte: Rohstoffe: 400.750; Hilfsstoffe: 168.450,00; Betriebsstoffe: 47.620 EUR
- Fertigerzeugnisse: 777.200 EUR; Unfertige Erzeugnisse: 0 EUR

Während des Jahres 20XY fallen folgende Geschäftsfälle an:

Fall	Datum	Geschäftsfall/Vorgang
1	02. 1.	Eine nicht mehr benötigte Maschine wird für 49.800 EUR auf Rechnung verkauft. Der Käufer erhält von uns ein Zahlungsziel bis zum 18. 1. 20XY. Buchen Sie die Rechnung.
2	19. 1.	Der Käufer der Maschine (siehe Fall 1) zahlt die Rechnung per Banküberweisung. Der eingegangene Betrag ist in unserem Kontoauszug gutgeschrieben worden.
3	10. 2.	Die Fahrradfabrik kauft Aluminiumrohre (= Rohstoff für die Fahrradherstellung) für 49.250 EUR auf Rechnung ein und erhält ein Zahlungsziel bis zum 20. März. Buchen Sie die Rechnung.
4	12. 2.	Ein Teil der Aluminiumrohre (siehe Fall 3) wurde in einer falschen Stärke geliefert. Der Lieferant holt die Rohre wieder ab und gibt uns eine Gutschrift in Höhe von 9.250 EUR.
5	10. 3.	Von unserem Geschäftskonto haben wir 1.750 EUR ab und legen das Geld in die Geschäftskasse.
6	20.10.	Die Fahrradfabrik verkauft einen gebrauchten PC, der in der Werbeabteilung stand, für 300,00 EUR gegen sofortige Barzahlung. Dieser Betrag entspricht dem gegenwärtigen Wert des PCs.
7	10.11	Die Fahrradfabrik nimmt einen Kredit bei ihrer Hausbank in Höhe von 486.255 EUR auf. Der Kreditbetrag wird auf dem Bankkonto der Fahrradfabrik bereitgestellt.
8	17.11	Die Fahrradfabrik kauft Schmierstoffe für ihre Maschinen für 500 EUR ein und erhält dafür eine Rechnung, für die sie 10 Tage Zeit hat, zu bezahlen. Buchen Sie die Rechnung.

Aufgaben:

A Führen Sie die T-Konten und tragen Sie die Anfangsbestände für 20XY ein.

B Beantworten Sie für die Geschäftsfälle 1 bis 8 jeweils die folgenden Fragen:

- Welche Konten sind betroffen?

- Handelt es sich um ein aktives oder passives Bestandskonto?
- Handelt es sich um einen Zugang oder Abgang?
- Handelt es sich um einen Zugang oder Abgang?
- Auf welcher Kontenseite ist zu buchen?

C Buchen Sie die Geschäftsfälle 1 bis 8 im Hauptbuch (T-Konten) und im Grundbuch (Buchungssätze).

D Errechnen Sie auf den Konten jeweils den Endbestand und vergleichen Sie die Endbestände auf den Konten mit den folgenden angegebenen Inventurergebnissen.

E Buchen Sie im Hauptbuch und im Grundbuch Inventurdifferenzen, falls diese vorkommen.

F Erstellen Sie die Bilanz zum 31. 12. 20XY.

G Auf der Weihnachtsfeier des Unternehmens hält der Inhaber, Herr Maier eine Rede, die im Folgenden auszugsweise wieder gegeben wird. Schauen Sie sich nochmals die Geschäftsfälle, und die Bilanzen zum Jahresanfang und zum Jahresende an und nehmen Sie dann zu der Rede kritisch Stellung.

„Das vergangene Jahr war ein erfolgreiches Jahr, was unser Bankvermögen in Höhe von fast 570.000 EUR eindrucksvoll zeigt. Im Vergleich zum Jahresanfang wuchs unser Bankvermögen um rund das 16-fache. Wir haben es geschafft, unsere Bilanzsumme von rund 3,9 Mio. EUR auf 4,4 Mio. zu steigern. Ich bin glücklich und freue mich über den Erfolg. Ich danke allen Mitarbeitern und Mitarbeiterinnen, die zu diesem hervorragenden Ergebnis beigetragen haben. Die Kunden mögen offenbar unsere Fahrräder und bleiben uns treu. Mit unseren Lieferanten arbeiten wir vertrauensvoll zusammen. Wir können uns auf unsere Lieferanten verlassen und die Lieferanten schätzen unsere Zuverlässigkeit.
Zusammenfassend rufe ich Ihnen zu: Yes, we can!"

Ergebnisse der Inventur zum 31. 12. 20XY:

	Werte in EUR
Grundstücke	300.00,00
Gebäude	1.104.450,00
Maschinen	700.000,00
Fuhrpark	144.500,00
Betriebsausstattung	45.600,00
Geschäftsausstattung	49.700,00
Rohstoffe	440.750,00
Hilfsstoffe	168.450,00
Betriebsstoffe	48.120,00
Fertigerzeugnisse	777.200,00
Forderungen a. L. u. L.	33.575,00
Bankguthaben	568.985,00
Kassenbestand	3.000,00
Verbindlichkeiten gegenüber Kreditinstituten	1.500,000,00
Verbindlichkeiten a. L. u. L.	143.000,00
Reinvermögen (Eigenkapital)	muss aus den Inventurwerten noch errechnet werden

Lösungen:

Wir beginnen mit der Lösung von Aufgabe B, da die Lösungen zu Aufgabe A und C gemeinsam dargestellt werden:

Lösung Aufgabe B

Hinweis: Aus Platzgründen lassen wir in der folgenden Tabelle bei Forderungen und Verbindlichkeiten jeweils den Zusatz „aus Lieferungen und Leistungen" (kurz a. L. u. L.) weg.

Fall	Welche Konten sind betroffen?	Handelt es sich um ein aktives oder passives Bestandskonto?	Handelt es sich um einen Zugang oder Abgang?	Auf welcher Kontenseite ist zu buchen? (Soll = links; Haben = rechts)
1	Forderungen	Aktives Bestandskonto	Zugang	Soll
	Maschinen	Aktives Bestandskonto	Abgang	Haben

2	Bank	Aktives Bestandskonto	Zugang	Soll
	Forderungen	Aktives Bestandskonto	Abgang	Haben
3	Rohstoffe	Aktives Bestandskonto	Zugang	Soll
	Verbindlichkeiten	Passives Bestandskonto	Zugang	Haben
4	Verbindlichkeiten	Passives Bestandskonto	Abgang	Soll
	Rohstoffe	Aktives Bestandskonto	Abgang	Haben
5	Kasse	Aktives Bestandskonto	Zugang	Soll
	Bank	Aktives Bestandskonto	Abgang	Haben
6	Kasse	Aktives Bestandskonto	Zugang	Soll
	Geschäftsausstattung	Aktives Bestandskonto	Abgang	Haben
7	Bank	Aktives Bestandskonto	Zugang	Soll
	Verbindlichkeiten gegenüber Kreditinstituten	Passives Bestandskonto	Zugang	Haben
8	Betriebsstoffe	Aktives Bestandskonto	Zugang	Soll
	Verbindlichkeiten	Passives Bestandskonto	Zugang	Haben

Lösung Aufgabe A und C:

Grundstücke

Soll		Haben	
AB	300.000,00		

Geschäftsausstattung

Soll		Haben	
AB	50.000,00	(6) Barvk	300,00

Gebäude

Soll		Haben	
AB	1.104.450,00		

Betriebsausstattung

Soll		Haben	
AB	45.600,00		

Fuhrpark

Soll		Haben	
AB	144.550,00		

Maschinen

Soll		Haben	
AB	749.800,00	(1) AR	49.800,00

Rohstoffe

Soll		Haben	
AB	400.750,00	(4) Falschl.	9.250,00
(3) ER	49.250,00		

Hilfsstoffe

Soll		Haben	
AB	168.450,00		

Betriebsstoffe

Soll		Haben	
AB	47.620,00	AB	47.620,00
(8) ER	500,00		

Fertigerzeugnisse

Soll		Haben	
AB	777.200,00		

Forderungen

Soll		Haben	
AB	33.575,00	(2) ÜbwAR	49.800,00
(1) AR	49.800,00		

Bank

Soll		Haben	
AB	34.680,00	(5) Barabh	1.750,00
(2) ÜbwAR	49.800,00		
(7) Kredit	486.255,00		

Kasse

Soll		Haben	
AB	1.250,00		
(5) Barabh	1.750,00		
(6) Barvk	300,00		

Eigenkapital

Soll		Haben	
		AB	2.741.680,00

Verbindlichkeiten g. KI

Soll		Haben	
		AB	1.013.745,00
		(7) Kredit	486.255,00

Verbindlichkeiten a. L.. u. L.

Soll		Haben	
(4) Falschl.	9.250,00	AB	102.500,00
		(3) ER	49.250,00
		(8) ER	500,00

Hinweis: als Buchungstexte verwendete Abkürzungen:

ER	Eingangsrechnung (bei uns geht eine Rechnung eines Lieferanten ein)
ÜbwAR	Überweisung einer Ausgangsrechnung (= Rechnung, die von uns an den Kunden gegangen ist) durch den Kunden
Barvk	Barverkauf
Barabh	Barabhebung vom Bankkonto
Falschl	Falschlieferung

Buchungssätze:

Nr.	Soll	Haben	Buchungsbetrag in EUR auf dem Sollkonto	Buchungsbetrag in EUR auf dem Habenkonto
1	Forderungen		49.800,00	
		Maschinen		49.800,00
2	Bank		49.800,00	
		Forderungen		49.800,00
3	Rohstoffe		49.250,00	
		Verbindlichkeiten		49.250,00
4	Verbindlichkeiten		9.250,00	
		Rohstoffe		9.250,00
5	Kasse		1.750,00	
		Bank		1.750,00
6	Kasse		300,00	
		Geschäftsausstattung		300,00
7	Bank		486.255,00	
		Verbindlichkeiten gegenüber Kreditinstituten		486.255,00
8	Betriebsstoffe		500,00	
		Verbindlichkeiten		500,00

Lösung Aufgabe D und E:

Die Inventurwerte weichen bei „Kasse“ und „Eigenkapital“ von den Endbeständen auf den Konten ab. Bei allen anderen Positionen stimmen die Endbestände auf den Konten mit den Inventurwerten überein. So können bei diesen Positionen Ihre errechneten Endbestände auf den Konten folglich selbst überprüfen; sie müssen mit die gleichen Beträge haben wie die Inventurwerte.

Bei „Kasse" ergibt sich ein errechneter Endbestand in Höhe von 3.300,00 EUR. Laut Inventur sind in der Kasse aber nur 3.000,00 EUR vorhanden. Das Konto „Kasse" muss an diese Realität „angepasst werden". Dies geschieht dadurch, dass im Haben ein Abgang in Höhe von 300,00 EUR gebucht wird.

Errechnet man aus den Inventurwerten das Eigenkapital, dann ergibt sich:

Eigenkapital = Vermögen – Schulden = 4.384.380,00 – 1.643.000,00 = 2.741.380,00 EUR.

Auf dem Konto „Eigenkapital" ist der Anfangsbestand = Endbestand 2.741.680,00 EUR.

Auch hier muss das Konto an die Realität „angepasst" werden. Das Eigenkapital ist tatsächlich um 300 EUR kleiner. Das bedeutet, wir müssen im Soll (da Eigenkapital ein passives Bestandskonto ist, hat es AB und Zunahmen im Haben, Abnahmen im Soll) einen Abgang von 300 EUR buchen. Hier zeigt sich, dass der Unternehmer durch die Kassendifferenz ein kleineres Eigenkapital hat.

Die Korrekturbuchung ist im Grundbuch und im Hauptbuch durchzuführen:

Sollkonto	**Habenkonto**	**Betrag Soll**	**Betrag Haben**
Eigenkapital		300,00	
	Kasse		300,00

Soll	Kasse		Haben
AB	1.250,00	**Inventur-diff.**	**300,00**
(5) Barabh	1.750,00		
(6) Barvk	300,00		

Soll	Eigenkapital		Haben
Inventur-diff.	**300,00**	AB	2.741.680,00

Errechnet man nochmals zur Kontrolle die Endbestände auf den beiden Konten, stellt man fest, dass nach dieser Buchung die Endbestände auf den Konten mit den Inventurwerten übereinstimmen.

Lösung Aufgabe F:

Bilanz der Fahrradfabrik Maier zum 31. 12. 20XY

Aktiva		**Passiva**	
A. Anlagevermögen		**A. Eigenkapital**	2.741.380,00
Grundstücke und Gebäude	1.404.450,00	**B. Verbindlichkeiten**	
Techn. Anlagen u. Maschinen	700.000,00	Verbindlichkeiten gegenüber Kreditinstituten	1.500.000,00
Fuhrpark	144.550,00	Verbindlichkeiten a. L. u. L.	143.000,00
Betriebs- u. Geschäftsausstattung	95.300,00		
B. Umlaufvermögen			
Vorräte	1.434.520,00		
Forderungen a. L. u. L.	33.575,00		
Flüssige Mittel	35.930,00		
	4.384.380,00		**4.384.380,00**

Die Bilanz ist noch zu unterschreiben.

Lösung Aufgabe G:

- Das Unternehmen war im Jahr 20XY nicht erfolgreich. Das Eigenkapital am Jahresende ist sogar um 300 EUR niedriger als am Jahresanfang, was auf eine Kassendifferenz zurückzuführen ist. Ein Gewinn wurde nicht erwirtschaftet.
- Die Steigerung des Bankvermögens resultiert nicht aus dem Verkauf von Fahrrädern, sondern ausschließlich aus einer Kreditaufnahme.
- Die Tatsache, dass die Bilanzsumme gestiegen ist, sagt nichts über den Erfolg aus. Die Bilanzsumme ist gestiegen, weil ein Kredit aufgenommen und auf dem Bankkonto „geparkt" wurde. Investitionen wurden mit dem aufgenommenen Kredit nicht getätigt.

- Die Kunden mögen die Produkte offenbar nicht. Im Jahre 20XY wurden keine Fährräder verkauft, obwohl Fertigerzeugnisse im Werte von 777.200 EUR vorhanden sind. Diese Fertigerzeugnisse stammen sogar noch aus dem Vorjahr. Im Jahre 20XY wurden keine weiteren Fahrräder hergestellt.
- Zu bezweifeln ist, ob die Lieferanten tatsächlich unsere Zuverlässigkeit schätzen. Die Rechnung über die Alurohre (Fall 3 und 4) hätte bis zum 20. März gezahlt werden müssen. Bei den Geschäftsfällen kommt aber keine Zahlung einer Eingangsrechnung vor. Hier geht es immerhin um einen Betrag von 40.000 EUR (49.250–9.250). Selbst die Rechnung über die Schmierstoffe in Höhe von 500 EUR (Fall Nr. 8) wurde nicht bezahlt.

4. Kapitel

Buchen auf Debitoren- und Kreditorenkonten

Bei Verkäufen auf Rechnung haben wir bisher auf „Forderungen aus Lieferungen und Leistungen" und bei Einkäufen auf Rechnung auf „Verbindlichkeiten aus Lieferungen und Leistungen" gebucht. Nimmt man als eine wichtige Aufgabe die Überwachung von Zahlungsvorgängen in den Blick, wird schnell deutlich, dass es zu Schwierigkeiten kommen kann, wenn wir auf der Grundlage der bisher eingeführten Konten feststellen wollen, von welchem Kunden wir noch wie viel zu fordern haben und bei welchen Lieferanten wir noch in welcher Höhe Verbindlichkeiten haben. Hier hilft die Einführung von Personenkonten. In diesem Kapitel werden dem Leser die Notwendigkeit der Einführung von Personenkonten erläutert, gesetzliche Grundlagen skizziert und die konkrete Vorgehensweise erläutert. Das Buchen auf Debitoren- und Kreditorenkonten wird erklärt und der Zusammenhang zwischen der sogenannten „Nebenbuchhaltung" und der „Hauptbuchhaltung" dargestellt.

4.1 Grundinformationen

Sie sind Buchhalter(in) der Fahrradhandlung Heckmann. Heute rufen zwei verärgerte Kunden an:

- Herr Schwalm beklagt sich, dass er eine Mahnung erhalten hätte, obwohl die Rechnung über 2.000 EUR von ihm bereits bezahlt worden sei.

- Frau Friedrich ist ebenfalls sehr verärgert, weil sie die Rechnung über 2.000 EUR schon bezahlt habe.

Was unternehmen Sie als Buchhalter(in) bei Heckmann?

Nach Ihren bisherigen Kenntnissen werden Sie die Konten „Bank“ und „Forderungen“ ansehen. Die Konten enthalten folgende Buchungen:

Forderungen a. L. u. L.				**Bank**			
Soll			**Haben**	**Soll**			**Haben**
AB	30.000,00	(4) ÜbwAR	2.000,00	AB	18.000,00	(6) ÜbwER	6.000,00
(1) AR	2.000,00			(4) ÜbwAR	2.000,00		
(2) AR	14.000,00			(2) Bareinz	1.200,00		
(3) AR	2.000,00						

Sie erkennen, dass 2.000 EUR auf dem Bankkonto als Zugang gebucht wurden. Sie können aber anhand der vorliegenden Konten nicht feststellen, ob es sich dabei um die Zahlung von Schwalm oder Friedrich handelt. Das Problem lässt sich auch nicht dadurch lösen, dass man künftig beim Buchungstext bei Zahlungseingängen den Namen des Kunden ergänzt, da es möglich ist, dass ein Kunde zwei Rechnungen mit unterschiedlichem Rechnungsdatum, aber gleichen Beträgen offen hat und nun eine der beiden Rechnungen zahlt. Insbesondere wenn es um die Überprüfung der Berechtigung bei Skontoabzug oder um die Einleitung von Maßnahmen bei Überschreitung des Zahlungsziels geht, ist es von entscheidender Bedeutung, welche der beiden Rechnungen gezahlt wird.

Eine Lösung des Problems besteht darin, für jeden Kunden ein eigenes Konto zu führen.

Werfen wir zunächst einen Blick auf eine Auswahl gesetzlicher Bestimmungen. Für das Verständnis bedarf es zunächst der Klärung des Begriffs „Kontokorrent“:

Kontokorrent = in laufender Rechnung. Da sich durch neue Lieferungen von Lieferanten bzw. an Kunden und/oder Zahlungen der noch zu zahlende Betrag (Saldo) ständig ändert, spricht man von „laufender Rechnung“ oder „Kontokorrent“.

Auswahl gesetzliche Vorschriften

R 5.2 EStR

Bei Kreditgeschäften sind die Entstehung der Forderungen und Schulden und ihre Tilgung grundsätzlich als getrennte Geschäftsvorfälle zu behandeln. Bei einer doppelten Buchführung ist für Kreditgeschäfte in der Regel ein Kontokorrentkonto, unterteilt nach Schuldnern und Gläubigern zu führen. (…) Neben der Erfassung der Kreditgeschäfte in einem Grundbuch müssen die unbaren Geschäftsvorfälle, aufgegliedert nach Geschäftspartnern, kontenmäßig dargestellt werden. Dies kann durch die Führung besonderer Personenkonten oder durch eine geordnete Ablage der nicht ausgeglichenen Rechnungen (Offene- Posten-Buchhaltung) erfüllt werden. (…)

§ 238 HGB Buchführungspflicht

Jeder Kaufmann ist verpflichtet, Bücher zu führen (…). Die Buchführung muss so beschaffen sein, dass sie einem sachverständigen Dritten innerhalb angemessener Zeit einen Überblick über die Geschäftsvorfälle und über die Lage des Unternehmens vermitteln kann. Die Geschäftsvorfälle müssen sich in ihrer Entstehung und Abwicklung verfolgen lassen.

(…)

Nach den gesetzlichen Bestimmungen ist es möglich:

entweder auf Personenkonten (Konten mit den Namen von **Lieferanten** = **Kreditoren**konten und Konten mit den Namen von **Kunden** = **Debitoren**konten) zu buchen

oder – wie bisher – auf den Konten „Forderungen a. L. u. L.“ und „Verbindlichkeiten a. L. u. L.“, sofern die Rechnungen – getrennt nach Lieferanten und Kunden – in Ordnern z. B. mit alphabetischem Register abgelegt werden.

Die neuen Begriffe „Debitoren“ und „Kreditoren“ kann man sich leicht merken:

- Da uns die Lieferanten bei einem Einkauf in der Regel ein Zahlungsziel einräumen (z. B. 30 Tage), gewähren sie uns einen **Kredit** (die Lieferung erhalten wir ja gleich), weshalb man sie auch als **Kredit**oren bezeichnet.

- Eine Eselsbrücke hilft beim Merken des Begriffs „Debitor“: **De**bitor beginnt mit den Buchstaben „de“ und Kun**de** endet mit „de“. En Debitor ist also ein Kunde.

Bei einem größeren Kunden- und Lieferantenkreis ist die Buchung auf Personenkonten zweckmäßiger. Manche Finanzbuchhaltungsprogramme lassen eine direkte Buchung auf Forderungen und Verbindlichkeiten gar nicht zu; man muss auf Personenkonten buchen.

Einerseits erscheint das Buchen auf Personenkonten zweckmäßiger und einfacher (Überwachung der Zahlungsvorgänge gegenüber jedem einzelnen Kunden und Lieferanten), anderseits brauchen wir am Jahresende für die Bilanz – nach Abstimmung mit den Inventurergebnissen- den Gesamtbetrag an Forderungen und Verbindlichkeiten aus Lieferungen und Leistungen. Beiden Erfordernissen wird durch folgendes Vorgehen Rechnung getragen:

AR und ER sowie die entsprechenden Zahlungen werden *nicht mehr* – wie bisher – **auf den Konten „Forderungen a. L. u. L.“ bzw. „Verbindlichkeiten a. L. u. L.“ gebucht, sondern direkt auf Personenkonten.**

Um den Gesamtbetrag an Forderungen und Verbindlichkeiten zu haben, wird der jeweilige Betrag auf dem Kundenkonto bzw. Lieferantenkonto auf das Konto „Forderungen a. L. u. L.“ bzw. „Verbindlichkeiten a. L. u. L.“ übertragen.

4.2 Debitorenkonten und Kreditorenkonten

Die Fahrradhandlung Heckmann führt folgende Kreditorenkonten:
- Müller AG
- Berger KG

Folgende Anfangsbestände sind vorhanden und bereits gebucht:
- Waren: 40.000 EUR
- Bank: 30.000 EUR

Folgende Geschäftsfälle sind zu buchen:
Am 2. Januar 20XX kauft die Fahrradgroßhandlung Heckmann Fahrräder bei der Müller AG für 20.000 EUR auf Rechnung ein.

Am 12. Januar 20XX kauft Heckmann bei der Berger KG Fahrräder für 5.000 EUR auf Rechnung ein.
Am 31. Januar 20XX zahlt Heckmann die Eingangsrechnung aus Fall 1 durch Banküberweisung.

Bevor nun gebucht wird, ist Folgendes zu beachten und zu merken: Wir buchen nicht mehr auf dem Konto „Verbindlichkeiten aus Lieferungen und Leistungen“, sondern auf dem Kreditorenkonto. Das Buchen ist einfach, wenn man folgende Regel beachtet:

Auf **Kreditorenkonten** bucht man auf derselben Kontenseite, auf der man auch auf dem Konto „Verbindlichkeiten aus Lieferungen und Leistungen“ gebucht hätte.

Buchungssätze:

Nr.	**Soll**	**Haben**	**Buchungsbetrag in EUR auf dem Sollkonto**	**Buchungsbetrag in EUR auf dem Habenkonto**
1	Waren		20.000,00	
		Müller AG		20.000,00
2	Waren		5.000,00	
		Berger KG		5.000,00
3	Müller AG		20.000,00	
		Bank		20.000,00

Buchen wir zunächst die drei Geschäftsfälle auf T-Konten:

Waren

Soll		**Haben**
AB	40.000,00	
(1) ER	20.000,00	
(2) ER	5.000,00	

Bank

Soll			**Haben**
AB	30.000,00	(3) ÜbwER	20.000,00

Verbindlichkeiten

Soll	**Haben**

Müller AG

Soll		**Haben**	
(3) ÜbwER	20.000,00	(1) ER	20.000,00

Berger KG

Soll		**Haben**	
		(2) ER	5.000,00

Die uns bisher bekannten Bestandskonten (hier: Waren; Bank; Verbindlichkeiten) werden auch als Hauptbuch bezeichnet. Es sind jene Konten, deren Zahlen wir am Jahresende für die Bilanz – genauer: zur Abstimmung mit den Inventurwerten – brauchen. Die Personenkonten (hier die Kreditoren, die oben fett schwarz gedruckt wurden) brauchen wir dafür nicht, da eine Übertragung auf „Verbindlichkeiten a. L. u. L." erfolgt. Die Kreditorenkonten werden deshalb, weil sie für die Bilanzerstellung nicht gebraucht werden, auch als Nebenbuch bezeichnet. Zur Nebenbuchhaltung zählen auch die Debitoren.

Die **Bestandskonten** gehören zum Hauptbuch. **Personenkonten** gehören zum Nebenbuch.

Aus den Kreditorenkonten erfolgt nun eine Übertragung der Zahlen auf das Hauptbuchkonto „Verbindlichkeiten a. L. u. L.". Diese **reine Übertragung von Zahlen** – die ohne Buchungssatz erfolgt – wird auch als „**Verdichtung**" bezeichnet. Im Unterschied zu einer Buchung erfolgt die Verdichtung auf der **gleichen Kontoseite.** Beispiel: Von Soll-Seite des Kreditors auf Soll-Seite des Kontos Verbindlichkeiten. Ein Buchungssatz darf nicht gemacht werden, weil ja bereits auf den Kreditorenkonten gebucht wurde (siehe Buchungssätze zu den Geschäftsfällen). Würde man einen Buchungssatz machen, würde dies zu einer erneuten – und damit doppelten- Buchung führen.

Die Verdichtungen werden von einem Finanzbuchhaltungsprogramm automatisch durchgeführt. Wir verdichten hier jeden Betrag einzeln. In manchen Programmen erfolgt die Verdichtung seitenweise jeweils in einer Summe.

Verbindlichkeiten

Soll			**Haben**
Übertrag	20.000,00	Übertrag	20.000,00
		Übertrag	5.000,00

Müller AG

Soll			**Haben**
(3) ÜbwER	20.000,00	(1) ER	20.000,00

Berger KG

Soll			**Haben**
		(2) ER	5.000,00

Durch die Einführung der Kreditorenkonten sehen wir, bei welchem Lieferanten noch welche Rechnungen offen sind und welche bezahlt wurden. Durch die Verdichtung auf „Verbindlichkeiten a. L. u. L." können wir leicht den **Gesamtbetrag** unserer Schulden bei Lieferanten ermitteln.

Wie ist die Buchung auf Kreditorenkonten buchungstechnisch zu begründen?

Wir begründen exemplarisch die Buchung auf dem Konto „Müller AG" aus Geschäftsfall 1:

„Müller AG" ist ein Konto der Nebenbuchhaltung, und zwar ein Kreditorenkonto. Auf Kreditorenkonten wird so gebucht, wie man auch auf dem passiven Bestandskonto „Verbindlichkeiten a. L. u. L." gebucht hätte. Anfangsbestand und Zugänge stehen im Haben, Abgänge im Soll. Da hier durch den Kauf der Waren auf Rechnung unsere Verbindlichkeiten bei der Müller AG zunehmen, buchen wir diese Zunahme der Verbindlichkeiten (= den Zugang) im Haben.

Die **Begründung einer Buchung auf einem Konto der Nebenbuchhaltung** sollte die folgenden Elemente enthalten:

Art des Nebenbuches	hier: Kreditorenkonto
Zugeordnetes Hauptbuchkonto	hier: Verbindlichkeiten a. L. u. L.
Art des Hauptbuchkontos	hier: passives Bestandskonto
Buchungsregel	hier: AB und Zugänge im Haben; Abgänge im Soll
Anwendung auf den Fall	hier: durch Kauf auf Rechnung Zunahme der Verbindlichk., deshalb Buchung im Haben

Übertragen Sie Ihr Wissen über das Buchen auf Kreditorenkonten nun auf Debitorenkonten. Versuchen Sie auf der Grundlage des Textes über Kreditorenkonten Merksätze für das Buchen auf Debitorenkonten abzuleiten und zu formulieren. Buchen Sie dann den folgenden Vorgang auf den entsprechenden Konten und bilden Sie für die Geschäftsfälle die Buchungssätze:

Die Fahrradhandlung Heckmann führt folgende Debitorenkonten:
- Birkle
- Gerstl

Folgende Anfangsbestände sind vorhanden und bereits gebucht:
- Bank: 10.000 EUR
- Kasse: 5.000 EUR

Aufgabe 1:
Die Buchhaltung wurde bisher ohne Personenkonten geführt. Die noch offenen Rechnungen aus dem vergangenen Jahr wurden bereits auf den Konten gebucht und verdichtet. **Sie sollen nur die folgenden Geschäftsfälle buchen** (Buchungssätze und auf den Konten) **und die notwendigen Übertragungen vorzunehmen**:
Birkle zahlt die noch offene Rechnung über 8.000 EUR durch Banküberweisung.
Gerstl zahlt die noch offene Rechnung über 500 EUR durch Barzahlung.

Aufgabe 2:
Begründen Sie die Buchung im Geschäftsfall Nr. 1 auf dem Konto „Birkle".

Kasse

Soll		Haben
AB	5.000,00	

Bank

Soll		Haben
AB	10.000,00	

Forderungen

Soll		Haben
ÜbertragAB	8.000,00	
ÜbertragAB	500,00	

Birkle

Soll		Haben
AB	8.000,00	

Gerstl

Soll		Haben
AB	500,00	

Lösung Aufgabe 1:

Kasse

Soll		**Haben**	
AB	5.000,00		
(2) Barz	500,00		

Bank

Soll		**Haben**	
AB	10.000,00		
(1) ÜbwAR	8.000,00		

Forderungen

Soll		**Haben**	
ÜbertragAB	8.000,00	**Übertrag**	**8.000,00**
ÜbertragAB	500,00	**Übertrag**	**500,00**

Birkle

Soll		**Haben**	
AB	8.000,00	**(1) ÜbwAR**	**8.000,00**

Gerstl

Soll		**Haben**	
AB	500,00	**(2) Barz**	**500,00**

Nr.	**Soll**	**Haben**	**Buchungsbetrag Soll**	**Buchungsbetrag Haben**
1	Bank		8.000,00	
		Birkle		8.000,00
2	Kasse		500,00	
		Gerstl		500,00

Lösung Aufgabe 2:

„Birkle" ist ein Konto der Nebenbuchhaltung, und zwar ein Debitorenkonto. Auf Debitorenkonten bucht man so wie man auf dem aktiven Bestandskonto „Forderungen a. L. u. L." gebucht hätte. Anfangsbestand und Zugänge stehen im Soll, Abgänge im Haben. Da hier durch die Zahlung der Rechnung unsere Forderung an Birkle abnimmt, buchen wir diese Abnahme (= Abgang) im Haben.

Auf **Debitorenkonten** bucht man auf derselben Kontenseite, auf der man auch auf dem Konto „Forderungen aus Lieferungen und Leistungen" gebucht hätte.

4.3 Fragen und Übungen

(1) Was versteht man unter „Debitoren" und was unter „Kreditoren"?

(2) Warum sind Debitorenkonten und Kreditorenkonten erforderlich?

(3) Wie ist auf Debitorenkonten zu buchen?

(4) Wie ist auf Kreditorenkonten zu buchen?

(5) Was versteht man unter einer „Übertragung oder Verdichtung" und worin unterscheidet sich diese von einer Buchung?

(6) Bilden Sie den Buchungssatz für folgenden Geschäftsfall: Wir kaufen Waren beim Lieferanten Sattler für 6.000 EUR auf Rechnung ein.

(7) Begründen Sie die Buchung auf dem Kreditorenkonto in Aufgabe 6.

(8) Bilden Sie den Buchungssatz für folgenden Geschäftsfall: Der Kunde Eisel zahlt eine von uns erhaltene Rechnung in Höhe von 5.000 EUR durch Banküberweisung.

(9) Begründen Sie die Buchung auf dem Debitorenkonto in Aufgabe 8.

Lösungen:

(1) Debitoren sind Kunden und Kreditoren sind Lieferanten

(2) Auf den Konten „Forderungen a. L. u. L." und „Verbindlichkeiten a. L. u. L." im Hauptbuch sieht man nur die Beträge, aber nicht bei wem man noch Verbindlichkeiten hat bzw. an wen man noch Forderungen hat. Führt man Personenkonten ein, d. h. für jeden Kunden und für jeden Lieferanten ein eigenes Konto, ist dieses Problem gelöst. Die Überwachung der Zahlungsvorgänge wird erleichtert.

(3) Auf Debitorenkonten ist auf der gleichen Kontenseite zu buchen, auf der man auch auf dem Konto „Forderungen a. L. u. L." gebucht hätte. Das bedeutet: Anfangsbestand und Zugänge im Soll, Abgänge im Haben.

(4) Auf Kreditorenkonten ist auf der gleichen Kontenseite zu buchen, auf der man auch auf dem Konto „Verbindlichkeiten a. L. u. L." gebucht hätte. Das bedeutet: Anfangsbestand und Zugänge im Haben, Abgänge im Soll.

(5) Von einer „Verdichtung" spricht man, wenn Zahlen aus der Nebenbuchhaltung in die Hauptbuchhaltung übertragen werden. Im Gegensatz zu einer Buchung erfolgt die Übertragung auf die jeweils gleiche Kontenseite. So wird z. B. von der **Sollseite** des Kunden Gerstl auf die **Sollseite** des Kontos „Forderungen" übertragen.

(6)

Sollkonto	Habenkonto	Betrag Soll	Betrag Haben
Waren		6.000,00	
	Sattler		6.000,00

(7) „Sattler" ist ein Konto der Nebenbuchhaltung, und zwar ein Kreditorenkonto. Auf Kreditorenkonten wird so gebucht, wie man auch auf dem passiven Bestandskonto „Verbindlichkeiten a. L. u. L." gebucht hätte. Anfangsbestand und Zugänge stehen im Haben, Abgänge im Soll. Da hier durch den Kauf der Waren auf Rechnung unsere Verbindlichkeiten bei Sattler zunehmen, buchen wir diese Zunahme der Verbindlichkeiten (= den Zugang) im Haben.

(8)

Sollkonto	Habenkonto	Betrag Soll	Betrag Haben
Bank		5.000,00	
	Eisel		5.000,00

(9) „Eisel" ist ein Konto der Nebenbuchhaltung, und zwar ein Debitorenkonto. Auf Debitorenkonten bucht man so wie man auf dem aktiven Bestandskonto „Forderungen a. L. u. L." gebucht hätte. Anfangsbestand und Zugänge stehen im Soll, Abgänge im Haben. Da hier durch die Zahlung der Rechnung unsere Forderung an Eisel abnimmt, buchen wir diese Abnahme (= Abgang) im Haben.

5. Kapitel

Ergebniskonten

Spätestens am Ende eines Jahres möchte der Unternehmer wissen, ob das Jahr erfolgreich war oder nicht. Die Höhe des Gewinns oder Verlustes kann er durch Eigenkapitalvergleich ermitteln. Wurde z. B. ein Verlust erzielt, dann ist der Unternehmer sehr dran interessiert zu erfahren, wie es zu diesem Verlust gekommen ist. Er möchte etwas über die Ursachen erfahren. Dazu benötigt er sogenannte „Ergebniskonten“. Manche sprechen auch von „Erfolgskonten“. Wir vermeiden diesen Begriff, da häufig mit „Erfolg“ etwas Positives verbunden wird. Der Begriff „Ergebniskonten“ ist neutraler. Es kann sich ja auch ein Verlust ergeben.

Der Leser erfährt im folgenden Kapitel, welche Ergebniskonten man unterscheidet und wie man auf diesen Konten bucht. Der Unterschied zwischen Bestandsrechnung und Erfolgsrechnung wird verdeutlicht. Am Jahresende erfolgt eine Gegenüberstellung im sogenannten „Gewinn- und Verlustkonto“ (kurz: GuV). Unterschiede zur Gewinn- und Verlustrechnung in Staffelform werden aufgezeigt. Die Bedeutung der Ergebniskonten wird beim Verkauf und beim Einkauf von Waren verdeutlicht. Der Leser erfährt an anschaulichen Beispielen den Zusammenhang zwischen Finanzbuchhaltung und Lagerbuchhaltung. Notwendige Buchungen werden dargestellt und erläutert.

5.1 Aufwands- und Ertragskonten

Der Einzelunternehmer Heckmann macht am Ende des Jahres 20XY eine Inventur, erstellt ein Inventar und eine Bilanz. Es ergibt sich ein Eigenkapital in Höhe von 1.000.000 EUR.

Aus der Bilanz des letzten Jahres (Jahr 20XX) ergibt sich ein Eigenkapital in Höhe von 1.200.000 EUR. War Heckmann im Jahre 20XY mit seinem Unternehmen erfolgreich oder nicht?

Das können wir uns ausrechnen:

	Beträge in EUR
Eigenkapital am Ende des Jahres 20XY	1.000.000
– Eigenkapital am Anfang des Jahres 20XY (entspricht dem Eigenkapital am Ende des Jahres 20XX)	– 1.200.000
= Eigenkapitalminderung	**– 200.000**

Der Unternehmer hat am Ende des Jahres 20XY weniger Eigenkapital als am Anfang. Sein Eigenkapital ist um 200.000 EUR gesunken. Heckmann war nicht erfolgreich, er hat einen **Verlust** erwirtschaftet.

Hätte Heckmann am Ende des Jahres mehr Eigenkapital gehabt wie am Anfang, dann hätte er einen Gewinn erwirtschaftet und damit sein Eigenkapital vermehrt.

Welche Frage wird sich Heckmann stellen, wenn er die obige Berechnung – die er mehrmals nachgerechnet hat – nochmals anschaut?

Heckmann wird sicher wissen wollen, wie es zu diesem Verlust von 200.000 EUR gekommen ist.

Leider können ihm weder das Inventar noch die Bilanz oder die T-Konten weiterhelfen.

Sowohl Inventar als auch die T-Konten machen ja nur Aussagen über Bestände, nicht aber über Erfolge oder Misserfolge. Er könnte z. B. nachsehen, wie hoch der Kassenbestand ist, wie viel Geld auf dem Bankkonto liegt und wie hoch der Warenbestand am Jahresende ist.

All dies führt aber zu keiner Antwort auf die Frage, welche Ursachen das Ergebnis (d. h. der Verlust in unserem Beispiel) hat. Es könnte z. B. sein, dass Heckmann die Waren billiger verkauft als eingekauft hat. Es könnte aber auch daran liegen, dass Heckmann die Waren zwar teurer verkauft als eingekauft hat, aber hohe Personalkosten dazu geführt haben, dass Heckmann im Endeffekt „draufgelegt hat". Vielleicht hat auch Heckmann gar nichts verkauft und nur eingekauft. Vielleicht hat Heckmann auch gute Umsätze (= verkaufte Menge × Verkaufspreis pro Stück) gemacht, aber viel zu hohe Pacht für seinen Verkaufsraum gezahlt und deshalb einen Verlust gemacht.

Sehr häufig kamen die Worte „vielleicht" oder „könnte" vor. Das hilft Heckmann noch nicht. Er will nicht wissen, woran es vielleicht gelegen haben könnte, sondern er will genau wissen, woran es lag. Für das Problem von Heckmann gibt es in der Buchführung eine wichtige Hilfe.

Es gibt Konten, die über die Ursachen – man sagt auch **über die Quellen – des Ergebnisses Auskunft** geben. Diese Konten nennt man **Ergebniskonten. Ergebniskonten sind keine Bestandskonten**, sondern sind eine eigene Kontenart. Das bedeutet: Es gibt Bestandskonten und es gibt Ergebniskonten.

Ergebniskonten geben Auskunft über die Quellen des Ergebnisses. Sie sind keine Bestandskonten, sondern stellen eine eigene Art von Konten dar.

Die folgende Übersicht nennt einige Ergebniskonten und erklärt deren Bedeutung:

Beispiele für Ergebniskonten	Erklärung
Umsatzerlöse	Umsatzerlöse = verkaufte Menge × **Verkaufspreis** = „Einnahmen" aus dem Verkauf (vereinfachte Darstellung)

Beispiele für Ergebniskonten	Erklärung
Aufwand für Waren (= Warenaufwand)	Warenaufwand = verkaufte Menge × **Einkaufspreis** Der Warenaufwand gibt an, was uns die Waren gekostet haben, die wir verkauft haben. Er zeigt also unseren **Wareneinsatz**.
Gehälter	Gehälter zahlen wir an unsere **Angestellten** für die von ihnen geleistete Arbeit.
Löhne	Löhne zahlen wir an unsere **Arbeiter** für die von ihnen geleistete Arbeit.
Erträge aus Vermietung und Verpachtung (kurz: Mieterträge)	Einnahmen aus der Vermietung/ Verpachtung unserer Gebäude.
Mieten, Pachten (= Mietaufwand)	Aufwand, der dadurch entsteht, dass wir Grundstücke oder Gebäude von anderen mieten bzw. pachten und dafür eine Miete bzw. Pacht bezahlen müssen.
Zinsaufwendungen	Zinsaufwendungen fallen an, wenn wir für einen Kredit Zinsen zahlen.
Zinserträge	Zinserträge fallen an, wenn uns die Bank Zinsen gutschreibt.
Aufwendungen für Energie und Treibstoffe	Aufwendungen für Energie und Treibstoffe sind z. B. Aufwendungen für Strom und Gas (oder Öl)
Provisionserträge	Diese fallen an, wenn wir eine Provision z. B. für die Vermittlung eines Geschäftes erhalten.

Bevor Herr Heckmann die Zahlen genau anschaut, möchte er die Konten in zwei Gruppen ordnen.

Versetzen Sie sich die Lage von Herrn Heckmann. Welche Überlegungen könnte er anstellen, um die genannten Ergebniskonten in zwei Gruppen zu ordnen? Nicht gleich weiterlesen!! Erst über die Frage nachdenken!

Wenn man obige Konten ansieht, stellt man fest, dass man sie in die Gruppen „Aufwandskonten“ und „Ertragskonten“ ordnen kann.

Die Aufwandskonten stellen den Input in den Leistungsprozess dar, die Ertragskonten stellen den Output dar. Aufwendungen sind erforderlich, um Erträge erwirtschaften zu können.

Bei **Ergebniskonten** unterscheidet man Aufwandskonten und Ertragskonten.

Aufwandskonten	Ertragskonten
Input in den Leistungsprozess. Aufwendungen sind erforderlich, um Erträge erzielen zu können.	Output aus dem Leistungsprozess.
Beispiele für Aufwandskonten: – Aufwand für Waren – Gehälter – Löhne – Mieten, Pachten – Zinsaufwendungen – Aufwendungen für Energie und Treibstoffe – Steuern	Beispiele für Ertragskonten: – Umsatzerlöse – Miet-und Pachterträge – Provisionserträge – Zinserträge

Hätten wir nicht einfacher z. B. ein Konto „Miete“ gemacht und auf der einer Kontenseite die Mietaufwendungen und auf der anderen Seite die Mieterträge gebucht?

Aufgrund gesetzlicher Vorschriften ist es nicht erlaubt, Aufwendungen und Erträge auf **einem** Konto auf unterschiedlichen Seiten zu buchen. Dies ergibt sich u. a. aus § 246(2) HGB, in dem es u. a. heißt: „Posten der Aktivseite dürfen nicht mit Posten der Passivseite, **Aufwendungen nicht mit Erträgen (…) verrechnet werden.**“

Es wäre also nicht zulässig, z. B. ein Konto „Miete“ zu machen und dort auf der einen Kontenseite die Mietaufwendungen und auf der anderen Seite die Mieterträge zu buchen. Es müssen zwei Konten – ein Aufwandskonto „Mietaufwendungen“ (man kann es auch „Mieten und Pachten“ nennen) und ein Ertragskonto „Miet- und Pachterträge“ geführt werden. Entsprechendes gilt für die Zinsen: Wir müssen ein Konto „Zinsaufwendungen“ und ein Konto „Zinserträge“ führen.

Aufwendungen und Erträge dürfen nicht miteinander verrechnet werden und sind deshalb auf getrennten Konten zu erfassen.

Den Unterschied zwischen Aufwendungen und Erträgen kann man zunächst hilfweise auch so beschreiben:

Aufwandskonten	Ertragskonten
Wir nehmen eine Zahlung vor (Geld hergeben) **ohne** im direkten Gegenzug **einen Vermögensgegenstand dafür zu bekommen.**	Wir erhalten Geld, **ohne dass wir** im direkten Gegenzug **einen Vermögensgegenstand hergeben müssen.**

Hier wird der Unterschied zu den Bestandskonten deutlich:

Vorgang		Konten
Wir zahlen Geld und erhalten im direkten Gegenzug einen Vermögensgegenstand dafür	**Tausch** Geld gegen Vermögensgegenstand	**Nur Bestandskonten**
Wir erhalten Geld und geben dafür im direkten Gegenzug einen Vermögensgegenstand her, dessen Wert dem erhaltenen Geldbetrag entspricht.		
Wir zahlen Geld, **ohne** im direkten Gegenzug dafür einen Vermögensgegenstand zu erhalten.	**Aufwand**	**Aufwandskonto** (und z. B. Konto „Bank" oder „Kasse")
Wir erhalten Geld, **ohne** im direkten Gegenzug einen Vermögensgegenstand herzugeben.	**Ertrag**	**Ertragskonto** (und z. B. Konto „Bank" oder „Kasse")

Allerdings trifft diese Definition von „Aufwand" und „Ertrag" nicht auf alle Arten von Aufwendungen und Erträgen zu. Sie mag aber am Anfang helfen, die Unterschiede zu den Bestandskonten leichter zu verstehen.

Schauen wir uns nun für unser Ausgangsproblem (Heckmann erzielte einen Verlust in Höhe von 200.000 EUR) die Ergebniskonten an. Hinweis: Heckmann hat alle eingekauften Waren in diesem Jahr auch verkauft.

Die Buchungstexte wurden bei den Konten weggelassen.

Aufwand für Waren

Soll		Haben	
(1)	200.000,00		
(2)	50.000,00		
(3)	50.000,00		

Umsatzerlöse

Soll		Haben	
		(4)	30.000,00
		(5)	50.000,00
		(6)	40.000,00

Mieten, Pachten

Soll		Haben	
(7)	10.000,00		

Zinserträge

Soll		Haben	
		(8)	1.000,00

Zinsaufwendungen

Soll		Haben	
(9)	500,00		
(10)	500,00		

Gehälter

Soll		Haben	
(11)	5.000,00		
(12)	5.000,00		

Welche Erkenntnisse kann Heckmann aus den Ergebniskonten gewinnen?

Heckmann hatte insgesamt Erträge in Höhe von 121.000 EUR. Dem standen Aufwendungen in Höhe von 321.000 EUR gegenüber. Da er mehr Aufwendungen als Erträge hatte, kam es zu einem Verlust. Damit ist für Heckmann aber noch nicht die Frage beantwortet, welche Ursachen /Quellen der Verlust hat. Schaut man sich die Konten genauer an, dann stellt man fest, dass Heckmann für seine verkauften Waren 120.000 EUR eingenommen hat (= Umsatzerlöse). Diese verkauften Waren haben ihn aber 300.000 EUR gekostet (= Aufwand für Waren = Wareneinsatz). Die Hauptursache des Verlustes liegt also offenbar hier: Heckmann haben die verkauften Waren mehr als doppelt so viel gekostet, wie er dafür eingenommen hat. Die Zahlen auf den Ergebniskonten führen Heckmann deutlich seine kaufmännischen Defizite vor Augen. Nun müsste noch geklärt werden – was man den Konten nicht entnehmen kann –, ob Heckmann viel zu billig verkauft hat (z. B. Vergleich mit den Preisen der Konkurrenz) oder ob Heckmann zwar angemessene, marktgerechte Verkaufspreise hatte, aber viel zu teuer eingekauft (z. B. Internetrecherche Einkaufspreise; Angebote einholen und Angebotsvergleich durchführen).

Schauen wir uns ein anderes Beispiel an. Hier sind die Ergebniskonten von Berger, der durch einen Eigenkapitalvergleich einen Verlust in Höhe von 110.000 EUR errechnet hatte:

Versuchen Sie selbst herauszufinden, worin die Ursachen für den Verlust bei Berger liegen.

Aufwand für Waren

Soll		Haben	
(1)	200.000,00		
(2)	50.000,00		
(3)	50.000,00		

Umsatzerlöse

Soll		Haben	
		(4)	100.000,00
		(5)	150.000,00
		(6)	150.000,00

Mieten, Pachten

Soll		Haben	
(7)	50.000,00		
(8)	50.000,00		
(9)	100.000,00		

Zinserträge

Soll		Haben	
		(13)	5.000,00

Zinsaufwendungen

Soll		Haben	
(10)	5.000,00		

Gehälter

Soll		Haben	
(11)	5.000,00		
(12)	5.000,00		

Berger hat seine Waren für insgesamt 300.000 EUR eingekauft und diese für 400.000 EUR verkauft. Er hat folglich 100.000 EUR mehr eingenommen, als er bezahlt hat. Das ist gut, allerdings bleibt Berger davon nichts, da er anderseits noch Miete/Pacht in Höhe von 200.000 EUR gezahlt hat. Er hat also mehr Miete bezahlt als er durch Warenverkäufe „verdient" hatte. Die Hauptursache seines Verlustes liegt offenbar in den hohen Miet-/Pachtaufwendungen. Daraus gilt es, nun Konsequenzen zu ziehen. Zum einen könnte versucht werden, die Höhe der Miete/Pacht in Verhandlungen mit dem Vermieter deutlich zu reduzieren. Vielleicht kann sich Berger auch verkleinern und/oder andere Räume, die weniger Pacht kosten, suchen. Berger könnte auch mal durchrechnen, ob es sich langfristig vielleicht sogar lohnt, einen Kredit aufzunehmen und ein Gebäude zu kaufen.

Beide Beispiele zeigen, dass die Ergebniskonten wichtige Ausgangspunkte für kaufmännische Entscheidungen sind.

Bisher haben wir noch nicht über die Frage gesprochen, welche Buchungsregeln für Aufwands- und Ertragskonten gelten. Schauen Sie sich nochmals die Buchungen auf den Aufwands- und Ertragskonten bei Heckmann und Berger an und überlegen Sie dann, welche Buchungsregel für Aufwandskonten und welche für Ertragskonten gelten könnte!

Auf **Aufwandskonten** bucht man Aufwendungen im Soll.
Auf **Ertragskonten** bucht man Erträge im Haben.

Formulieren Sie für folgende Geschäftsfälle Buchungssätze.

(1) Wir kaufen ein Lagergebäude im Wert von 200.000 EUR für 200.000 EUR und zahlen es sofort durch Banküberweisung.

(2) Wir zahlen die monatliche Pacht für ein Lagergrundstück in Höhe von 3.000 EUR durch Banküberweisung.

(3)

Beispiel 1:

Soll	Haben	Buchungsbetrag Soll	Buchungsbetrag Haben
Gebäude		200.000,00	
	Bank		200.000,00

Wir haben Geld gezahlt (Banküberweisung) und **einen Vermögensgegenstand** (hier das Gebäude) dafür **erhalten.** Man kann sich den Vorgang als eine Art Tausch (Gebäude gegen Geld) vorstellen.

Beispiel 2:

Soll	Haben	Buchungsbetrag Soll	Buchungsbetrag Haben
Mieten, Pachten		3.000,00	
	Bank		3.000,00

Wir zahlen Miete bzw. Pacht, ohne dafür im direkten Gegenzug einen Vermögensgegenstand zu erhalten. Das Lagergrundstück gehört uns nun ja nicht, wir dürfen es nur nutzen.

Bilden Sie nun Buchungssätze für folgende Fälle:
- Die Bank schreibt uns auf unserem Bankkonto laut Kontoauszug 1.000 EUR Zinsen gut.
- Wir verkaufen einen gebrauchten PC aus unserem Verkaufsraum im Wert von 300 EUR für 300 EUR.

Beispiel 3:

Soll	Haben	Buchungsbetrag in EUR
Bank	Zinserträge	1.000,00

Wir erhalten Geld (Zinserträge) ohne im direkten Gegenzug einen Vermögensgegenstand hergeben zu müssen. Unser Geld, wofür wir Zinsen erhalten, gehört der Bank nicht, wir haben es der Bank nur geliehen.

Beispiel 4:

Soll	Haben	Buchungsbetrag in EUR
Bank	Geschäftsausstattung	300,00

Hier fließen uns 300 EUR zu. Wir müssen für die 300 EUR **einen Vermögenswert,** (nämlich den PC) **hergeben.** Da es sich um einen reinen Tausch (PC gegen Geld) handelt, ändern sich die Bestände (auf dem Bankkonto und in der Geschäftsausstattung).

Ein Buchführungsneuling trifft folgende Aussage: „Auf Aufwandskonten bucht man im Soll, da auf diesen Konten auch der Anfangsbestand im Soll steht. Auf Ertragskonten bucht man im Haben, da auf diesen Konten auch der Anfangsbestand im Haben steht."

Wie beurteilen Sie diese Aussage?

Es stimmt zwar, dass auf Aufwandskonten im Soll und auf Ertragskonten im Haben gebucht wird. Allerdings stehen auf Ergebniskonten gar keine Anfangsbestände. Anfangs**bestände** kann es nur auf **Bestands**konten geben. Wenn wir z. B. ein Gebäude mieten, ändert sich ja dadurch nicht der Bestand unserer Gebäude (das Gebäude gehört uns ja nicht).

Aufwands- und Ertragskonten haben keinen Anfangsbestand.

5.2 Ergebnisermittlung und Gewinn- und Verlustkonto

Die Höhe des Erfolges (Gewinn oder Verlust) können wir durch Eigenkapitalvergleich errechnen. Ist das Eigenkapital am Ende des Geschäftsjahres höher als am Anfang, dann hat das Eigenkapital zugenommen, d. h., es wurde Gewinn gemacht. Ist das Eigenkapital am Ende niedriger als am Anfang, dann hat das Eigenkapital abgenommen. Es entstand ein Verlust. Bei der Eigenkapitalvergleichs-Rechnung erhalten wir das Endergebnis, können aber nicht feststellen, wodurch der Gewinn oder Verlust entstanden ist. Aber gerade diese Information ist eine wichtige Grundlage für unternehmerische Entscheidungen und Planungen. Die **Quellen des Ergebnisses** (Gewinn oder Verlust) können den Aufwands- und Ertragskonten entnommen werden. Welche Aufwands- und Ertragskonten es üblicherweise in einem Unternehmen gibt, kann dem Kontenrahmen der Branche entnommen werden (vgl. hierzu Kapitel 6).

Nehmen wir an, ein Unternehmen hat zu Beginn des Jahres ein Eigenkapital in Höhe von 100.000 Euro. Nehmen wir in diesem einen **Beispiel** weiter an, das Unternehmen führt nur die unten stehenden Ergebniskonten und hat im Laufe des Geschäftsjahres die folgenden Buchungen vorgenommen:

Gehälter

Soll		Haben
(1) Übw.Geh.	10.000,00	
(3) Übw.Geh.	10.000,00	
(4) Übw.Geh.	10.000,00	
(5) Übw.Geh.	10.000,00	
(6) Übw.Geh.	10.000,00	
(7) Übw.Geh.	10.000,00	
(9) Übw.Geh.	10.000,00	
(22) Übw.Geh.	10.000,00	
(23) Übw.Geh.	10.000,00	
(24) Übw.Geh.	10.000,00	
(25) Übw.Geh.	10.000,00	
(26) Übw.Geh.	10.000,00	

Zinserträge

Soll	Haben	
	(2) ZE	2.000,00
	(8) ZE	3.500,00

Aufwand für Waren

Soll		Haben
(10) ÜbwER	2.000,00	
(11) ÜbwER	2.000,00	
(12) ÜbwER	2.000,00	
(13) ÜbwER	2.000,00	
(14) ÜbwER	2.000,00	
(15) ÜbwER	2.000,00	
(16) ÜbwER	2.000,00	
(17) ÜbwER	2.000,00	
(18) ÜbwER	2.000,00	
(19) ÜbwER	2.000,00	
(20) ÜbwER	2.000,00	
(21) ÜbwER	2.000,00	

Umsatzerlöse

Soll	Haben	
	(27) ÜbwAR	4.000,00
	(28) ÜbwAR	4.000,00
	(29) ÜbwAR	4.000,00
	(30) ÜbwAR	4.000,00
	(31) ÜbwAR	4.000,00
	(32) ÜbwAR	4.000,00
	(33) ÜbwAR	20.000,00

Wie erfolgreich war das Unternehmen im vergangenen Jahr und welche Quellen (Ursachen) hatte dieses Ergebnis?

Um dies feststellen zu können, müssen wir zunächst ermitteln, wie hoch unsere jeweiligen Aufwendungen und Erträge waren. Addiert man die Beträge auf den Konten, erhält man folgende Zahlen:

Gehälter	120.000,00
Aufwand für Waren	24.000,00

Umsatzerlöse	44.000,00
Zinserträge	5.500,00

Wie hoch ist nun der Gewinn oder Verlust dieses Unternehmens und woher kommt dieses Ergebnis?

Das Unternehmen hat insgesamt 49.500 Euro Erträge erwirtschaftet, denen insgesamt 144.000 Euro gegenüberstehen. Das Unternehmen hatte mehr Aufwendungen als Erträge, dies bedeutet, dass ein **Verlust** in Höhe von 94.500 Euro erwirtschaftet wurde. Allgemein können wir feststellen:

- Erträge sind größer als die Aufwendungen = **Gewinn**
- Aufwendungen sind größer als die Erträge = **Verlust**

Woher kommt der Verlust in unserem Beispiel?

Es wurden zu geringe Erträge erwirtschaftet, die nicht ausreichten, die Aufwendungen zu decken.

Allein die Gehälter waren mehr als doppelt so hoch wie die Summe der Erträge!
Die Unternehmensleitung könnte nun überlegen, was im kommenden Jahr getan werden könnte, um einerseits die Erträge zu steigern und anderseits die Personalkosten abzubauen.

Hätten wir den Verlust durch Vergleichs des Eigenkapitals errechnet, wären wir ebenfalls zum Ergebnis (Verlust in Höhe von 94.500 Euro) gekommen, hätten an dieser Zahl aber nicht erkennen können, dass die enormen Personalkosten der ausschlaggebende Faktor waren. Dies zeigt, dass die Ergebniskonten wichtig sind, um Aussagen über die Quelle des Ergebnisses (Gewinns oder Verlustes) zu erhalten.

Die Ergebnisrechnung oder Erfolgsrechnung ist eine **Jahres**ergebnisrechnung, in der ermittelt werden soll, wie hoch der Gewinn oder Verlust **in diesem Jahr** war und welche Ursachen er **in diesem** Jahr hatte. Dies bedeutet, dass sie jedes Jahr wieder mit Null beginnt. Im Gegensatz zu den Bestandskonten, die eine „fortlaufende Rechnung" darstellen, müssen die Ergebniskonten am Ende des Jahres auf „null" gestellt werden, damit im kommenden Jahr eine neue Ergebnisrechnung durchgeführt werden kann.

Die **Ergebnisrechnung** mit Aufwands- und Ertragskonten ist eine Jahresrechnung, die für jedes Jahr neu geführt wird.

Wie erreicht man nun buchhalterisch, dass alle Ergebniskonten am Jahresende auf „null" gestellt werden?

Betrachten wir zunächst das Konto „Gehälter": Da auf dem Konto „Gehälter" im Soll insgesamt 120.000 Euro stehen, müssen wir im Haben 120.000 Euro buchen, damit das Konto auf „null" gestellt wird.

Wie lautet nun für diese „Nullstellung" (man spricht auch von „Nullsummenstellung") der Buchungssatz? Wir wissen jetzt zwar, dass wir auf dem Konto „Gehälter" im Haben 120.000 Euro buchen müssen, wissen aber noch nicht, auf welchem Konto dieser Betrag im Soll zu buchen ist. Erst wenn wir dies wissen, können wir den Buchungssatz machen. Für die Sollbuchung dient ein **Ergebnissammelkonto**, das sogenannte „**G**ewinn- **u**nd **V**erlustkonto" (kurz: **GuV**).

Der entsprechende Buchungssatz lautet:

Sollkonto	Habenkonto	Betrag Soll	Betrag Haben
GuV		120.000,00	
	Gehälter		120.000,00

Die **Ergebnisrechnung** ist eine Jahresrechnung. Alle Aufwands- und Ertragskonten werden am Jahresende auf null gestellt, damit im kommenden Jahr die Ergebnisrechnung neu beginnen kann.

Entsprechend verfahren wir mit den anderen Aufwandskonten. Wie schaffen wir es aber, das Konto „Zinserträge“ auf „null“ zu stellen? Wie lautet der entsprechende Buchungssatz?

Auf diesem Konto sind im Haben insgesamt 5.500 Euro während des Jahres gebucht worden. Um es auf „null“ zu stellen, müssen wir nun am Jahresende **im Soll** 5.500 Euro buchen. Um einen Buchungssatz machen zu können, fehlt uns dann die entsprechende Habenbuchung. Diese erfolgt auf dem Ergebnissammelkonto „GuV“. Der Buchungssatz lautet dann:

Sollkonto	**Habenkonto**	**Betrag Soll**	**Betrag Haben**
Zinserträge		5.500,00	
	GuV		5.500,00

Die **Nullstellung der Aufwands- und Ertragskonten** erreicht man durch Buchungssätze. Als Gegenkonto dient das GuV-Konto. Die Nullstellung bei Ertragskonten erreicht man durch die Buchung auf dem Ertragskonto im Soll und deren Gegenbuchung im Haben des GuV- Kontos. Die Nullstellung der Aufwandskonten erreicht man durch eine Buchung auf dem Aufwandskonto im Haben und der Gegenbuchung im Soll des GuV-Kontos.

Entsprechend ist mit anderen Ertragskonten zu verfahren. Insgesamt ergibt sich dann für unser obiges Beispiel:

Gehälter

Soll		**Haben**	
(1) Übw.Geh.	10.000,00	**GuV**	**120.000,00**
(3) Übw.Geh.	10.000,00		
(4) Übw.Geh.	10.000,00		
(5) Übw.Geh.	10.000,00		
(6) Übw.Geh.	10.000,00		
(7) Übw.Geh.	10.000,00		
(9) Übw.Geh.	10.000,00		
(22) Übw.Geh.	10.000,00		

GuV	**5.500,00**	(2) ZE	2.000,00
		(8) ZE	3.500,00

Gehälter

Soll	Haben
(23) Übw.Geh. 10.000,00	
(24) Übw.Geh. 10.000,00	
(25) Übw.Geh. 10.000,00	
(26) Übw.Geh. 10.000,00	

Aufwand für Waren

Soll	Haben
(10) ÜbwER 2.000,00	**GuV 24.000,00**
(11) ÜbwER 2.000,00	
(12) ÜbwER 2.000,00	
(13) ÜbwER 2.000,00	
(14) ÜbwER 2.000,00	
(15) ÜbwER 2.000,00	
(16) ÜbwER 2.000,00	
(17) ÜbwER 2.000,00	
(18) ÜbwER 2.000,00	
(19) ÜbwER 2.000,00	
(20) ÜbwER 2.000,00	
(21) ÜbwER 2.000,00	

Umsatzerlöse

Soll	Haben
GuV 44.000,00	(27) ÜbwAR 4.000,00
	(28) ÜbwAR 4.000,00
	(29) ÜbwAR 4.000,00
	(30) ÜbwAR 4.000,00
	(31) ÜbwAR 4.000,00
	(32) ÜbwAR 4.000,00
	(33) ÜbwAR 20.000,00

Um sicher zu stellen, dass das Konto jeweils tatsächlich auf „null" ist, werden zur Kontrolle jeweils beide Seiten addiert.

Die Buchungssätze lauten:

Sollkonto	Habenkonto	Betrag Soll	Betrag Haben
GuV		120.000,00	
	Gehälter		120.000,00

Sollkonto	Habenkonto	Betrag Soll	Betrag Haben
GuV		24.000,00	
	Aufwand für Waren		24.000,00

Sollkonto	Habenkonto	Betrag Soll	Betrag Haben
Zinserträge		5.500,00	
	GuV		5.500,00

Sollkonto	Habenkonto	Betrag Soll	Betrag Haben
Umsatzerlöse		44.000,00	
	GuV		44.000,00

Das GuV – Konto sieht nach den Buchungen so aus:

GuV

Soll			**Haben**
Gehälter	120.000,00	Zinserträge	5.500,00
Aufwand für Waren	24.000,00	Umsatzerlöse	44.000,00

Addiert man nun zur Kontrolle beide Seiten, dann zeigt sich, dass im Soll insgesamt 144.000 Euro gebucht wurden, im Haben aber 49.500. Beide Seiten sind also betragsmäßig nicht gleich. Wir wissen auch warum: Wir haben einen Verlust von 94.500 Euro erzielt. Dies bedeutet, dass wir insgesamt um 94.500 Euro ärmer geworden sind, als wir am Jahresanfang waren. Dies führt uns zu einer weiteren Überlegung: Zu Beginn des Beispiels wurde erwähnt, dass das Unternehmen zu Beginn des Jahres ein Eigenkapital in Höhe von 100.000 Euro hatte. Da wir nun 94.500 Euro Verlust gemacht haben, haben wir am Jahresende nur noch ein Eigenkapital in Höhe von 5.500 Euro. Bisher steht aber auf dem passiven Bestandskonto „Eigenkapital" nur der Anfangsbestand vom Jahresanfang in Höhe von 100.000 Euro. Am Jahresende sollten dort aber nur noch 5.500 Euro stehen. Wir bekommen wir das buchhalterisch hin?

Richtig: Wir müssen bei einem Einzelunternehmen auf dem Konto „Eigenkapital" einen Abgang in Höhe von 94.500 Euro buchen. Da „Eigenkapital" ein passives Bestandskonto ist, muss der Abgang links (im Soll) gebucht werden. Wenn wir einen Buchungssatz machen wollen, brauchen wir noch eine Habenbuchung! Diese erfolgt auf dem GuV-Konto. Nun sind auf dem GuV-Konto beide Seiten betragsmäßig gleich, was eine Kontrollrechnung auch zeigt.

Sollkonto	Habenkonto	Betrag Soll	Betrag Haben
Eigenkapital		94.500,00	
	GuV		94.500,00

Die Konten sehen nun wie folgt aus:

GuV

Soll			**Haben**
Gehälter	120.000,00	Zinserträge	5.500,00
Aufwand für Waren	24.000,00	Umsatzerlöse	44.000,00
		Verlust	**94.500,00**
	144.000,00		144.000,00

Eigenkapital

Soll			**Haben**
Verlust	**94.500,00**	AB	100.000,00

Auf dem Eigenkapitalkonto ergibt sich demnach ein rechnerischer Endbestand in Höhe von 5.500,00 EUR. Das Konto „Eigenkapital" ist nun auf dem aktuellen Stand, der mit unserer Rechnung zu Beginn des Beispiels übereinstimmt:

Eigenkapital am Ende	5.500,00
– Eigenkapital am Anfang	100.000,00
= Verlust	– 94.500,00

Die Höhe des Gewinns oder Verlustes kann durch Eigenkapitalvergleich oder durch Subtraktion der Erträge von Aufwendungen ermittelt werden. Da die Ermittlung des Gewinns oder Verlustes auf zweifache Weise möglich ist, spricht man auch von doppelter Buchführung.

Die Frage, was mit dem ermittelten Gewinn geschieht, hängt von der Rechtsform des Unternehmens ab. Dies verdeutlichen wir überblicksartig (vgl. auch Kap. 10.4.2):

Gewinnverwendung bei ausgewählten Rechtsformen in Grundzügen	
Einzelunternehmung	Der Gewinn wird dem Eigenkapital des Unternehmers zugeschrieben. Das Vorgehen haben wir in obigem Buchungsbeispiel gesehen.
Kommanditgesellschaft (KG)	In einer KG gibt es Komplementäre (= Vollhafter; haften mit Privat- und Geschäftsvermögen) und Kommanditisten (= Teilhafter; haften mit ihrer Einlage). Komplementäre werden behandelt wie Einzelunternehmer. Für die Teilhafter gilt: Die Kapitaleinlage ist fix und darf nicht durch Gewinnzuschreibungen verändert werden, sofern die Einlage geleistet wurde. Der den Teilhaftern zustehende Gewinnanteil wird nach der Gewinnverteilung bis zur Auszahlung als „Verbindlichkeit gegenüber Gesellschaftern" behandelt.
Aktiengesellschaft (AG)	Der Nennwert aller Aktien wird als „Gezeichnetes Kapital" bezeichnet. Dieses Kapital darf durch Gewinnzuschreibungen nicht verändert werden. Der Gewinn wird durch Beschluss der Aktionäre in der Hauptversammlung verteilt. Teilweise wird es in der Regel eine Ausschüttung an Aktionäre, eine Einstellung in die Rücklagen und einen Gewinnvortrag ins nächste Jahr geben. Wird die Gewinnverwendung erst im kommenden Geschäftsjahr durchgeführt, wird der Gewinn am Jahresende als Jahresüberschuss unterhalb des „Gezeichneten Kapitals" (= „Eigenkapital der AG") in der Bilanz ausgewiesen.

5.3 Gewinn- und Verlustrechnung in Staffelform

Bezüglich der Gewinn- und Verlustrechnung macht der Gesetzgeber notwendige Vorgaben.

Ausgewählte gesetzliche Bestimmungen zur GuV-Rechnung

§ 242 HGB Pflicht zur Aufstellung

(1) Der Kaufmann hat (…) einen das Verhältnis seines Vermögens und seiner Schulden darstellenden Abschluss (Eröffnungsbilanz; Bilanz) aufzustellen. (…)

(2) Er hat für den Schluss eines jeden Geschäftsjahres eine Gegenüberstellung der Aufwendungen und Erträge des Geschäftsjahres (Gewinn- und Verlustrechnung) aufzustellen.

(3) Die Bilanz und die Gewinn- und Verlustrechnung bilden den Jahresabschluss.
(4) Die Absätze 1 bis 3 sind auf Einzelkaufleute im Sinne des § 241a nicht anzuwenden. Im Falle der Neugründung treten die Rechtsfolgen nach Satz 1 schon ein, wenn die Werte des § 241a Satz1 am ersten Abschlussstichtag nach der Neugründung nicht überschritten werden.

§ 60 Abs. 1 EStDV

(1) (…) Werden Bücher geführt, die den Grundsätzen der doppelten Buchführung entsprechen, ist eine Gewinn- und Verlustrechnung beizufügen.

§ 275 Abs. 1 HGB Gliederung

(1) Die Gewinn- und Verlustrechnung ist in Staffelform (…) aufzustellen. Dabei sind die in Absatz2 oder 3 bezeichneten Posten in der angegebenen Reihenfolge gesondert auszuweisen.

Der Gesetzgeber schreibt vor, dass eine Gewinn- und Verlustrechnung durchgeführt werden muss. § 275 HGB gilt aber nur für Kapitalgesellschaften (insbesondere AG und GmbH). Eine Gewinn- und Verlustrechnung in Staffelform ist damit nur für Kapitalgesellschaften vorgeschrieben. Dies scheint im Widerspruch zu unserem, GuV-Konto zu stehen, das ja in Kontenform und nicht in Staffelform aufgestellt wird. Es ist aber kein Widerspruch. Das GuV-Konto ist Teil der Buchhaltung, die primär für interne Zwecke aufgestellt wird. Insbesondere bei Aktiengesellschaften haben anderseits die Öffentlichkeit und damit auch potenzielle Aktionäre ein Recht zu erfahren, wie die Gewinnsituation aussieht. Von daher ist es verständlich, dass neben dem internen GuV-Konto eine GuV-Rechnung zu erstellen ist. Um eine Vergleichbarkeit zu ermöglichen, schreibt der Gesetzgeber in den Absätzen 2 bzw. 3 des § 275 HGB die Bezeichnung und die Reihenfolge der Positionen genau vor. In § 277 HGB folgen Vorschriften zu den einzelnen Positionen. Im § 276 HGB gibt der Gesetzgeber für kleine und mittelgroße Kapitalgesellschaften Erleichterungen. Die vorgegebenen Positionen sind nicht immer identisch mit den Kontenbezeichnungen. Teilweise gehen mehrere Konten in eine gemeinsame Position ein.

Die Aufstellung und Berechnung kann grundsätzlich nach dem „Umsatzkostenverfahren" oder dem „Gesamtkostenverfahren" erfolgen. Während die Daten für das Gesamtkostenverfahren hauptsächlich aus der Finanzbuchhaltung stammen, ist das Umsatzkostenverfahren auch auf die Kostenrechnung angewiesen. Die Unterschiede finden Sie in § 275 HGB. Wir beschränken uns hier auf das Gesamtkostenverfahren.

Das Bilanzrichtlinien-Umsetzungsgesetz (BilRUG) ist am 23.7.2015 in Kraft getreten und führte u. a. zu einer Neudefinition der Umsatzerlöse in § 277 HGB:

Auszug aus § 277 HGB (neue Fassung)

> **Vorschriften zu einzelnen Posten der Gewinn- und Verlustrechnung**
> (1) Als Umsatzerlöse sind die Erlöse aus dem Verkauf und der Vermietung oder Verpachtung von Produkten sowie aus der Erbringung von Dienstleistungen der Kapitalgesellschaft nach Abzug von Erlösschmälerungen und der Umsatzsteuer sowie sonstiger direkt mit dem Umsatz verbundener Steuern auszuweisen. (…)

Stellen wir dieser neuen Fassung die alte Fassung gegenüber:

Auszug aus § 277 HGB (alte Fassung)

> **Vorschriften zu einzelnen Posten der Gewinn- und Verlustrechnung**
> (1) Als Umsatzerlöse sind die Erlöse aus dem Verkauf und der Vermietung oder Verpachtung von für die gewöhnliche Geschäftstätigkeit der Kapitalgesellschaft typischen Erzeugnissen und Waren sowie aus von für die gewöhnliche Geschäftstätigkeit der Kapitalgesellschaft typischen Dienstleistungen nach Abzug von Erlösschmälerungen und der Umsatzsteuer auszuweisen. (…)

Vergleichen Sie beide Fassungen!

Sicher ist Ihnen aufgefallen, dass in der neuen Fassung die beiden Merkmale „gewöhnliche Geschäftstätigkeit“ und „typisch“ gestrichen wurden. Damit gehören nun auch Erlöse aus Nebentätigkeiten zu den Umsatzerlösen. Wurden früher Erlöse aus der gewöhnlichen Geschäftstätigkeit, die aber nicht typisch waren, als „sonstiger betrieblicher Ertrag“ ausgewiesen, erfolgt nun der Ausweis bei den Umsatzerlösen. Während früher Erlöse aus der nicht gewöhnlichen Geschäftstätigkeit als „außerordentliche Erträge“ ausgewiesen wurden, sind nach der Neudefinition der Umsatzerlöse „außerordentliche Erträge“ entfallen. Es gibt nun nur „Umsatzerlöse“ und „sonstige betriebliche Erträge“. Zur letzten Gruppe gehören z. B. Erträge aus der Auflösung von Rückstellungen (vgl. hierzu Kap. 10.3).

Angenommen unsere Fahrradhandlung Heckmann vermietet eine nicht benötigte Lagerhalle für 2.000 EUR im Monat. Nach der Neudefinition spielt es keine Rolle, dass es nicht „typisch" für eine Fahrradhandlung ist, eine Lagerhalle zu vermieten. Die Erlöse aus Vermietung und Verpachtung sind nun bei den „Umsatzerlösen" auszuweisen, während sie früher in der Position „sonstige betriebliche Erträge" in der GuV erschienen sind.

Die Neudefinition der Umsatzerlöse führt nun grundsätzlich zu einem höheren Ausweis von Umsatzerlösen. Dies hat u. a. Auswirkungen auf die Größenklasseneinteilung nach § 267 HGB und auf die Frage der Befreiung von der Buchführungspflicht nach § 241 HBG bzw. § 141 AO.

Die Neudefinition der Umsatzerlöse hat Konsequenzen für die GuV-Rechnung nach § 275 HGB: Das Ergebnis der gewöhnlichen Geschäftstätigkeit wird nicht mehr ausgewiesen und der gesonderte Ausweis des außerordentlichen Ergebnisses ist entfallen.

Da die Gliederung der GuV-Rechnung viele Positionen enthält, die Sie erst in späteren Kapiteln kennenlernen, beschränken wir uns hier auf eine vereinfachte Darstellung:

Vereinfachte Darstellung der GuV-Rechnung für Geschäftsjahre, die nach dem 31.12.2015 begonnen haben (Gesamtkostenverfahren) in Anlehnung an § 275 Absatz 2 HGB

Umsatzerlöse
+ sonstige betriebliche Erträge
- Materialaufwand
- Personalaufwand
- Abschreibungen
- sonstige betriebliche Aufwendungen
- Zinsen
- Steuern vom Einkommen und vom Ertrag
= **Ergebnis nach Steuern**
- sonstige Steuern
= **Jahresüberschuss/Jahresfehlbetrag**

(Zum Personalaufwand vgl. Kap. 9 und zu den Abschreibungen vgl. Kap. 10.1)

In der neuen GuV-Gliederung gibt es auch keine außerordentlichen Aufwendungen mehr, wie es früher üblich war. Wurden früher z. B. Verluste durch außergewöhnliche Schadensfälle in der GuV-Position „Außerordentliche Aufwendungen" ausgewiesen, erscheinen sie nun bei „sonstigen betrieblichen Aufwendungen". Nach § 285, Nrn. 31 und 32 HGB sind aber außerordentliche Aufwendungen und Erträge im Anhang darzustellen, sofern die Beträge nicht von untergeordneter Bedeutung sind.

Kleinstkapitalgesellschaften können eine vereinfachte GuV-Rechnung erstellen.

Vereinfachte Darstellung der GuV-Rechnung für Geschäftsjahre, die nach dem 31.12.2015 begonnen haben für Kleinstkapitalgesellschaften nach § 275 Absatz 4 HGB

Umsatzerlöse
+ sonstige Erträge
- Materialaufwand
- Personalaufwand
- Abschreibungen
- sonstige Aufwendungen
- Steuern
= **Jahresüberschuss/Jahresfehlbetrag**

Kleinstkapitalgesellschaften sind nach § 267a HGB:

Kleinstkapitalgesellschaften sind kleine Kapitalgesellschaften, die mindestens zwei der drei nachstehenden Merkmale nicht überschreiten:

1. 350 000 Euro Bilanzsumme;
2. 700 000 Euro Umsatzerlöse in den zwölf Monaten vor dem Abschlussstichtag;
3. im Jahresdurchschnitt zehn Arbeitnehmer.

Während die neue GuV-Rechnung insbesondere eine neue Zuordnung von Konten zu GuV-Positionen nach sich zieht, sind aber auch Anpassungen an den Kontenplänen (Kap. 6) vorzunehmen.

Änderungen ergeben sich aber auch aus den Vorschriften zur „**E-Bilanz**", die wir in Abschnitt 2.4 dargestellt haben. Bilanzierende

Unternehmen müssen nicht nur ihre Bilanz, sondern auch ihre GuV-Rechnung digital übertragen. Die Unternehmen müssen ihre Daten in die vorgegebene Taxonomie (siehe Kap. 2.4) einordnen. Hier ist eine intensive Aufgliederung gefordert. So müssen z. B. bei den Materialaufwendungen Aufgliederungen je nach Steuersatz vorgenommen werden. Die sonstigen betrieblichen Erträge sind in mehr als 20 Einzelpositionen mit mehreren Unterpositionen aufzugliedern. Bei den sonstigen betrieblichen Aufwendungen sind es sogar fast 30 Einzelpositionen mit zahlreichen Unterpositionen. Um diesen Anforderungen gerecht werden zu können und sich die Arbeit langfristig zu erleichtern, bietet es sich an, auch vor diesem Hintergrund umfangreiche Anpassungen der Kontenpläne vorzunehmen.

5.4 Finanzbuchhaltung und Lagerbuchhaltung beim Verkauf

Sie haben für sich **im letzten Jahr** im Dezember zwei Fahrräder gekauft:

- 1 Mountainbike für 500 EUR und
- 1 Rennrad für 700 EUR.

Auf dem aktiven Bestandskonto „Fahrräder" haben Sie demnach **in diesem Jahr** einen Anfangsbestand in Höhe von 1.200 EUR.

Fahrräder

Soll		**Haben**
AB	1.200,00	

Heute (im Januar) kommt ein Freund und bietet Ihnen für das Rennrad 850 EUR. Sie sind begeistert und verkaufen es ihm sofort gegen Barzahlung. Wie ist dieser Vorgang zu buchen?

Vermutlich haben Sie folgende Gedanken: Da Sie ein Fahrrad verkauft haben, stellt dies einen Abgang auf dem Konto „Fahrräder" dar, der auf dem aktiven Bestandskonto rechts (im Haben) zu buchen ist. Da Sie das Geld bar erhalten, buchen Sie auf dem Konto „Kasse" links (im Soll) einen Zugang.

Dein Konto „Fahrräder" würde dann so aussehen:

Fahrräder

Soll			**Haben**
AB	1.200,00	(1) Barvk	850,00

Auf dem Konto „Fahrräder" ergibt sich rechnerisch folgender Endbestand:

1.200 EUR – 850 EUR = 350 EUR

Sie gehen am Abend in den Fahrradkeller und stellen im Rahmen Ihrer „kleinen" Inventur fest, dass Sie noch ein Fahrrad (nämlich das Mountainbike) im Wert von 500 EUR im Keller haben. Dieses Inventurergebnis vergleichen wir nun in gewohnter Weise mit dem Endbestand auf dem Konto „Fahrräder".

Wie lassen sich die unterschiedlichen Ergebnisse (Konto: 350 EUR; „Inventur": 500 EUR) erklären?

Es wurde ja kein Fahrrad gestohlen. Das Fahrrad hat auch nicht an Wert verloren. Es liegt folglich keine Inventurdifferenz vor!

Aus der „kleinen" Inventur wissen wir aber, dass das Mountainbike im Wert von 500 EUR noch da ist (es wurde nicht verkauft und auch nicht gestohlen). Warum ergibt sich dann aber auf dem Konto ein offenbar falscher Wert von 350 EUR?

Bevor wir die Frage beantworten, sollten wir noch eine Überlegung anstellen: Was wäre gewesen, wenn wir das Rennrad für 700 EUR verkauft hätten? Dann hätte sich auf dem Konto rechnerisch folgender Endbestand ergeben: 1.200 EUR – 700 EUR = 500 EUR. Das bedeutet, der rechnerische Endbestand hätte mit dem Inventurwert übereingestimmt. Folglich muss der Fehler etwas mit der Tatsache zu tun haben, dass wir das Fahrrad teurer verkauft als eingekauft haben.

Inwiefern sind Sie der Lösung des Problems näher gekommen?

Das Konto „Fahrräder" ist ein aktives Bestandskonto. Bestände sind mit dem Einkaufspreis zu bewerten, da sie ja noch nicht verkauft sind. Wenn wir aber den Abgang mit 850 EUR buchen, buchen wir mit einem Verkaufspreis. Hat man auf einem Konto Einkaufs- **und** Verkaufspreise, führt dies zu einem Fehler.

Die 850 EUR beinhalten 150 EUR Ertrag. Wir werden im Endeffekt um 150 EUR reicher. Damit hätten wir auf dem Konto „Fahrräder" Bestände (Anfangsbestand und Abgang des Rennrades im Wert von 700 EUR) und Erträge (in den 850 EUR stecken 150 EUR Ertrag). Es hat sich aber als sinnvoll erwiesen, Bestandskonten und Ergebniskonten zu trennen. Ergebniskonten müssen ja am Jahresende mit einem Buchungssatz auf „null" und im GuV- Konto gegenübergestellt werden. Bei Bestandskonten hingegen errechnen wir am Jahresende jeweils den Endbestand und vergleichen ihn mit den Inventurergebnissen. Auf der Grundlage der Inventurergebnisse entsteht die Bilanz.

Der Fehler auf dem **Bestands**konto „Fahrräder" entstand dadurch, dass wir als Abgang einen Betrag in Höhe von 850 EUR gebucht haben, obwohl unser Fahrrad**bestand** nur um 700 EUR gemindert wurde. Die Differenz von 150 EUR stellt einen Ertrag dar, der nichts auf diesem Bestandskonto zu suchen hat, sondern auf einem Ertragskonto erscheinen müsste. Man kann sich das auch so erklären: Wir verkaufen das Fahrrad für 850 EUR. In Höhe von 700 EUR findet nur ein Tausch Fahrrad gegen Geld statt (folglich sind nur Bestandskonten betroffen). In Höhe von 150 EUR gilt: Wir erhalten die 150 EUR, ohne dafür einen Gegenstand hergeben zu müssen. Das heißt, wir erzielen einen Ertrag.

Folgerichtig könnten Sie den Verkauf des Fahrrades in Ihrer Buchführung als Privatperson, die nicht mit Fahrrädern als selbstständiger Unternehmer handelt, so buchen:

Soll	**Haben**	**Buchungsbetrag Soll**	**Buchungsbetrag Haben**
Kasse		850,00	
	Fahrräder		700,00
	Ertrag aus Fahrradverkauf		150,00

Da wir jedoch die **Buchführung von Unternehmen** machen, ist der Buchungssatz in der dargestellten Form leider **nicht** möglich. Dies hat insbesondere steuerrechtliche Gründe – auf die wir in Kapitel 7 eingehen – die hier nur in vereinfachter Form angesprochen werden sollen. Nach dem Umsatzsteuergesetz muss jeder Unternehmer beim Verkauf von Waren oder selbst hergestellten Produkten vom Kunden Umsatzsteuer (in der Regel 19 %) verlangen und ans Finanzamt abführen. Grundlage für die Berechnung dieser 19 % ist der getätigte Umsatz. Für unser Beispiel bedeutet dies: Hätte ein Fahrradgeschäft die beiden Fahrräder von einem Hersteller eingekauft und das Rennrad weiterverkauft, dann müsste dieses Fahrradgeschäft 19 % des Umsatzes (Umsatz = verkaufte Stückzahl × Verkaufspreis = 1 × 850), d. h. 19 % von 850 vom Kunden verlangen und ans Finanzamt abführen. Zu diesem Zweck müsste in der Buchhaltung eigentlich der Verkaufspreis (ohne Umsatzsteuer) in Höhe von 850 EUR vorhanden sein. Bucht man allerdings wie oben beschrieben, dann erscheint der Betrag von 850 EUR leider nicht. Die 850 EUR bezeichnet man auch als Umsatzerlös (= Einnahme aus dem Fahrradverkauf), während die 150 EUR unseren „Verdienst" darstellen. Wir stehen vor dem Problem, dass in der Buchhaltung einerseits der Betrag des Umsatzerlöses (850 EUR als Grundlage für die Berechnung der Umsatzsteuer) vorhanden sein sollte, andererseits aber deutlich werden muss, dass wir bei diesem Geschäft einen Ertrag in Höhe von 150 EUR erzielt und damit 150 EUR bei diesem Geschäft verdient haben.

Was können wir tun?

Die Lösung des Problems lautet:

Wir buchen den Verkaufserlös in Höhe von 850,00 EUR auf einem Ertragskonto „Umsatzerlöse", wodurch in unserer Buchhaltung der Betrag erscheint, der Grundlage für die Umsatzsteuerberechnung ist. Es sind uns ja 850,00 EUR zugeflossen.

Wie schaffen wir es, dass buchhalterisch erkennbar wird, dass wir im Endeffekt aber nur 150,00 EUR verdient haben?

Wir müssen die 700,00 EUR, die wir für das Fahrrad aufgewendet haben, das wir für 850,00 EUR verkauft haben, auf einem Aufwandskonto buchen. Übrig bleiben dann die 150,00 EUR, die man auch als Rohertrag bezeichnet: Man spricht von „**Roh**ertrag", weil ja von diesem Ertrag in Unternehmen noch weitere Aufwendungen (z. B. Gehälter, Miete, Strom etc.) abzuziehen sind.

Umsatzerlöse – Warenaufwand = Rohertrag

Buchung auf dem Ertragskonto „Umsatzerlöse"	850,00 EUR
Buchung auf einem Aufwandskonto	700,00 EUR
= (Roh-) Ertrag	150,00 EUR

Übertragen auf unser Fahrradbeispiel, buchen wir den Verkaufserlös mit dem **Verkaufspreis**:

Soll	Haben	Buchungsbetrag Soll	Buchungsbetrag Haben
Kasse		850,00	
	Umsatzerlöse		850,00

Durch den Verkauf hat der Fahrradbestand (auf Bestandskonten stehen die Bestände immer mit dem **Einkaufspreis**!) abgenommen. Diesen Abgang buchen wir auf dem aktiven Bestandskonto „Fahrräder" im Haben. Die Habenbuchung lautet dann:

Soll	Haben	Buchungsbetrag Soll	Buchungsbetrag Haben
???		700,00	
	Fahrräder		700,00

Das Konto „Fahrräder" enthält dann folgende Buchungen:

Fahrräder

Soll		Haben	
AB	1.200,00	Abgang	700,00

Jetzt stimmt der Endbestand auf dem Konto (1.200 – 700 = 500) auch mit dem Inventurwert (noch vorhanden: ein Mountainbike im Wert von 500 EUR) überein.

Würden wir nun das GuV-Konto erstellen, hätten wir nach der Nullstellung des Kontos „Umsatzerlöse" dort im Haben einen Betrag von 850 EUR stehen. Da wir sonst keine Geschäfte getätigt haben, ergäbe sich ein Gewinn von 850 EUR. Das ist aber falsch, wir haben nur 150 EUR „verdient“.

Woran liegt das?

Wir müssen dem Erlös (=Einnahme) in Höhe von 850,00 EUR den Aufwand gegenüberstellen, den wir für das Fahrrad hatten:

Die 700 EUR sind auf einem Aufwandskonto zu buchen. Wir nennen das Konto „Aufwand für Fahrrad“. Wir buchen auf diesem Konto im Soll wie bei anderen Aufwandsbuchungen bisher auch:

Soll	**Haben**	**Buchungsbetrag Soll**	**Buchungsbetrag Haben**
Aufwand für Fahrrad		700,00	

Der Buchungssatz lautet nun komplett:

Soll	**Haben**	**Buchungsbetrag Soll**	**Buchungsbetrag Haben**
Aufwand für Fahrrad		700,00	
	Fahrräder		700,00

Bei einem Verkauf sind folglich immer zwei Buchungen zu machen:

(1a) Buchung des Umsatzerlöses

(1b) Buchung des Warenaufwandes und gleichzeitig des Warenabgangs

Man kann sich das so vorstellen. Die Buchung des Umsatzerlöses (Nr. 1a) stellt die Buchung der **Finanzbuchhaltung** und die Buchung des Abgangs (Nr. 1b)die **Lagerbuchhaltung** dar.

Nr.	**Soll**	**Haben**	**Buchungsbetrag Soll**	**Buchungsbetrag Haben**
1a	Kasse		850,00	
		Umsatzerlöse		850,00

Nr.	Soll	Haben	Buchungsbetrag Soll	Buchungsbetrag Haben
1b	Aufwand für Fahrrad		700,00	
		Fahrräder		700,00

Auf den neuen T-Konten ergibt sich folgendes Bild:

Aufwand für Fahrrad			Umsatzerlöse		
Soll		Haben	Soll		Haben
(1b) Abgang	700,00			(1a) Barvk	850,00

Wenn wir annehmen, dass wir keine weiteren Aufwendungen und Erträge hatten, dann wäre der Rohertrag mit dem Gewinn identisch: Nach der „Nullstellung" ergibt sich auf den Ergebniskonten und dem GuV-Konto folgendes Bild:

Aufwand für Fahrrad				Umsatzerlöse			
Soll		Haben		Soll		Haben	
(1b) Abgang	700,00	**GuV**	**700,00**	**GuV**	**850,00**	(1a) Barvk	850,00

GuV

Soll		Haben	
Aufwand für Fahrrad	700,00	Umsatzerlöse	850,00

Der Abgang stellt gleichzeitig unseren **Wareneinsatz** = Aufwand dar.

Den Betrag, der angibt, was uns die verkauften Waren gekostet haben (**verkaufte** Stückzahl × **Einkaufs**preis) bezeichnet man als Wareneinsatz oder Warenaufwand.

Da mehr Erträge erwirtschaftet wurden als Aufwendungen vorhanden waren, ist ein Gewinn in Höhe von 150 Euro entstanden.

GuV

Soll		Haben	
Aufwand für Fahrrad	700,00	Umsatzerlöse	850,00
Gewinn	**150,00**		

Dieser erhöht das Eigenkapital (Buchung auf dem Konto „Eigenkapital“ im Haben, da passive Bestandskonten im Haben zunehmen):

Konten in Handelsunternehmen

Die in Unternehmen üblichen Bezeichnungen für die oben genannten Konten können dem Kontenrahmen (siehe Kapitel 6) entnommen werden:

Kontenbezeichnung	Bezug zum „Fahrradbeispiel“
Umsatzerlöse (eigene Erzeugnisse). In der Regel führen die Unternehmen für jede Warengruppe ein Umsatzerlöskonto. Beispiele: ■ Umsatzerlöse Herrenfahrräder ■ Umsatzerlöse Damenfahrräder	Umsatzerlös Fahrrad
Aufwendungen für Waren. Dieses Konto wird in manchen Unternehmen auch „Wareneinsatz“ oder „Warenaufwand“ genannt.In der Regel führen die Unternehmen für jede Warengruppe oder sogar für jeden Artikel ein Warenaufwandskonto. Beispiele: ■ Aufwand Herrenfahrräder ■ Aufwand Damenfahrräder	Aufwand Fahrrad
Waren. In der Regel führen die Unternehmen mehrere Warenkonten. Beispiele: ■ Herrenfahrräder ■ Damenfahrräder	Fahrräder

Die folgende Übersicht trägt nochmals einige Aspekte zusammen:

Konto	Art des Kontos	zugrundeliegende Preise	Bedeutung
Aufwand für Waren	Aufwandskonto	Einkaufspreise	zeigt unseren Wareneinsatz, d. h. den Betrag, den uns die Waren gekostet haben, die wir verkauft haben
Umsatzerlöse	Ertragskonto	Verkaufspreise	zeigt unsere Einnahmen aus dem Verkauf, d. h. unsere Verkaufserlöse

Bei der Buchung eines Warenverkaufs sind jeweils zwei Buchungen vorzunehmen. Neben der Buchung des Umsatzerlöses in der

Finanzbuchhaltung ist in der Lagerbuchhaltung der Abgang aus dem Lager zu erfassen. Der Warenabgang stellt gleichzeitig unseren Wareneinsatz dar.

Verkaufsbuchung in der Finanzbuchhaltung:

Nr.	Soll	Haben	Buchungs-betrag Soll	Buchungs-betrag Haben
1a	Kasse oder Bank oder Forderungen aus Lieferungen und Leistungen bzw.Debitoren			
		Umsatzerlöse		

Erfassung der Bestandsminderung (Abgang aus dem Lager) und Erfassung des Warenaufwandes:

Nr.	Soll	Haben	Buchungs-betrag Soll	Buchungs-betrag Haben
1b	Aufwand für Waren			
		Waren		

Bildlich kann man sich das so vorstellen: Wird die Ware aus dem Lager entnommen und der Lieferschein für den Kunden erstellt, ist die Lagerbuchung durchzuführen. Wird für den Kunden die Rechnung geschrieben, wird die Buchung in der Finanzbuchhaltung vorgenommen.

5.5 Finanzbuchhaltung und Lagerbuchhaltung beim Einkauf

Greifen wir das einfache Beispiel aus dem vorherigen Kapitel auf. Wir haben ein Rennrad für 700 EUR eingekauft. Im vorherigen Abschnitt haben wir uns mit der Buchung des Verkaufs des Rennrads beschäftigt. Wir hatten aber ausgeklammert, wie wir den Einkauf des Mountainbikes gebucht hatten. Nehmen wir an, dass wir das Fahrrad bar bezahlt haben. Klar ist, dass wir auf unserem Konto

„Kasse" einen Abgang in Höhe von 700 EUR buchen müssen. Da Kasse ein aktives Bestandskonto ist, muss der Abgang im Haben gebucht werden. Auf welchem Konto buchen wir dann im Soll?

Ihre Überlegungen sind: Wir könnten auf dem Konto „Fahrräder" im Soll einen Zugang buchen, da ja unser Bestand an Fahrrädern durch den Einkauf zunimmt. Wir könnten aber auch auf dem Konto „Aufwand für Fahrräder" buchen.

In der Tat ist grundsätzlich beides möglich. Da wir das Fahrrad ja zunächst in den Keller stellen, spricht einiges für die Buchung auf dem Konto „Fahrräder". Führt man neben der Finanzbuchhaltung auch noch eine Lagerbuchhaltung- wie wir im vorangegangenen Abschnitt erklärt haben- sind ja zwei Buchungen erforderlich.

In der Finanzbuchhaltung stellt man den Aufwandsgedanken in den Mittelpunkt. Der Buchungssatz lautet dann beim Einkauf:

Nr.	Soll	Haben	Buchungsbetrag Soll	Buchungsbetrag Haben
1a	Aufwand für Waren		700,00	
		Kasse		700,00

In der Lagerbuchhaltung muss zunächst der Zugang im Warenbestand erfasst werden. Dies bedeutet, dass auf dem aktiven Bestandskonto „Waren" (in unserem Beispiel Fahrräder) im Soll erfasst werden muss. Wo nehmen wir die Habenbuchung vor?

Das Fahrrad steht ja in unserem Keller. Dieser Tatbestand macht eine Korrektur der in der Finanzbuchhaltung erfassten Werte erforderlich. Waren, die im Lager aufbewahrt werden, dürfen ja das aktuelle Ergebnis in der GuV nicht beeinflussen. Bildhaft kann man sagen: Der Lagerbuchhalter korrigiert die Buchung in der Finanzbuchhaltung. Da das Fahrrad ja noch da ist, ist die Aufwandsbuchung der Finanzbuchhaltung zu neutralisieren. Dies geschieht durch eine Habenbuchung auf dem Konto „Aufwand für Waren". Diese Korrektur liegt auch im Interesse der Finanzbuchhaltung, da die aktuelle Ergebnisrechnung nicht beeinflusst werden darf. Die Lagerbuchung lautet:

Nr.	Soll	Haben	Buchungsbetrag Soll	Buchungsbetrag Haben
1b	Waren		700,00	
		Aufwand für Waren		700,00

In Unternehmen wird dieser zweite Buchungssatz für jeden einzelnen Artikel gemacht. Sind z. B. auf einer Rechnung 10 Artikel, dann wird dieser Buchungssatz 10 mal gemacht, da für jeden Artikel separat ein Zugang erfasst werden muss, damit der mengenmäßige Lagerbestand für diesen Artikel stimmt.

Durch die **Bestandserhöhung** (Lagerbuchung) wird die Buchung im Rahmen des Leistungsprozesses korrigiert.

Deutlicher werden die Zusammenhänge, wenn man die Buchungen beim Verkauf (Kap. 5.4) mit in die Betrachtung einbezieht. Nehmen wir an, wir verkaufen das Mountainbike für 850 EUR gegen Barzahlung. Buchungen beim Verkauf:

Nr.	Soll	Haben	Buchungsbetrag Soll	Buchungsbetrag Haben
1a	Kasse		850,00	
		Umsatzerlöse		850,00

Nr.	Soll	Haben	Buchungsbetrag Soll	Buchungsbetrag Haben
1b	Aufwand für Waren		700,00	
		Waren		700,00

Die Lagerbuchung verdeutlicht, dass die Waren (hier: das Mountainbike) jetzt aus dem Lager entnommen wurden. Der Bestand wird um den Wert der Entnahme (= „**Bestandsminderung**") korrigiert. Die aktuelle Ergebnisrechnung wird nun korrekt durchgeführt, da der Einnahme (Umsatzerlöse 850 EUR) der zugeordnet Aufwand (Aufwand für Waren 700 EUR) gegenübergestellt wird. Damit ergäbe sich in der GuV – wenn sonst keine Aufwendungen und Erträge angefallen sind- ein Gewinn in Höhe von 150 EUR.

Beim **Einkauf** von Waren sind zwei Buchungen erforderlich!

Einkaufsbuchung in der Finanzbuchhaltung:

Nr.	Soll	Haben	Buchungsbetrag Soll	Buchungsbetrag Haben
1a	Aufwand für Waren			
		Kasse oder Bank oder Verbindlichkeiten aus Lieferungen und Leistungen bzw. Kreditor		

Korrektur der Aufwandsbuchung und Erfassung der Bestandsmehrung in der Lagerbuchhaltung:

Nr.	Soll	Haben	Buchungsbetrag Soll	Buchungsbetrag Haben
1b	Waren			
		Aufwand für Waren		

5.6 Fragen und Übungen

(1) In einem anderen Lehrbuch zur Buchführung wird von „Erfolgskonten" gesprochen. Warum wird in diesem Buch stattdessen der Begriff „Ergebniskonten" benutzt?

(2) Ich habe gehört, dass die Aufwands- und Ertragskonten Unterkonten des Kontos „Eigenkapital" seien. Warum steht in diesem Kapitel nichts davon?

(3) Worin unterscheiden sich Bestandskonten und Ergebniskonten?

(4) Welche Buchungsregel gilt für Aufwandskonten und welche für Ertragskonten?

(5) Warum gibt es ein Konto „Zinsaufwendungen" und ein Konto „Zinserträge" und nicht einfach ein Konto „Zinsen", auf dem ich

auf der einen Seite die Zinsaufwendungen und auf der anderen Kontenseite die Zinserträge buche?

(6) Warum kann ich bei einem Warenverkauf an den Kunden Schulze für 1.000 EUR auf Rechnung nicht einfach wie folgt buchen?

Sollkonto	Habenkonto	Betrag Soll	Betrag Haben
Schulze		1.000,00	
	Waren		1.000,00

(7) Wir verkaufen an den Kunden Müller Waren für 1.000 EUR auf Rechnung. Die Waren haben uns im Einkauf 800 gekostet. Bilden Sie die erforderlichen Buchungssätze für den Warenverkauf.

(8) Was versteht man unter „Nullstellung" der Ergebniskonten und warum ist sie notwendig?

(9) Kann man anstelle von „Nullstellung" auch sagen, „Wir schließen die Ergebniskonten ab"?

(10) Führen Sie für das Beispiel aus Aufgabe 7 die T-Konten und stellen Sie die Ergebniskonten am Jahresende auf null.

(11) Welcher Unterschied besteht zwischen GuV-Konto und GuV-Rechnung?

(12) Wir kaufen Waren für 5.000 EUR auf Rechnung bei unserem Lieferanten Steel ein. Bilden Sie die erforderlichen Buchungssätze.

(13) Wir verkaufen die Waren (siehe Aufgabe 12) für 8.000 EUR auf Rechnung an den Kunden Krämer. Bilden Sie die erforderlichen Buchungssätze.

Lösungen:

(1) Der Begriff „Erfolg" ist bei den meisten Menschen ausschließlich positiv besetzt. Im Gewinn- und Verlustkonto kann sich aber auch ein Verlust ergeben. Dies wäre ein „negativer Erfolg". Der Begriff „Ergebnis" ist neutraler. Als Ergebnis kann sich ein Gewinn (= positives Ergebnis) oder ein Verlust (= negatives Ergebnis) ergeben. Wir halten von daher den Begriff „Ergebniskonten" für besser geeignet.

(2) Stellt man die Ergebniskonten als Unterkonten des Kontos „Eigenkapital“ dar, ist die Ableitung der Buchungsregeln zunächst einfacher und einprägsamer möglich. Gelegentlich wird dann damit argumentiert, dass Aufwendungen uns ärmer und Erträge uns reicher machen. Diese Sichtweise verleitet dazu, Aufwendungen als etwas „Schlechtes“ zu betrachten, das es zu vermeiden gilt. Diese Sichtweise verkennt, dass Aufwendungen an sich nicht schlecht, sondern vielmehr notwendig sind, um Erträge erwirtschaften zu können. Letztlich kommt es vielmehr auf das Verhältnis der Erträge zu den Aufwendungen – wir sollten mehr Erträge als Aufwendungen haben – an. Wir halten es von daher für zweckmäßiger, Aufwands- und Ertragskonten als eine „eigene Art“ von Konten darzustellen, die es neben den Bestandskonten gibt.

(3) Bestandskonten sagen etwas über den Bestand an Vermögenswerten und an Schulden aus. Die Konten haben einen Anfangsbestand und einen rechnerischen Schlussbestand, der mit den Inventurergebnissen vergleichen wird. Die Bestandsrechnung ist eine fortlaufende Rechnung. Die bisherigen Bestände an Vermögen oder Schulden werden vermindert oder erhöht.
Ergebniskonten haben keinen Anfangsbestand und folglich auch keinen Schlussbestand. Diese Konten erlauben Aussagen über das aktuelle Ergebnis des unternehmerischen Handelns. Die Ergebnisrechnung ist eine Jahresrechnung, die jedes Geschäftsjahr neu durchgeführt wird, da man wissen will, wie erfolgreich bzw. nicht erfolgreich man in diesem Jahr war.

(4) Auf Aufwandskonten bucht man Aufwendungen im Soll.
Auf Ertragskonten bucht man Erträge im Haben.

(5) Aufgrund gesetzlicher Bestimmungen dürfen Aufwände und Erträge nicht miteinander auf einem Konto verrechnet werden. Aufwendungen müssen folglich auf eigenen Aufwandskonten und Erträge auf eigenen Ertragskonten erfasst werden.

(6) In der Regel werden wir Waren teurer verkaufen als einkaufen. Vom Kunden Schulze fordern wir den höheren **Verkaufspreis**. Der Abgang auf dem Bestandskonto „Waren“ erfolgt aber zu dem Preis, den wir für die Waren bezahlt haben und das ist der **Einkaufspreis**. Als wir die Waren eingekauft haben, haben wir ja

auf dem aktiven Bestandskonto „Waren“ einen Zugang in Höhe des Einkaufspreises gebucht.
Außerdem würde in der vorgeschlagenen Buchung nicht deutlich, dass wir eine Einnahme – auch wenn wir das Geld noch nicht haben, da der Kunde die Rechnung noch nicht bezahlt hat – erzielt haben. Die Einnahme (in Höhe des Verkaufspreises) trägt zu unserem Ergebnis bei und muss folglich auf einem Ertragskonto erfasst werden. Dieser Einnahme muss unser Aufwand (in Höhe des Einkaufspreises = unser Wareneinsatz) gegenübergestellt werden. Der Wareneinsatz ist auf einem Aufwandskonto zu erfassen. In einem Beispiel werden in Aufgabe 7 die erforderlichen Buchungen aufgezeigt.

(7)

Sollkonto	**Habenkonto**	**Betrag Soll**	**Betrag Haben**
Müller		1.000,00	
	Umsatzerlöse		1.000,00

Sollkonto	**Habenkonto**	**Betrag Soll**	**Betrag Haben**
Aufwand für Waren		800,00	
	Waren		800,00

(8) Die Ergebnisrechnung ist eine Rechnung, die **jedes Jahr neu** durchgeführt wird. Für jedes Jahr will man wissen, wie gut oder schlecht das Ergebnis in diesem Jahr war. Damit man im kommenden Jahr – bildlich gesprochen- am Jahresanfang leere Ergebniskonten hat, muss man sie am Ende des vorangegangenen Jahres auf „null“ stellen.

(9) Dies ist möglich. Wir halten zwar den Begriff „Nullstellung“ für anschaulicher, aber man kann auch sagen, wir schließen die Konten ab (damit sie auf „null“ kommen).

(10) Hinweis: Die Buchungen für die Nullstellung sind fett und kursiv gedruckt.
Wenn keine anderen Aufwendungen und Erträge angefallen sind, ergäbe sich auf dem GuV-Konto ein Gewinn in Höhe von 200 EUR.

Aufwand für Waren				Umsatzerlöse			
Soll			Haben	Soll			Haben
(1b) Abgang	800,00	**GuV**	**800,00**	**GuV**	**1.000,00**	(1a) AR	1.000,00

GuV			
Soll			Haben
Aufwand für Waren	800,00	Umsatzerlöse	1.000,00

(11) Das GuV-Konto ist ein internes Konto in unserer Buchhaltung. Die GuV- Rechnung hingegen erfolgt in Staffelform (Erträge und Aufwendungen untereinander dargestellt) und ist – vereinfacht ausgedrückt – für die Öffentlichkeit bestimmt, die ein Interesse daran hat (z. B. Banken und Aktionäre) etwas über die Ergebnisse des Wirtschaftens des Unternehmens zu erfahren. Für Aktiengesellschaften ist der Aufbau der GuV-Rechnung und die Bezeichnung der Positionen vorgeschrieben.

(12)

Sollkonto	**Habenkonto**	**Betrag Soll**	**Betrag Haben**
Aufwand für Waren		5.000,00	
	Steel		5.000,00

Sollkonto	**Habenkonto**	**Betrag Soll**	**Betrag Haben**
Waren		5.000,00	
	Aufwand für Waren		5.000,00

(13)

Sollkonto	**Habenkonto**	**Betrag Soll**	**Betrag Haben**
Krämer		8.000,00	
	Umsatzerlöse		8.000,00

Sollkonto	**Habenkonto**	**Betrag Soll**	**Betrag Haben**
Aufwand für Waren		5.000,00	
	Waren		5.000,00

6. Kapitel

Ordnungssystem für Konten

In diesem Kapitel wird der Frage nachgegangen, ob die Konten in den verschiedenen Unternehmen gleich bezeichnet werden, ob es Quellen gibt, in denen man Kontenbezeichnungen nachlesen kann und ob es Standards gibt. Antworten auf diese Fragen findet man im sogenannten „Kontenrahmen“, aus denen Unternehmen ihre individuellen Kontenpläne ableiten. Damit wird auch die Frage beantwortet, nach welchen Prinzipien man eine Ordnung der Konten aufbauen kann.

6.1 Vom Kontenrahmen zum Kontenplan

Nach den Grundsätzen ordnungsmäßiger Buchführung (GOB) soll die Buchführung geordnet und übersichtlich gestaltet sein. Um mit früheren Geschäftsjahren oder mit den Zahlen branchengleicher Betriebe vergleichen zu können, ist eine Einheitlichkeit bzw. ein bestimmter Standard erforderlich. Aus diesem Anspruch ergibt sich die Notwendigkeit eines Ordnungssystems für die Konten, das diese nach bestimmten Kriterien gliedert und einheitlich bezeichnet. Ein solches Ordnungssystem bezeichnet man als Kontenrahmen. Da sich jedoch die Erfordernisse der verschiedenen Branchen unterscheiden – z. B. wird in der Industrie ein Konto „Rohstoffe“ benötigt, im Einzelhandel hingegen ein Konto „Waren“ – gibt es je nach

Branche unterschiedliche Kontenrahmen. Mit dem Kontenrahmen wird ein Beitrag dazu geleistet, dass nicht jedes Unternehmen eine eigene Kontensystematik mit individuellen Kontenbezeichnungen entwickelt bzw. entwickeln muss.

Ein **Kontenrahmen** ist ein Ordnungssystem, das Konten systematisch gliedert und einheitlich bezeichnet. Kontenrahmen stellen branchenspezifische Standards dar.

Alle Konten erhalten eine Kontennummer. Die systematische Zusammenstellung aller Konten erfolgt nach dem dekadischen Prinzip. Man spricht im Hinblick auf den Aufbau von Kontenrahmen vom Aufbau nach dem „Zehnersystem". Damit umfasst jeder Kontenrahmen zehn Kontenklassen. Jede Kontenklasse ist wiederum in zehn Kontengruppen und jede Kontengruppe in zehn Kontenarten untergliedert. Kontenarten können weiter in zehn Kontenunterarten untergliedert werden.

Ein Kontenrahmen kann grundsätzlich nach zwei Prinzipien aufgebaut werden:

- Abschlussprinzip
- Prozessgliederungsprinzip

Werden die Konten nach dem Abschlussprinzip angeordnet, erfolgt die Einteilung der Kontenklassen nach der Reihenfolge der einzelnen Positionen in der Jahresbilanz und in der Ergebnisrechnung. Baut man einen Kontenrahmen hingegen nach dem Prozessgliederungsprinzip auf, dann erfolgt die Einteilung der Kontenklassen nach dem Ablauf des Betriebsprozesses (Leistungsprozesses).

Exemplarisch stellen wir kurz die folgenden Kontenrahmen vor:

– Industrie**k**onten**r**ahmen (= **IKR**). Der vom Bundesverband der Deutschen Industrie (BDI) herausgegebene Kontenrahmen ist nach dem Abschlussgliederungsprinzip aufgebaut. Er hat den Gemeinschaftskontenrahmen (= GKR) der Industrie, der nach dem Prozessgliederungsprinzip aufgebaut ist, weitgehend abgelöst.

- Kontenrahmen für den Groß- und Außenhandel. Der vom Bundesverband für den Groß- und Außenhandel e. V. (BGA) herausgegebene Kontenrahmen ist nach dem Prozessgliederungsprinzip aufgebaut.
- **E**inzelhandels**k**onten**r**ahmen (**EKR**). Der vom Hauptverband des Deutschen Einzelhandels (HDE) herausgegebene Kontenrahmen folgt dem Abschlussgliederungsprinzip.
- **S**tandard**k**onten**r**ahmen (= **SKR**) der DATEV . Die von DATEV e. G. herausgegebenen Kontenrahmen kommen insbesondere dann zum Einsatz, wenn die Buchführung in Kooperation mit einem Steuerberater geführt wird. Sie sind für die speziellen Bedürfnisse der EDV-orientierten Buchführung konzipiert worden. Die DATEV gibt die Kontenrahmen an seine Mitglieder (meist Steuerberater und Wirtschaftsprüfer) und deren Kunden (Mandanten) heraus, die die Finanzbuchhaltung mittels einer Datenverarbeitungsanlage der DATEV verarbeiten lassen. Von den Kontenrahmen der DATEV sind besonders bekannt: **SKR 03**, der nach dem Prozessgliederungsprinzip aufgebaut ist und der **SKR 04**, der nach dem Abschlussgliederungsprinzip aufgebaut ist.

Die Kontenrahmen stellen Empfehlungen dar und sind für die Unternehmen nicht verbindlich vorgeschrieben.

Kontenrahmen stellen eine Empfehlung dar. Der Einsatz ist nicht verbindlich. Kontenrahmen können nach dem Prozessgliederungsprinzip oder dem Abschlussgliederungsprinzip aufgebaut sein.

Jedes Unternehmen passt den eingesetzten Kontenrahmen an seine eigenen Bedürfnisse an. Dies bedeutet im Einzelnen:

- Übernahme der benötigten Konten aus dem Kontenrahmen.
- Weglassen einzelner Konten, die im Unternehmen nicht benötigt werden.
- Ergänzung: Debitoren- und Kreditorenkonten. Im Gegensatz zu den Sachkonten haben die Personenkonten fünf Stellen. Der Nummernkreis für die Personenkonten ist grundsätzlich frei wählbar.

Der **Kontenplan** ist ein auf ein Unternehmen individuell zugeschnittener Kontenrahmen.

Beispielhaft betrachten wir den Aufbau eines Kontenrahmens, der nach dem Abschlussprinzip aufgebaut ist, etwas näher. Der Aufbau des IKR oder des Einzelhandelskontenrahmens ist im Prinzip gleich. Während unser Fahrradhändler Heckmann den Einzelhandelskontenrahmen benutzen wird, würde sich eine Fahrradfabrik des IKR bedienen. Wir beschränken uns in der folgenden Übersicht auf die Arten von Konten, die Ihnen bisher bekannt sind.

Abschlussgliederungsprinzip bedeutet, dass die Bestandskonten nach der Reihenfolge der Positionen in der Bilanz (nach HGB) und die Ergebniskonten nach der Reihenfolge der Positionen in der GuV-Rechnung (nach HGB) angeordnet werden.

Neu dürfte Ihnen in nebenstehender Übersicht insbesondere die Kontenklasse 9 sein. Die Kontenklassen 0 bis 8 sind Ihnen weitgehend bekannt: sie decken den Bereich der Finanzbuchhaltung ab. Der IKR ist wie der Einzelhandelskontenrahmen nach dem sogenannten „Zweikreissystem" aufgebaut: Die Finanzbuchhaltung (= Rechnungskreis I) und die Kosten- und Leistungsrechnung (= Rechnungskreis II) sind voneinander getrennt. Die Konten der Kontenklasse 9 können für eine kontenmäßige Darstellung der Kosten- und Leistungsrechnung genutzt werden. Allerdings wird diese in der Praxis häufig tabellarisch geführt.

Die Kosten- und Leistungsrechnung stellt Leistungen und Kosten gegenüber und stellt damit ein internes Rechnungswesen dar, das in diesem Band nicht näher beleuchtet wird.

Die 10 Kontenklassen sind in 10 Kontengruppen und diese jeweils in 10 Kontenarten und diese jeweils in 10 Kontenunterarten unterteilt. Die Anpassung an die eigenen Bedürfnisse führt zum Kontenplan. Jedes Konto erhält damit eine eindeutige Kontennummer. Beim Buchen von Geschäftsfällen könnte man die Kontenbezeichnungen durch die Kontonummern ersetzen.

Aufbau eines Kontenrahmens nach dem Abschlussprinzip (ausgewählte Aspekte)

	10 Kontenklassen (= 0 bis 9)		Inhalte der Kontenklassen	Erläuterungen
Bestandskonten	aktive	0	Immaterielle Vermögensgegenstände und Sachanlagen	Sachanlagen sind z. B. Grundstücke; Gebäude; Betriebs- und Geschäftsausstattung. Lesen Sie hierzu ggf. nochmals die Ausführungen zum Anlagevermögen in Kapitel 2 in diesem Band. Immaterielle Vermögensgegenstände sind z. B. Lizenzen und Konzessionen.
		1	Finanzanlagen	Hier geht es um langfristige Finanzanlagen wie Kapitalbeteiligungen.
		2	Umlaufvermögen	Was zum Umlaufvermögen gehört haben wir ausführlich in Kapitel 2 in diesem Band dargestellt.
	passive	3	Eigenkapital	
		4	Verbindlichkeiten	Hierzu zählen alle kurzfristigen (z. B. bei Lieferanten) und langfristigen (z. B. Darlehen bei Banken) Verbindlichkeiten.
Ergebniskonten	Erträge	5	Erträge	insbesondere Umsatzerlöse
	Aufwendungen	6	Betriebliche Aufwendungen	insbesondere Materialaufwand (im Handel: Aufwand für Waren) und Personalaufwand
		7	Weitere Aufwendungen	z. B. Steuern und Zinsen
Abschlusskonten		8	Gewinn- und Verlustkonto	
Kosten- und Leistungsrechnung (KLR)	Konten der KLR	9		

Wie geht man vor, wenn man die Kontennummer eines bestimmten Kontos sucht?

Nehmen wir an, wir suchen die Kontennummer für unser „Bankkonto" bei der Sparkasse. Um Verwechslungen auszuschließen: Wir suchen nicht die Kontennummer, unter der uns die Sparkasse in ihrer Buchhaltung führt, sondern wir suchen die Kontennummer, die wir in unserer Buchführung für das Konto „Guthaben bei der Kreissparkasse" vergeben haben.
Wir werden nicht den Kontenplan von Anfang bis Ende nach dem Konto durchsuchen. Wir werden vielmehr systematisch vorgehen: Wir wissen, dass sich unser Bankguthaben öfter ändert. Es gehört deshalb zum Umlaufvermögen. Damit können wir die Suche auf die Kontenklasse 2 beschränken. Wenn wir die Kontengruppen innerhalb der Kontenklasse 2 betrachten, stoßen wir schnell auf die Kontengruppe 28 „Flüssige Mittel". Innerhalb dieser Kontengruppe finden wir die Kontenart 280 „Guthaben bei Kreditinstituten (Bank)". Dort finden wir die Kontenunterarten 2800 „Volksbank" und 2801 „Sparkasse".
Beispiel: **2801** Sparkasse
1. Ziffer: Kontenklasse **2** (= Umlaufvermögen)
2. Ziffer: Kontengruppe 2**8** (= Flüssige Mittel)
3. Ziffer Kontenart 28**0** Guthaben bei Kreditinstituten (Bankguthaben)
4. Ziffer Kontenunterart 2801 Sparkasse

Wird mit EDV gebucht, werden in der Regel Personenkonten mit fünfstelligen Kontennummern belegt und Sachkonten (Bestands- und Ergebniskonten) mit vierstelligen Nummern.

Umgekehrt kann uns der Kontenplan auch bei der Frage helfen, wie auf einem bestimmten Konto zu buchen ist.

Nehmen wir als Beispiel das Konto „Umsatzsteuer". Es hat die Nummer 4800. Sie kennen dieses Konto bisher noch nicht. Die Kontennummer gibt Ihnen aber Auskunft darüber, wie auf diesem Konto zu buchen ist: Es steht in der Kontenklasse 4. Die Kontenklassen 3 und 4 sind passive Bestandskonten. Damit ist klar, dass „Umsatzsteuer" ein passives Bestandskonto ist. Das ist der entscheidende Hinweis. Wir wissen inzwischen, dass passive Bestandskonten den Anfangsbestand und Zunahmen im Haben und Abnahmen im Soll haben.

Im Kontenplan eines Unternehmens ist jedem Konto eine **eindeutige Nummer** zugeordnet. Beim Buchen von Geschäftsfällen kann anstelle der Kontenbezeichnung (Kontenname) die Kontennummer benutzt werden. Aus einer Kontennummer kann auch die Art des Kontos (aktives oder passives Bestandskonto; Aufwands- oder Ertragskonto) abgelesen und damit auf die Buchungsregel für das Konto geschlossen werden.

6.2 Fragen und Übungen

(1) Was versteht man unter einem Kontenrahmen?

(2) Worin unterscheiden sich Kontenrahmen und Kontenplan?

(3) Warum gibt es mehrere Kontenrahmen und nicht einen Einheitskontenrahmen für alle Branchen?

(4) Nach welchen Prinzipien kann ein Kontenrahmen grundsätzlich aufgebaut sein?

(5) Warum haben die Konten im Kontenrahmen bzw. Kontenplan eine Nummer?

(6) Sie kennen bisher das Konto „Vorsteuer" noch nicht. Es hat die Kontennummer „2600". Welche Erkenntnisse für das Buchen auf diesem Konto können Sie über die Kontennummer ableiten?

(7) Erklären Sie die Aussage: „Ein Kontenrahmen ist nach dem dekadischen System aufgebaut."

Lösungen:

(1) Unter einem Kontenrahmen versteht man ein systematisches Verzeichnis der Konten für die Buchführung von Unternehmen in der gleichen Branche. Der Kontenrahmen ist ein unverbindlicher Vorschlag für die Vereinheitlichung der Gliederung und der Benennung (= Bezeichnung) der Konten innerhalb einer Branche.

(2) Aus dem Kontenrahmen entwickelt jedes Unternehmen seinen individuellen Kontenplan, in dem es z. B.

- aus dem Kontenrahmen, die Konten auswählt, die es benötigt
- Debitoren- und Kreditorenkonten ergänzt.

(3) Ein Einheitskontenrahmen macht keinen Sinn. Während z. B. in Industrieunternehmen z. B. die Konten „Maschinen", „Rohstoffe", „Hilfsstoffe", „Unfertige Erzeugnisse" und „Fertigerzeugnisse" benötigt werden, sind diese Konten in einem Handelsunternehmen unnötig. Dort werden vielmehr Warenkonten benötigt.

(4) Die Anordnung der Konten kann nach dem Abschlussgliederungsprinzip (Bestandskonten entsprechend der Reihenfolge der Positionen in der Bilanz; Ergebniskonten entsprechend der Anordnung in der GuV-Rechnung) oder nach dem Prozessgliederungsprinzip (Anordnung nach dem Ablauf des Betriebsprozesses) erfolgen.

(5) Die Kontennummer ermöglicht die eindeutige Zuordnung und Einordnung. Die Kontennummer eröffnet auch eine Vereinfachung bei der Buchungseingabe.

(6) Da die Kontennummer mit „2" beginnt, bedeutet dies, dass es sich um ein Konto aus der Kontenklasse „2" (Umlaufvermögen) handelt. Bei den Kontenklassen 0 bis 2 handelt es sich um aktive Bestandskonten. Über aktive Bestandskonten wissen wir, dass Anfangsbestand und Zugänge im Soll und Abgänge im Haben stehen.

(7) Ein Kontenrahmen besteht aus:

- 10 Kontenklassen (Kontenklasse 0 bis 9)
- 10 Kontengruppen (pro Kontenklasse)
- 10 Kontenarten (pro Kontengruppe)
- (maximal)10 Kontenunterarten

7. Kapitel

Grundlegende Buchungen beim Verkauf und beim Einkauf mit Umsatzsteuer

Der Staat verlangt, dass der Unternehmer bei Verkäufen eine Steuer auf den getätigten Umsatz berechnet und ans Finanzamt abführt. Diese „Umsatzsteuer" ist ihrem Charakter nach eine Steuer, die letztendlich der Verbraucher zu tragen hat. Wiederverkäufer können die beim Einkauf gezahlte Steuer vom Staat zurückfordern. Man spricht in diesem Zusammenhang von „Vorsteuer". In diesem Kapitel wird das erforderliche Grundlagenwissen vermittelt und die buchungstechnische Abwicklung anhand von Beispielen dargestellt und anschaulich erläutert. Die Begriffe „Umsatzsteuer" und „Mehrwertsteuer" werden geklärt und der Charakter der Umsatzsteuer mit konkreten Beispielen verdeutlicht. Unterschiedliche Möglichkeiten des Kontenabschlusses werden aufgezeigt. Ein kurzer Überblick über die Umsatzsteuer beim Handel mit Unternehmen aus dem Ausland rundet das Kapitel ab.

7.1 Umsatzsteuer beim Verkauf

Vereinfacht ausgedrückt, kann man sagen, dass jeder Umsatz, den ein Unternehmer im Inland tätigt, der Umsatzsteuer unterliegt. Das Umsatzsteuerrecht (Umsatzsteuergesetz = UStG und Umsatzsteuer-Durchführungsverordnung = UStDV) ist sehr komplex. Es gilt, viele Besonderheiten zu beachten. Wir beschränken uns hier auf die Grundzüge.

Die folgenden stark verkürzten und selektiv ausgewählten Bestimmungen gilt es zu beachten:.

Auszüge aus ausgewählten gesetzlichen Bestimmungen zur Umsatzsteuer mit kurzen Erläuterungen (Teil 1)

§ 1 UStG Steuerbare Umsätze

(1) Der Umsatzsteuer unterliegen die folgenden Umsätze:
1. die Lieferungen und sonstigen Leistungen, die ein Unternehmer im Inland gegen Entgelt im Rahmen seines Unternehmens ausführt. (...)

§ 2 UStG Unternehmer, Unternehmen

Unternehmer ist, wer eine gewerbliche oder berufliche Tätigkeit selbstständig ausübt. (...) Gewerblich oder beruflich ist jede nachhaltige Tätigkeit zur Erzielung von Einnahmen, auch wenn die Absicht, Gewinn zu erzielen, fehlt (...).

§ 12 UStG Steuersätze

(1) Die Steuer beträgt für jeden steuerpflichtigen Umsatz 19 Prozent der Bemessungsgrundlage (...).
(2) Die Steuer ermäßigt sich auf 7 Prozent für die folgenden Umsätze:
2. die Lieferungen (...) der in der Anlage 2 bezeichneten Gegenstände (...).
[In der Anlage 2 sind über 50 Positionen aufgeführt. Exemplarisch sind zu nennen:
- *Zeitschriften und Bücher*
- *Lebensmittel, soweit diese nicht zum Verzehr an Ort und Stelle bestimmt sind.]*

§ 10 UStG Bemessungsgrundlage ...

(1) Der Umsatz wird bei Lieferungen und bei sonstigen Leistungen (...) nach dem Entgelt bemessen. Entgelt ist alles, was der Leistungsempfänger aufwendet, um die Leistung zu erhalten, jedoch abzüglich der Umsatzsteuer. (...)
[Die Umsatzsteuer ist vom Warenwert (= Nettoentgelt) zu berechnen. Der Rechnungspreis (=Nettoentgelt + Umsatzsteuer) wird dann als Bruttopreis (= Bruttoentgelt) bezeichnet.]

§ 18 UStG Besteuerungsverfahren

(1) Der Unternehmer hat bis zum 10. Tag nach Ablauf jedes Voranmeldezeitraums eine Voranmeldung nach amtlich vorgeschriebenem Datensatz durch Datenfernübertragung (...) zu übermitteln, in der er die Steuer (...) selbst zu berechnen hat. Auf Antrag kann das Finanzamt zur Vermeidung von unbilligen Härten auf eine elektronische Übermittlung verzichten; in diesem Fall hat der Unternehmer eine Voranmeldung nach amtlich vorgeschriebenem Vordruck abzugeben. (...)
(2) Voranmeldezeitraum ist das Kalendervierteljahr. Beträgt die Steuer für das vorangegangene Kalenderjahr mehr als 7.500 Euro, ist der Kalendermonat Voranmeldezeitraum. (...)

*[Wir gehen im Folgenden davon aus, dass der Voranmeldezeitraum der Kalendermonat ist. In diesem Fall muss der Unternehmer die Umsatzsteuer, die er seinen Kunden in Rechnung gestellt hat, bis zum 10. des nächsten Monats ans Finanzamt weiterleiten. Man spricht von „**Vor**anmeldung", da sich nachträglich die Bemessungsgrundlagen z. B. durch Skonti noch ändern können.]*

§ 46 UStD

Das Finanzamt hat dem Unternehmer auf Antrag die Fristen für die Übermittlung der Voranmeldungen (…) um einen Monat zu verlängern. (…)

[Man spricht in diesem Zusammenhang auch von „Dauerfristverlängerung".]

Die Bedeutung der dargestellten gesetzlichen Bestimmungen machen wir uns am Beispiel unserer Fahrradhandlung Heckmann deutlich. Heckmann verkauft am 20. Mai 20XX an den Kunden Balder ein Mountainbike auf Rechnung. Er hat es für 800 EUR (Nettowert) eingekauft und verkauft es für 1.500 EUR. Diesen Nettoverkaufspreis errechnete Heckmann, in dem er im Rahmen einer Preiskalkulation seine Kosten anteilig berechnet und um einen Gewinnaufschlag ergänzt hat. Heckmann muss nun von diesem Nettoverkaufspreis 19 % Umsatzsteuer berechnen: 19 % von 1.500 EUR = 285 EUR. Damit ergibt sich folgende Berechnung:

Nettopreis	1.500,00
+ 19 % Umsatzsteuer	+ 285,00
= Rechnungsbetrag (= Bruttopreis)	1.785,00

Die **Umsatzsteuer** muss vom Verkäufer berechnet werden. Sie beträgt in der Regel 19 % vom Nettoverkaufsentgelt. In bestimmten Fällen – z. B. bei Büchern und bei Zeitschriften – gilt ein ermäßigter Steuersatz von 7 %.

Essen Sie z. B. eine Pizza in einer Pizzeria gilt der Umsatzsteuersatz von 19 %, nehmen Sie aber die Pizza mit und essen Sie diese zuhause gilt der ermäßigte Satz von 7 %. (Verzehr nicht an Ort und Stelle).

Heckmann verlangt von Balder für das Mountainbike insgesamt 1.785 EUR.

Wie muss Heckmann am 20. Mai 20XX buchen?

Nach unseren bisherigen Kenntnissen aus Abschnitt 5.4 würden wir buchen:

Nr.	Soll	Haben	Buchungsbetrag Soll	Buchungsbetrag Haben
1a	Balder		1.785,00	
		Umsatzerlöse		1.785,00

Nr.	Soll	Haben	Buchungsbetrag Soll	Buchungsbetrag Haben
1b	Aufwand für Waren		800,00	
		Waren		800,00

Denken Sie über die Buchung 1 a nach.

Richtig: Uns gehören nur 1.500 EUR. Die Umsatzsteuer in Höhe von 285 EUR müssen wir zwar für das Finanzamt berechnen, diese gehört aber nicht uns. Wir müssen sie bis zum 10. Juni 20XX ans Finanzamt überweisen. Auf dem Ertragskonto „Umsatzerlöse" – das ja in die GuV eingeht – darf nur der Betrag erscheinen, der uns gehört. Wo müssen wir dann die 285 EUR erfassen?

Betrachten wir das Verhältnis zwischen Heckmann und dem Finanzamt am 20. Mai 20XX:

Heckmann stellt dem Kunden die Umsatzsteuer in Rechnung, da er einen Umsatz getätigt hat. Das Finanzamt ist aber damit „zufrieden", dass er die 285 EUR erst am 10. des nächsten Monats überweist. Dies bedeutet, Heckmann hat vom 20. Mai 20XX (Tag der Rechnungsstellung und Lieferung) bis zum 10. Juni 20XX (Tag der Überweisung der Umsatzsteuer) beim Finanzamt Schulden. Schulden müssen auf einem passiven Bestandskonto erfasst werden. Das Konto „Verbindlichkeiten aus Lieferungen und Leistungen" können wir hierfür nicht nutzen, da es für Verbindlichkeiten bei Lieferanten reserviert ist. Nun können wir im Kontenrahmen bzw. Kontenplan[16] bei den passiven Bestandskonten nachschauen und stellen fest, dass es ein passives Bestandskonto „Umsatzsteuer" gibt. Passive

Bestandskonten haben den Anfangsbestand und Zunahmen im Haben und Abnahmen im Soll.

Wie lautet nun die korrekte Buchung am 20. Mai 20XX?

Nr.	Soll	Haben	Buchungsbetrag Soll	Buchungsbetrag Haben
1a	Balder		1.785,00	
		Umsatzerlöse		1.500,00
		Umsatzsteuer		285,00

Nr.	Soll	Haben	Buchungsbetrag Soll	Buchungsbetrag Haben
1b	Aufwand für Waren		800,00	
		Waren		800,00

Angenommen, wir hätten sonst keinerlei Aufwendungen und Erträge gehabt, ergäbe sich nun in der GUV auch der korrekte „Gewinn“: 1.500 EUR – 800 EUR = 700 EUR.

Die **Umsatzsteuer** stellt für den Verkäufer vom Tag der Rechnungsstellung und Lieferung bis zum Tage der Überweisung ans Finanzamt eine **Verbindlichkeit** dar, die auf dem passiven Bestandskonto „Umsatzsteuer" gebucht wird. Auf dem Konto „Umsatzerlöse" wird nur der Nettoerlös gebucht.

Für Heckmann entsteht aber unter Umständen ein Problem: Was passiert, wenn Balder die Rechnung am 10. Juni (Heckmann hatte keine Dauer-Fristverlängerung beantragt) noch nicht bezahlt hat? Dann hat Heckmann ein Problem: er muss bildhaft gesprochen, die Umsatzsteuer, die Balder bezahlen muss, aus seiner eigenen Tasche „vorstrecken“. Dies kann dann zu einem großen Problem werden, wenn die Zahlungsmoral vieler Kunden schlecht ist. Hier geht es dann schnell um größere Summen. Dieser Tatbestand führt immer wieder zu Diskussionen über eine grundlegende Reform des Umsatzsteuerrechts. Zumindest für einen Teil der Unternehmen hat der Gesetzgeber eine Hilfe entwickelt:

Auszüge aus ausgewählten gesetzlichen Bestimmungen zur Umsatzsteuer mit kurzen Erläuterungen (Teil 2)

§ 20 UStG Berechnung der Steuer nach vereinbarten Entgelten

Das Finanzamt kann auf Antrag gestatten, dass ein Unternehmer,

1. dessen Gesamtumsatz (...) im vorangegangenen Kalenderjahr nicht mehr als 500.000 EUR betragen hat, oder
2. der von der Verpflichtung, Bücher zu führen und aufgrund jährlicher Bestandsaufnahmen regelmäßig Abschlüsse zu machen nach (...) der Abgabeordnung befreit ist, (...)
3. (...) die Steuer nicht nach vereinbarten Entgelten (...), sondern nach den vereinnahmten Entgelten berechnet. (...).

[Man spricht hier von „IstBesteuerung", d. h., die Umsatzsteuer muss erst ans Finanzamt abgeführt werden, wenn man sie vom Kunden erhalten (= „vereinnahmt") hat. Die kann beantragt werden, wenn der Umsatz im vorangegangenen Jahr nicht mehr als 500.000 EUR betrug.]

Für Kleinunternehmer gilt sogar:

Auszüge aus ausgewählten gesetzlichen Bestimmungen zur Umsatzsteuer (Teil 3)

§ 19 UStG Besteuerung der Kleinunternehmer

(1) Die für Umsätze im Sinne des § 1 Abs. 1 Nr. 1 geschuldete Umsatzsteuer wird von Unternehmen, die im Inland (...) ansässig sind, nicht erhoben, wenn der in Satz 2 bezeichnete Umsatz zuzüglich der darauf entfallenden Steuer im vorangegangenen Kalenderjahr 17.500 Euro nicht überstiegen hat und im laufenden Kalenderjahr 50.000 Euro voraussichtlich nicht übersteigen wird. (...)

(2) Der Unternehmer kann dem Finanzamt (...) erklären, dass er auf die Anwendung des Absatzes 1 verzichtet. Nach Eintritt der Unanfechtbarkeit der Steuerfestsetzung bindet die Erklärung den Unternehmer mindestens für fünf Kalenderjahre. Sie kann nur mit Wirkung vom Beginn eines Kalenderjahres widerrufen werden. (...)

[Wenn keine Umsatzsteuer erhoben und abgeführt werden muss, kann auch keine Vorsteuer (vgl. Kap. 7.2) geltend gemacht werden. Will der Unternehmer zum Vorsteuerabzug berechtigt sein, muss er auf die Anwendung des Absatzes 1 verzichten.]

Heckmann muss aber nicht erst beim Buchen, sondern bereits beim Erstellen der Rechnung für Balder umsatzsteuerrechtliche Vorschriften beachten.

In § 14 Abs. 4 UStG sind alle Pflichtangaben aufgeführt. Die Wichtigsten sind:

- Vollständiger Name und Anschrift des leistenden Unternehmers
- Vollständiger Name und Anschrift des Leistungsempfängers
- Steuernummer oder USt-Identifikationsnummer des leistenden Unternehmers
- Ausstellungsdatum der Rechnung
- Fortlaufende Rechnungsnummer
- Zeitpunkt der Lieferung/Leistung oder Vereinnahmung des Entgelts (sofern nicht mit dem Ausstellungsdatum der Rechnung identisch). Nach § 31(4) Umsatzsteuer-Durchführungsverordnung genügt es, als Zeitpunkt für die Lieferung den Kalendermonat anzugeben, in dem die Leistung ausgeführt wird.
- Genaue Bezeichnung der Lieferung/Leistung
- Nach Steuersätzen aufgeschlüsseltes Nettoentgelt
- Anzuwendender Steuersatz und der Steuerbetrag, der auf das Entgelt entfällt
- Im Voraus vereinbarte Entgeltsminderung (z. B. Skonto).

Bei innergemeinschaftlichen Lieferungen sind weitere Angaben erforderlich. Hier sind nach § 14 a UStG u. a. zwingend die USt-Identifikationsnummer des Lieferanten und des Empfängers aufzuführen.

Bei steuerfreien Lieferungen/Leistungen soll ein Hinweis auf den Steuerbefreiungsgrund erfolgen.

Der Rechnungsersteller kann wählen, ob er seine Steuernummer oder die USt-IDNr. angibt. Bei Angabe der Steuernummer besteht allerdings grundsätzlich Missbrauchsgefahr (über Steuernummer an vertrauliche Informationen gelangen).

Die USt-IDNr. kann jeder Unternehmer formlos beim Bundeszentralamt für Steuern beantragen: www.bzst.

Bei Kleinbetragsrechnungen, deren Gesamtbetrag brutto 150 EUR nicht übersteigt, sind gesondert aufzuführen (§ 33 USt-Durchführungsverordnung):

- Vollständiger Name und Anschrift des leistenden Unternehmers
- Ausstellungsdatum
- Menge und Art des gelieferten Gegenstands bzw. Art und Umfang der Leistung
- Entgelt und der darauf entfallende Steuerbetrag **in einer Summe**
- Anzuwendender Steuersatz

Rechnungen müssen **im Umsatzsteuergesetz festgelegte Bestandteile** enthalten. Für Kleinbetragsrechnungen, deren Gesamtbetrag brutto 150 EUR nicht übersteigt, gelten vereinfachte Bestimmungen.

Elektronisch erstellte und übermittelte Rechnungen sind nach § 14 Abs. 3 UStG zulässig, allerdings ist eine qualifizierte elektronische Signatur erforderlich. Eine digitale Archivierung wird verlangt.

Der Unternehmer muss alle Rechnungen, die er erhalten hat, und ein Doppel der von ihm erstellten Rechnungen **zehn Jahre** aufbewahren, was sich aus § 14 b UStG ergibt. Die Aufbewahrungspflicht beginnt mit dem Schluss des Kalenderjahres der Ausstellung der Rechnung.

Der Unternehmer muss **Eingangsrechnungen und beim Verkauf Kopien der Ausgangsrechnungen** zehn Jahre aufbewahren. Die Frist für die Aufbewahrung beginnt nicht ab Rechnungsdatum, sondern ab dem 31.12. des Jahres der Rechnungsausstellung.

7.2 Vorsteuer beim Einkauf

Die Umsatzsteuer ist ihren Charakter nach eine Steuer, die vom Endverbraucher zu tragen ist. Theoretisch müsste ein Verkäufer prüfen, ob der Kunde Endverbraucher oder Wiederverkäufer ist.

Nur wenn er Endverbraucher ist, müsste Umsatzsteuer verlangt werden. Dies wäre aber in der Praxis nicht durchführbar. Es wäre für das verkaufende Unternehmen viel zu aufwendig, wenn es prüfen müsste, ob der Kunde als Endverbraucher oder als Wiederverkäufer handelt. Aus diesem Grund wird die Umsatzsteuer immer erhoben, auch dann, wenn der Kunde selbst Unternehmer ist und im Rahmen seines Unternehmens einkauft.

Nun werden Sie einwenden, dass dies sicher in der Handhabung einfacher ist, anderseits würde dies aber bedeuten, dass auch Unternehmen und nicht nur der Endverbraucher die Umsatzsteuer tragen müsste. Aus diesem Grunde hat sich der Gesetzgeber etwas einfallen lassen:

Auszüge aus ausgewählten gesetzlichen Bestimmungen zur Umsatzsteuer (Teil 4)

§ 15 UStG Vorsteuerabzug

(1) Der Unternehmer kann folgende Vorsteuerbeträge abziehen:

1. die gesetzlich geschuldete Steuer für Lieferungen und sonstigen Leistungen, die von einem anderen Unternehmen für sein Unternehmen ausgeführt worden sind. Die Ausübung des Vorsteuerabzugs setzt voraus, dass der Unternehmer eine nach § 14, 14a ausgestellte Rechnung besitzt. (…)

§ 18 UStG Besteuerungsverfahren

(1) Der Unternehmer hat bis zum 10. Tag nach Ablauf jedes Voranmeldezeitraums eine Voranmeldung nach amtlich vorgeschriebenem Datensatz durch Datenfernübertragung (…) zu übermitteln, in der er die Steuer (….) selbst zu berechnen hat. Auf Antrag kann das Finanzamt zur Vermeidung von unbilligen Härten auf eine elektronische Übermittlung verzichten; in diesem Fall hat der Unternehmer eine Voranmeldung nach amtlich vorgeschriebenem Vordruck abzugeben. (…)

(2) Voranmeldezeitraum ist das Kalendervierteljahr. Beträgt die Steuer für das vorangegangene Kalenderjahr mehr als 7.500 Euro, ist der Kalendermonat Voranmeldezeitraum. (…)

Was bedeuten die Bestimmungen für die Fahrradhandlung Heckmann?

Heckmann hatte die verkauften Mountainbikes (vgl. Kap. 7.1) bei seinem Lieferanten Schenten am 10. Mai 20XX eingekauft. Schenten hatte folgende Beträge in Rechnung gestellt:

Nettopreis	800,00
+ 19 % Umsatzsteuer	+ 152,00
= Rechnungsbetrag (=Bruttopreis)	952,00

Dies bedeutet, dass Heckmann an Schenten 952 EUR zahlen muss. Da Heckmann die Mountainbikes aber für ein Unternehmen eingekauft hat (und damit nicht als Endverbraucher auftritt), kann er die 152 EUR (die in den 952 EUR enthalten sind) vom Finanzamt wieder zurückverlangen. Er wird das Geld aber erst am 10. des nächsten Monats, also am 10. Juni 20XX, erhalten. Wenn Heckmann die Eingangsrechnung am 10. Mai 20XX bucht, bedeutet dies in Bezug auf die 152 EUR, dass er bis zum 10. Juni 20XX eine Forderung ans Finanzamt hat. Um die Eingangsrechnung buchen zu können, benötigt Heckmann ein geeignetes Konto, auf dem diese Forderung zu erfassen ist. Schaut Heckmann in den Kontenrahmen/ Kontenplan, weiß er, dass er dort ein aktives Bestandskonto (es handelt sich ja um eine Forderung) suchen muss. Da das Konto „Forderungen aus Lieferungen und Leistungen" für Forderungen an Kunden reserviert ist, benötigt er ein anderes Konto. Dieses Konto heißt „Vorsteuer". Diese Bezeichnung verwendet auch der Gesetzgeber, wie obiger Auszug aus den gesetzlichen Bestimmungen zeigt.

Bisher hatten wir Einkäufe (vgl. Kap. 5.5) wie folgt gebucht:

Nr.	Soll	Haben	Buchungsbetrag Soll	Buchungsbetrag Haben
a	Aufwand für Waren		?	
		Schenten		952,00

Korrektur der Aufwandsbuchung und Erfassung der Bestandsmehrung in der Lagerbuchhaltung:

Nr.	Soll	Haben	Buchungsbetrag Soll	Buchungsbetrag Haben
b	Waren		800,00	
		Aufwand für Waren		800,00

Die Buchung (a) berücksichtigt aber noch nicht, dass wir eine Forderung ans Finanzamt haben. Den Bruttobetrag in Höhe von 952 EUR können wir nicht auf dem Aufwandskonto buchen, da wir ja die darin enthaltene Steuer in Höhe von 152 EUR vom Finanzamt zurückerstattet bekommen. Dieser Teil in Höhe von 152 EUR stellt deshalb für uns keinen Aufwand dar. Da wir das Geld aber zum Zeitpunkt der Buchung der Eingangsrechnung noch nicht vom Finanzamt bekommen haben, haben wir noch eine Forderung ans Finanzamt.

Da wir nun wissen, dass „Vorsteuer" ein aktives Bestandskonto ist, können wir uns leicht die Buchungsregel herleiten: Alle aktiven Bestandskonten haben den Anfangsbestand und Zugänge im Soll und Abgänge im Haben. Wenn wir die Rechnung von Schenten am 10. Mai 20XX buchen, nehmen unsere Forderungen ans Finanzamt zu, da wir die Vorsteuer erst am 10. Juni 20XX erhalten. Außerdem dürfen wir auf dem Aufwandskonto (Aufwand für Waren) nur den Nettobetrag von 800 EUR buchen, da uns die Mountainbikes im Endeffekt nur 800 EUR kosten. Wir müssen zwar Schenten 952 EUR bezahlen, erhalten ja aber vom Finanzamt 152 EUR zurück.

Nun hat Heckmann das erforderliche Wissen, um am 10. Mai 20XX die Rechnung buchen zu können:

Nr.	Soll	Haben	Buchungsbetrag Soll	Buchungsbetrag Haben
	Aufwand für Waren		800,00	
a	Vorsteuer		152,00	
		Schenten		952,00

Korrektur der Aufwandsbuchung und Erfassung der Bestandsmehrung in der Lagerbuchhaltung:

Nr.	Soll	Haben	Buchungsbetrag Soll	Buchungsbetrag Haben
b	Waren		800,00	
		Aufwand für Waren		800,00

Die **Vorsteuer** ist für den einkaufenden Unternehmer vom Tag des Rechnungserhalts bis zum Tage der Überweisung durch das Finanzamt an ihn eine **Forderung,** die auf dem aktiven Bestandskonto „Vorsteuer“ gebucht wird. Auf dem Konto „Aufwand für Waren“ wird nur der Nettobetrag gebucht.

In dem abgedruckten Auszug aus § 15 UStG wird aber ein für Heckmann sehr wichtiger zusätzlicher Hinweis gegeben. Ist Ihnen der Hinweis aufgefallen?

Heckmann erhält die „Vorsteuer“ nur dann vom Finanzamt, wenn die Rechnung von Schenten alle Bestandteile enthält, die wir im vorangegangenen Abschnitt (Kap. 7.1) dargestellt haben. Heckmann muss also die Rechnung von Schenten nicht nur sachlich (korrekte Artikel, korrekte Mengen etc.) und rechnerisch prüfen, sondern auch im Hinblick auf die in §§ 14; 14a UStG geforderten Bestandteile einer Rechnung.

Angenommen, Heckmann erhält die folgende Rechnung von Schenten (siehe Seite 157):

Was fällt Ihnen auf?

Die Rechnung entspricht nicht den Bestimmungen der §§ 14, 14a UStG. Es fehlen:

- das Lieferdatum (mindestens die Angabe des Liefermonats: Mai 20XX)
- die Rechnungsnummer
- die Steuer-Nr oder die USt-ID Nr. von Schenten.

Heckmann würde in diesem Fall die Vorsteuer nicht vom Finanzamt erhalten. Er sollte deshalb unbedingt auf einer korrigierten Fassung der Rechnung bestehen.

Das Finanzamt erstattet die Vorsteuer nur, wenn die **Eingangsrechnung** die im Umsatzsteuergesetz geforderten **Bestandteile** enthält.

Schenten KG
Hirschhorn

Schenten KG, Herreweg 5 69432 Hirschhorn

Rechnung

Heckmann
St.-Martinus-Str. 77
88212 Ravensburg

Kundennummer: 240009
Auftrags-Nr.: 124444

Ihre Zeichen,	Ihre Nachricht vom	Unsere Zeichen,	unsere Nachricht vom	Telefondurchwahl,	Name	Datum
er-pu	05.05.20xx	se-se	07.10.20xx	-066	Schenten	10.05.20xx

Rechnung über 1 Mountainbike Modell „Future 2050"

Sehr geehrter Heckmann,

wir stellen Ihnen in Rechnung:

Nr.	Art-Nr	Beschreibung	Menge	Einheit	VK-Preis(netto)	USt %	Betrag
1	459998	Mountainbike	1.000	Stück	800,00		800,00
						19	152,00
							952,00

Wir danken für Ihren Auftrag.

Abb. 1: Rechnung von Schenten

Der Vollständigkeit halber sei erwähnt, dass Geschäftsbriefe – wozu die Rechnung zählt – nach dem Handelsgesetzbuch weitere Bestandteile aufweisen müssen. Nach § 37a HGB müssen seine Firma, die Bezeichnung nach § 19 Abs. 1, der Ort seiner Handelsniederlassung, das Registergericht und die Nummer, unter die Firma im Handelsregister eingetragen ist, angegeben werden. Hat das Unternehmen die Rechtsform einer GmbH, ist zusätzlich § 35a GmbH-Gesetz und bei einer Aktiengesellschaft zusätzlich § 80 Aktiengesetz zu beachten.

7.3 Zahllast und Vorsteuerüberhang

Betrachten wir nochmals, welche Vorgänge sich am 10. Juni 20XX ereignen würden:

Heckmann müsste ans Finanzamt 285 EUR Umsatzsteuer (siehe Abschnitt 7.1) überweisen und das Finanzamt würde an Heckmann 152 EUR Vorsteuer (siehe Abschnitt 7.2) überweisen. Folgende Buchungen würde Heckmann anhand seines Bankkontoauszuges vornehmen:

Nr.	Soll	Haben	Buchungsbetrag Soll	Buchungsbetrag Haben
2	Umsatzsteuer		285,00	
		Bank		285,00

Durch die Überweisung nehmen unsere Schulden beim Finanzamt ab. Bei passiven Bestandskonten werden Abnahmen im Soll gebucht.

Nr.	Soll	Haben	Buchungsbetrag Soll	Buchungsbetrag Haben
2	Bank		152,00	
		Vorsteuer		152,00

Durch den Überweisungseingang nehmen unsere Forderungen an das Finanzamt ab. Bei aktiven Bestandskonten werden Abnahmen im Haben gebucht.

Dieses Verfahren erscheint recht umständlich. Einfacher geht es, wenn man § 15 UStG nochmals liest, in dem es u. a. heißt „Der Unternehmer kann folgende Vorsteuerbeträge **abziehen** …“. Kommt Ihnen eine Idee?

Richtig. Heckmann kann von seinen Schulden beim Finanzamt (Umsatzsteuer) seine Forderung ans Finanzamt (Vorsteuer) abziehen. Das Finanzamt spart sich die Überweisung der Vorsteuer und Heckmann muss noch den Differenzbetrag überweisen. Diesen Differenzbetrag nennt man „**Zahl**last“, da es der Betrag ist, den Heckmann letztendlich noch **zahlen** muss. Angenommen, Heckmann hat keine anderen Ein- und Verkäufe im Mai getätigt, dann kann er folgende Berechnung vornehmen:

Umsatzsteuer im Mai 20XX	285,00
– Vorsteuer im Mai 20XX	– 152,00
= Zahllast Mai 20XX	**133,00**

Diesen Betrag muss Heckmann am 10. des nächsten Monats – also am 10. Juni 20XX – überweisen.

Unter der **Zahllast** versteht man die **Differenz zwischen Umsatzsteuer und Vorsteuer**. Sie muss in der Regel bis zum 10. des nächsten Monats an das Finanzamt abgeführt werden.

Dieser Differenzbetrag sollte auch in unserer Buchhaltung erscheinen. Wenn wir uns die beiden Konten ansehen (auf die Angabe der Geschäftsfallnummer verzichten wir), ergibt sich folgendes Bild:

Soll	Umsatzsteuer		Haben	Soll	Vorsteuer		Haben
		AR	285,00	ER	152,00		

Da wir von Balder 285 EUR Umsatzsteuer einnehmen, an die Schenten KG aber „nur" 152 EUR bezahlt haben, haben wir 133 EUR Rest-Schulden beim Finanzamt. Da unsere Verbindlichkeiten gegenüber dem Finanzamt auf dem Umsatzsteuerkonto erfasst werden, müsste sich dort ein Saldo von 133 EUR ergeben. Wenn wir uns beide T-Konten ansehen, wird deutlich, wie wir dieses Ziel erreichen können:

- Auf dem Umsatzsteuerkonto (Schulden beim Finanzamt) ist ein Abgang zu buchen, da wir buchhalterisch die Vorsteuer (Forderung ans Finanzamt) von unseren Schulden abziehen. Auf passiven Bestandskonten werden Abgänge im Soll gebucht.
- Durch die Verrechnung haben wir keine Forderungen gegenüber dem Finanzamt mehr. Auf dem aktiven Bestandskonto „Vorsteuer" ist ein Abgang im Haben zu buchen. Dadurch ist das Konto „Vorsteuer" auf „null".

Der Buchungssatz lautet:

Nr.	Soll	Haben	Buchungsbetrag Soll	Buchungsbetrag Haben
	Umsatzsteuer		152,00	
		Vorsteuer		152,00

Umsatzsteuer

Soll		**Haben**	
Umbuchung	**152,00**	AR	285,00

Vorsteuer

Soll		**Haben**	
ER	152,00	**Umbuchung**	**152,00**

Das Konto „Vorsteuer" ist nun ausgeglichen, denn durch die Verrechnung mit der Umsatzsteuer hat die Heckmann KG keine Forderung an das Finanzamt mehr. Auf dem Umsatzsteuerkonto steht nun nur noch die Zahllast. Die Zahllast zahlen wir durch Banküberweisung. Anhand unseres Bankkontoauszuges (Zahlungsausgang ans Finanzamt) können wir dann buchen:

Nr.	Soll	Haben	Buchungsbetrag Soll	Buchungsbetrag Haben
	Umsatzsteuer		133,00	
		Bank		133,00

Auf den T-Konten ergibt sich dann folgendes Bild:

Umsatzsteuer

Soll		**Haben**	
Umbuchung	152,00	AR	285,00
ÜbwZahllast	**133,00**		

Vorsteuer

Soll		**Haben**	
ER	152,00	Umbuchung	152,00

Auch diesen Buchungssatz können wir uns leicht erklären:

- „Umsatzsteuer" ist ein passives Bestandskonto. Durch die Überweisung der Zahllast hat die Heckmann KG keine Verbindlichkeiten gegenüber dem Finanzamt mehr. Abgänge (hier Abnahme der Verbindlichkeiten) stehen auf passiven Bestandskonten im Soll.
- „Bank" ist ein aktives Bestandskonto. Durch die Zahlung nimmt unser Bankkonto ab. Abgänge stehen auf aktiven Bestandskonten im Haben.

Die **Zahllast** kann buchhalterisch dadurch **ermittelt** werden, dass die Vorsteuer auf das Konto „Umsatzsteuer" umgebucht und damit von der Umsatzsteuer abgezogen wird.

In der Praxis findet man anstelle der direkten Umbuchung (siehe oben) häufig die Einführung eines neuen Kontos in den Kontenplan. Dieses Konto kann als „Umsatzsteuer-Vorauszahlung" bezeichnet werden. Auf das monatliche Saldieren (Umsatzsteuer mit Vorsteuer), das zu einer gewissen Unübersichtlichkeit und erschwerten Kontrolle führen kann, wird verzichtet. Umsatzsteuervorauszahlungen werden auf dem neuen Konto gebucht. Der Buchungssatz für die Überweisung der Zahllast würde dann lauten:

Nr.	Soll	Haben	Buchungsbetrag Soll	Buchungsbetrag Haben
	Umsatzsteuer-Vorauszahlung		133,00	
		Bank		133,00

Bei diesem Vorgehen wird erst im Rahmen der **jährlichen** Umsatzsteuererklärung eine Umbuchung (Vorsteuer auf Umsatzsteuer) vorgenommen. Da nun die monatlichen Vorauszahlungen, die auf dem Konto „Umsatzsteuer-Vorauszahlungen" stehen, mit der endgültigen Umsatzsteuerschuld – Änderungen können sich beispielsweise durch Erlösschmälerungen ergeben – verrechnet werden können, werden die Vorauszahlungen auf das Konto „Umsatzsteuer" umgebucht. Da die Vorauszahlungen die jetzt zu begleichende Schuld verringern, ist auf dem Konto „Umsatzsteuer" ein Abgang in Höhe der Vorauszahlungen zu buchen. Der Buchungssatz würde dann lauten:

Nr.	Soll	Haben	Buchungsbetrag Soll	Buchungsbetrag Haben
	Umsatzsteuer			
		Umsatzsteuer-Vorauszahlung		

Da nun die Vorauszahlungen mit der Umsatzsteuerschuld verrechnet wurden, ist folgerichtig das Konto „Umsatzsteuer-Vorauszahlung“ dann auf „null“. Auf dem Umsatzsteuer-Konto ergibt sich dann die noch zu zahlende „Restschuld“.

Es gibt in der Praxis auch noch eine andere Möglichkeit:

- Buchhalterische Verrechnung der Vorsteuer mit der Umsatzsteuer (wie oben)
- Ausweis der Zahllast als Verbindlichkeit gegenüber dem Finanzamt und „Ausgleich“ des Kontos „Umsatzsteuer“
- Beides kann in einem Buchungssatz durchgeführt werden.

Für unser Beispiel:

Nr.	Soll	Haben	Buchungsbetrag Soll	Buchungsbetrag Haben
	Umsatzsteuer		285,00	
		Vorsteuer		152,00
		Verbindlichkeiten gegenüber Finanzbehörden		133,00

Umsatzsteuer

Soll		**Haben**	
Umbuchung	**285,00**	AR	285,00

Vorsteuer

Soll		**Haben**	
ER	152,00	**Umbuchung**	**152,00**

Verbindlichkeiten gegenüber Finanzbehörden

Soll		**Haben**	
		Umbuchung (Zahllast)	**133,00**

Die einbehaltene Lohn- und Kirchensteuer wird ebenfalls auf das Konto „Verbindlichkeiten gegenüber Finanzbehörden“ gebucht (vgl. hierzu das Kap. 9 „Personalkosten“). Da neben der Zahllast zum gleichen Zeitpunkt auch die einbehaltene Lohn- und Kirchensteuer der Mitarbeiter überwiesen wird, kann eine „Gesamtüberweisung“ (Zahllast und einbehaltene Lohn- und Kirchensteuer) erfolgen.

Wird die Überweisung im Folgemonat auf dem Bankkonto belastet, ist die Verbindlichkeit im Soll (Abgang) auszubuchen. Die Gegenbuchung erfolgt auf dem Bankkonto:

Nr.	Soll	Haben	Buchungsbetrag Soll	Buchungsbetrag Haben
	Verbindlichkeiten gegenüber Finanzbehörden		133,00	
		Bank		133,00

Die buchhalterische **Erfassung der Zahllast** kann auch durch die Einführung eines Kontos „Umsatzsteuer-Vorauszahlung" oder durch die Nutzung des Kontos „Verbindlichkeiten gegenüber Finanzbehörden " erfolgen.

Umsatzsteuer, Vorsteuer und Zahllast müssen dem Finanzamt mitgeteilt werden. Dies erfolgt auf elektronischem Weg mit dem amtlichen Formular „Umsatzsteuer-Voranmeldung". Die digitale Umsatzsteuer-Voranmeldung wird mit der sogenannten Elster-Software (www.elster.de) über das Internet an das zuständige Finanzamt übermittelt. Die Abkürzung „Elster" steht dabei für „**El**ektronische **St**euer**er**klärung".

Die **Umsatzsteuer-Voranmeldung** wird elektronisch unter Nutzung einer Software („Elster"), die die Finanzbehörden zur Verfügung stellen, übermittelt.

Im Rahmen der dort verlangten Angaben ist aber nicht nur die Höhe der Umsatzsteuer, sondern auch die Bemessungsgrundlage anzugeben. Bemessungsgrundlage ist der Nettoumsatz, auf den 19 % zu berechnen sind. Entscheidend ist die Berechnung und nicht das Konto „Umsatzsteuer".

Es wird eine so genannte „Umsatzsteuerverprobung" durchgeführt. Die nachfolgende Übersicht verdeutlicht den Zusammenhang:

Umsatzsteuerverprobung an einem einfachen Beispiel		
Berechnung der Umsatzsteuer		Konto „Umsatzsteuer"[17]
1. Ermittlung der Umsatzerlöse (Grundlage Umsatzerlöskonten)		
Ergebnis z B. 250.000 EUR		
2. Berechnung der Umsatzsteuer		
Beispiel: 19 % von 250.000 EUR = 47.500,00 EUR	**Vergleich = Probe = Verprobung** ←——→	47.500,00 EUR

Wie dem amtlichen Formular zu entnehmen ist, ist eine Vorsteuerverprobung **nicht** vorgesehen. Es ist die Höhe der Vorsteuer (aus dem Konto „Vorsteuer"), aber nicht die Höhe der Nettoeinkäufe anzugeben.

Unter einer **Umsatzsteuerverprobung** versteht man den Vergleich zwischen der von den Umsatzerlösen berechneten Umsatzsteuer mit dem entsprechenden Wert auf dem Konto „Umsatzsteuer".

Es sind noch zwei „Spezialfälle" anzusprechen:

Passivierung der Zahllast: Angenommen, die ermittelte Zahllast sei die Zahllast des Monats Dezember. Die Heckmann KG hat also bis zum 10. Januar des folgenden Jahres Zeit, die Zahlung zu leisten. Wenn sie diese Frist ausnutzt, entfällt im Dezember die Buchung der Banküberweisung der Zahllast. Was ist zu tun?

Wenn die Zahlung im Dezember nicht erfolgt, hat die Heckmann KG noch Verbindlichkeiten gegenüber dem Finanzamt in Höhe der Zahllast. Diese Verbindlichkeiten muss sie in ihrer Bilanz, die zum 31.12. jeden Jahres zu erstellen ist, ausweisen.

Man spricht in diesem Zusammenhang auch von der **„Passivierung der Zahllast"**, weil es sich bei der Zahllast um Verbindlichkeiten handelt, die auf der Passivseite der Bilanz in der Position „sonstige Verbindlichkeiten" auszuweisen sind. Diese Bilanzposition muss gewählt werden, da in der Bilanzgliederung keine eigene Position „Zahllast" vorgesehen ist.

Aktivierung des Vorsteuerüberhangs: Angenommen die Konten „Vorsteuer" und „Umsatzsteuer" weisen im Monat Dezember folgende Zahlen aus:

Umsatzsteuer			Vorsteuer		
Soll		**Haben**	**Soll**		**Haben**
	AR	2.000,00	ER	1.250,00	
	AR	5.000,00	ER	10.000,00	
	AR	250,00	ER	2.000,00	

Das Unternehmen hat demnach an Lieferanten insgesamt 13.250 EUR Vorsteuer bezahlt und von Kunden insgesamt 7.250 EUR Umsatzsteuer „eingenommen". Die Vorsteuer ist in diesem Fall größer als die Umsatzsteuer. Dies tritt z. B. durch saisonbedingte Einkäufe auf. In diesem Fall ist die Forderung an das Finanzamt höher als die Verbindlichkeit. Es besteht ein Erstattungsanspruch. Folglich darf der Saldo nicht auf dem Umsatzsteuerkonto erscheinen, das ein passives Bestandskonto ist, sondern auf dem Vorsteuerkonto. Das Vorsteuerkonto zeigt ja unsere Forderungen gegenüber dem Finanzamt. Der Saldo des Umsatzsteuerkontos ist auf das Vorsteuerkonto umzubuchen:

Umsatzsteuer			Vorsteuer		
Soll		**Haben**	**Soll**		**Haben**
Umbuchung 7.250,00	AR	2.000,00	ER	1.250,00	**Umbuchung 7.250,00**
	AR	5.000,00	ER	10.000,00	
	AR	250,00	ER	2.000,00	

Auf dem Vorsteuerkonto ergibt sich nun eine rechnerische Forderung ans Finanzamt in Höhe von 6.000 EUR. Hat das Finanzamt den Vorsteuerüberhang am 31.12. noch nicht überwiesen, dann ist er in der Bilanz als Forderung auszuweisen. Man spricht in diesem Zusammenhang von der **Aktivierung des Vorsteuerüberhangs**, weil die Forderung auf der Aktivseite der Bilanz in der Position „sonstige Forderungen" auszuweisen ist. Diese Bilanzposition muss gewählt werden, da in der Bilanzgliederung keine eigene Position „Vorsteuerüberhang" vorgesehen ist.

Wird als Alternative das Konto „Verbindlichkeiten gegenüber Finanzbehörden" benutzt, kann auf dem Konto ein Vorsteuerüberhang mit der zu zahlenden Lohn-und Kirchensteuer der Mitarbeiter „verrechnet" werden.

Unter **„Passivierung der Zahllast"** versteht man, dass man die Zahllast des Monats Dezember in der Bilanz auf der Passivseite als „sonstige Verbindlichkeit" ausweist. **„Aktivierung des Vorsteuerüberhangs"** bedeutet, dass man einen im Dezember vorhandenen Vorsteuerüberhang (Vorsteuer ist größer als die Umsatzsteuer) auf der Aktivseite der Bilanz als „sonstige Forderung" ausweist.

7.4 Umsatzsteuer oder Mehrwertsteuer?

Wir haben bereits ausgeführt, dass die Umsatzsteuer vom Verbraucher zu tragen ist. Am Beispiel der Fahrradhandlung Heckmann können wir zeigen, dass die Umsatzsteuer für Heckmann keine Kosten verursacht, sondern einen durchlaufenden Posten darstellt.

Betrachten wir als Beispiel den Ein- und Verkauf des Mountainbikes. Heckmann hat das Mountainbike bei Schenten eingekauft und erhielt folgende Rechnung:

Nettopreis	800,00
+ 19 % Umsatzsteuer	+ 152,00
= Rechnungsbetrag (= Bruttopreis)	952,00

Heckmann hat es an den Kunden Balder verkauft:

Nettopreis	1.500,00
+ 19 % Umsatzsteuer	+ 285,00
= Rechnungsbetrag (= Bruttopreis)	1.785,00

Heckmann hat seine Zahllast ermittelt und am 10. des nächsten Monats an das Finanzamt überwiesen:

Umsatzsteuer im Mai 20XX	285,00
– Vorsteuer im Mai 20XX	– 152,00
= Zahllast (Überweisung)	**133,00**

Welche Auswirkungen ergeben sich bei Heckmann im Hinblick auf die Umsatzsteuer?

Dies können wir uns verdeutlichen, wenn wir die bei Heckmann ein- und ausgehenden **Steuerbeträge** ansehen:

Neutralität der Umsatzsteuerbelastung bei der Fahrradhandlung Heckmann

Ausgehende Steuerbeträge		Eingehende Steuerbeträge	
an Schenten im Rahmen der ER	152,00	von Balder im Rahmen der AR	285,00
Zahllast ans Finanzamt	133,00		
Summe	**285,00**	**Summe**	**285,00**

Die Aufstellung zeigt, dass Heckmann 285 EUR von Balder bekommt, und anderseits ebenfalls 285 (152 EUR an Schenten und 133 EUR ans Finanzamt) zahlen muss. Man sagt deshalb, dass die Umsatzsteuer für Heckmann einen durchlaufenden Posten darstellt. Tragen muss die Umsatzsteuer der Verbraucher Balder, denn dieser zahlt für das Fahrrad 1.785 EUR und damit 285 EUR Umsatzsteuer.

Die **Umsatzsteuer** ist ihrem Charakter nach eine Verbrauchsteuer, die vom Endverbraucher zu tragen ist. Für Unternehmen stellt die Umsatzsteuer einen durchlaufenden Posten dar.

Häufig liest man anstelle von „Umsatzsteuer" auch den Begriff „Mehrwertsteuer". Welcher Begriff ist nun richtig?

Die Umsatzsteuer heißt Umsatzsteuer, weil auf den Nettoumsatz 19 % bzw. 7 % zu berechnen sind. Der Begriff „Umsatzsteuer" ist von daher richtig, da er auf die Art und Weise der Erhebung (vom Umsatz) abzielt. Um den Begriff „Mehrwertsteuer" verstehen zu können, müssten wir alle Wirtschaftsstufen von der „Urerzeugung" der Rohstoffe bis zum fertigen Fahrrad die Entwicklung betrachten. Das grundlegende Prinzip können wir uns verdeutlichen, wenn wir die einzelnen Stufen betrachten. Nehmen wir an, Schenten hat das Fahrrad beim Hersteller Julius für 400 EUR + 19 % Umsatzsteuer eingekauft. Julius ist der Hersteller des Mountainbikes. Vor Julius gibt es nur noch den Rohstofferzeuger. Damit haben wir folgende Stufen.

Mehrwertsteuer

	Verkaufspreis (netto)	– Einkaufspreis (netto)	= Mehrwert	19 % vom Mehrwert
Rohtstofferzeuger	200,00	0,00	200,00	38,00
Julius (Hersteller)	400,00	200,00	200,00	38,00
Schenten (Großhändler)	800,00	400,00	400,00	76,00
Heckmann (Einzelhändler)	1500,00	800,00	700,00	133,00
			Summe	**285,00**
Balder (Verbraucher)	0,00	1.500,00		

Balder zahlt für das Mountainbike 1.785 EUR brutto und damit 285 Umsatzsteuer. Berechnet man auf jeder Stufe den hinzugekommenen Wert (= Unterschied zwischen Nettoverkaufspreis und Nettoeinkaufspreis = Mehrwert) und berechnet vom jeweiligen Mehrwert 19 % und bildet dann die Summe, ergibt sich 285 EUR. Das entspricht genau dem Betrag, den Balder zahlen muss. Dies zeigt zum einen, dass der Endverbraucher die Umsatzsteuer tragen muss und zum anderen, dass auf der jeweiligen Stufe im Endeffekt nur der Mehrwert besteuert wird. Dadurch wird eine Doppelbesteuerung vermieden. Die 19 % vom Mehrwert auf jeder Stufe entsprechen der jeweiligen Zahllast. Vor dem Hintergrund der dargestellten Zusammenhänge kann von „Mehrwertsteuer“ gesprochen werden.

Von **„Mehrwertsteuer“** wird gesprochen, um zum Ausdruck zu bringen, dass letztlich in Form der Zahllast auf jeder Stufe nur der Mehrwert (= Differenz zwischen Nettoverkaufspreis und Nettoeinkaufspreis) besteuert wird.

7.5 Umsatzsteuer im Außenhandel

Die bisher dargestellten Ausführungen zur Umsatzsteuer und Vorsteuer und deren buchhalterischen Behandlung gingen davon aus, dass die Warengeschäfte innerhalb Deutschlands erfolgten. Werden Warengeschäfte mit Unternehmen aus anderen Ländern getätigt, gilt es spezifische Regelungen zu beachten. Diese Regelungen sind recht komplex und könnten einen eigenen Band füllen. Die folgende Übersicht soll Grundzüge darstellen. Sie kann aber nicht die Notwendigkeit einer intensiveren Beschäftigung in Einzelfällen ersetzen. So finden sich z. B. für den Handel mit Fahrzeugen spezielle Vorschriften.

Grundzüge der Umsatzsteuer beim Außenhandel			
Deutsches Unternehmen und Unternehmen in einem Drittland (= Nicht-EU-Land)		**Deutsches Unternehmen und Unternehmen in einem EU-Land**	
§1, Abs. 1 Nr. 4 UStG	§ 6 + § 4 Nr. 1a UStG	§1, Abs. 1, Nr. 5 UStG	§4, Nr. 1b + § 6a, Abs. 1 UStG
Wareneinkauf = **Einfuhrlieferung**	Warenverkauf = **Ausfuhrlieferung**	Wareneinkauf = **innergemeinschaftlicher Erwerb**	Warenverkauf = **innergemeinschaftliche Lieferung**
Einfuhrumsatzsteuer. Erhebung nicht vom Finanzamt, sondern von den Zollbehörden § 11 UStG § 21 UStG	umsatzsteuerfrei Ausfuhrnachweise sind erforderlich: §§ 8 ff UStDV	umsatzsteuerpflichtig Nach dem **Bestimmungslandprinzip** besteht Umsatzsteuerpflicht im Empfangsland (= hier: Deutschland)	umsatzsteuerfrei In Deutschland (= Ausgangsland) umsatzsteuerfrei. § 14a UStG ist zu beachten: Ausgangsrechnung muss die USt-ID-Nummer des Lieferanten und des Kunden enthalten und auf die Steuerschuldnerschaft des Leistungsempfängers muss hingewiesen werden. Nachweis nach §17a UStG

Grundzüge der Umsatzsteuer beim Außenhandel			
			§18a UStG: Zusammenfassende Meldung
§15, Abs. 1 Nr. 2 UStG: Einfuhrumsatzsteuer ist als Vorsteuer abzugsfähig		Die geschuldete Umsatzsteuer kann gegen die entsprechende Vorsteuer verrechnet werden.	Nach dem Bestimmungslandprinzip muss der Leistungsempfänger in seinem Land die entsprechende Umsatzsteuer zahlen. Hier ist also der Erwerber der Steuerschuldner

Alle zum Vorsteuerabzug berechtigten Unternehmer, die am innergemeinschaftlichen Handel teilnehmen und regelmäßig USt-Erklärungen abzugeben haben, erhalten neben ihrer Steuernummer, unter der sie beim Finanzamt geführt werden, auf Antrag eine Umsatzsteuer-Identifikationsnummer (USt-IdNr.). In Deutschland besteht die USt-IdNr. aus dem Ländercode „DE" und neun Ziffern. Rechnungen an die Kunden (Ausgangsrechnungen) aufgrund innergemeinschaftlicher Lieferungen müssen die eigene und die Identifikationsnummer des Kunden ausweisen. Unternehmen, die innergemeinschaftliche Warenlieferungen oder sonstige Leistungen durchführen, müssen dies bei ihren Finanzämtern melden. Dies geschieht über die sogenannte „Zusammenfassende Meldung". Diese muss bis zum 25. Tag nach Ende der Meldefrist eingereicht werden, wenn der Empfänger die Steuer in einem anderen Mitgliedsstaat abzuführen hat. Einzelheiten finden sich in §18a UStG. Durch das zentral geführte Kontrollsystem sind die Steuerverwaltungen der Mitgliedsländer miteinander verbunden. Sie können in kürzester Zeit feststellen, ob eine Lieferung zu Recht als innergemeinschaftliche steuerfreie Lieferung erklärt wird, beziehungsweise ob die Umsatzsteuer tatsächlich entrichtet worden ist.

Seit dem 1. Januar 2015 werden Telekommunikationsdienstleistungen, Rundfunk- und Fernsehdienstleistungen sowie elektronisch erbrachte Dienstleistungen **immer im Land des Dienstleistungsempfängers besteuert.** Dabei spielt es keine Rolle, ob es sich bei dem Dienstleistungsempfänger um ein Unternehmen oder um einen

Verbraucher handelt. Es spielt ebenfalls keine Rolle ob der Erbringer der Dienstleistung seinen Sitz innerhalb oder außerhalb der EU hat.

7.6 Fragen und Übungen

(1) Warum hat die Umsatzsteuer den Charakter von Verbindlichkeiten?

(2) Warum stellt die Vorsteuer eine Forderung ans Finanzamt dar?

(3) Warum ist es als Unternehmer besonders wichtig, eine Eingangsrechnung auf seine Bestandteile genau zu prüfen?

(4) Was versteht man unter der „Zahllast"?

(5) Was versteht man unter einer „Umsatzsteuerverprobung"?

(6) In welchem Fall ist eine „Passivierung der Zahllast" erforderlich und was versteht man darunter?

(7) In welchem Fall ist eine „Aktivierung des Vorsteuerüberhangs" erforderlich und was versteht man darunter?

(8) Die Fahrradhandlung Heckmann hat bei ihrem Lieferanten Czoga ein Kinderfahrrad für 400,00 EUR zuzüglich 19 % Umsatzsteuer auf Rechnung eingekauft. Bilden Sie die erforderlichen Buchungssätze.

(9) Heckmann verkauft das Kinderfahrrad (Frage 8) an den Kunden Mleinek für 550,00 EUR + 19 % Umsatzsteuer gegen sofortige Barzahlung. Bilden Sie die erforderlichen Buchungssätze.

(10) Berechnen Sie für den Ein- und Verkauf (Frage 8 und 9) die Zahllast.

(11) Führen Sie die T- Konten „Vorsteuer" und „Umsatzsteuer" und ermitteln Sie buchhalterisch die Zahllast.

(12) Wie hätten Sie bei der Lösung zu Frage 11 vorgehen müssen, wenn Heckmann die Zahllast auf dem Konto „Verbindlichkeiten gegenüber Finanzbehörden" ausweisen will?

(13) Zeigen Sie rechnerisch am Beispiel der Zahlen aus den Fragen 8, 9 und 10, dass die Umsatzsteuer für Heckmann ein durchlaufender Posten ist.

Lösungen:

(1) Wenn der Unternehmer z. B. am 03. August an einen Kunden Waren verkauft, muss er am 03. August 19 % Umsatzsteuer mit in Rechnung stellen. Nehmen wir an, der Kunde zahlt direkt am 03. August bar. Der Unternehmer muss die (in diesem Fall sogar bereits vom Kunden schon erhaltene) Umsatzsteuer aber erst am 10. des nächsten Monats, also am 10. September, ans Finanzamt abführen. Folglich hat der Unternehmer vom 03. August bis zum 10. September Schulden beim Finanzamt, die auf einem passiven Bestandskonto zu erfassen sind. Dieses passive Bestandskonto heißt „Umsatzsteuer".

(2) Die Umsatzsteuer soll vom Verbraucher getragen werden. Sie wird aber generell bei Verkäufen in Rechnung gestellt. Kauft ein Unternehmer Waren oder Gegenstände für sein Unternehmen ein, ist er ja kein (End-)Verbraucher, sondern handelt als Unternehmer und kann deshalb die an den Lieferanten gezahlte „Umsatzsteuer" als sogenannte „Vorsteuer" vom Finanzamt zurückverlangen. Die Rückerstattung erfolgt aber erst (durch Abzug von der Umsatzsteuerschuld) am 10. des nächsten Monats. Hat der Unternehmer z. B. am 04. Juli Waren eingekauft und z. B. sofort bar bezahlt, dann erhält er die an Lieferanten bezahlte Steuer erst am 10. des nächsten Monats erstattet. Der Unternehmer hat deshalb vom Tag des Einkaufs bis zum 10. des nächsten Monats eine Forderung ans Finanzamt, die auf einem aktiven Bestandskonto zu erfassen ist. Dieses aktive Bestandskonto heißt „Vorsteuer".

(3) Der einkaufende Unternehmer erhält die Vorsteuer vom Finanzamt nur erstattet, wenn die Eingangsrechnung alle jene Angaben enthält, die das Umsatzsteuergesetz in den §§ 14, 14a vorschreibt. Fehlt z. B. die Rechnungsnummer oder das Lieferdatum (Angabe des Liefermonats genügt), fehlen geforderte Angaben und die Vorsteuer würde nicht erstattet. Fehlen in einer Eingangsrechnung entsprechende Angaben sollte eine korrigierte Rechnung vom Lieferanten verlangt werden.

(4) Umsatzsteuer – Vorsteuer = Zahllast
Zieht man von seinen Schulden beim Finanzamt (Umsatzsteuer)

seine Forderungen ans Finanzamt (Vorsteuer) ab, bleibt der Betrag übrig, der im Endeffekt noch ans Finanzamt ge**zahlt** werden muss, diesen Betrag nennt man **Zahl**last.

(5) Man berechnet die Summe der Umsatzerlöse und berechnet davon 19 % (bzw. 7 % bei Lebensmitteln, Büchern etc.). Das Ergebnis wird verglichen (= „Probe machen") mit der Höhe der Umsatzsteuer auf dem Konto „Umsatzsteuer".

(6) Die Zahllast des Monats Dezember wird erst am 10. Januar des nächsten Jahres überwiesen. Am 31.12. dieses Jahres ist aber der Jahresabschluss und damit u. a. die Bilanz zu erstellen. In der Bilanz dieses Jahres würde die Zahllast als „sonstige Verbindlichkeit" ausgewiesen werden, da es in der Bilanz keine eigene Position „Zahllast" gibt.

(7) Wenn im Dezember mehr Waren eingekauft als verkauft wurden, ist die Vorsteuer größer als die Umsatzsteuer. Wir haben vom Finanzamt mehr (= „Überhang") zu fordern, als wir ihm schulden. Dieser Vorsteuerüberhang wird aber erst am 10. Januar des nächsten Jahres vom Finanzamt erstattet. Der Vorsteuerüberhang wird in der Bilanz am 31.12. dieses Jahres als „sonstige Forderung" ausgewiesen, da es in der Bilanz keine eigene Position „Vorsteuerüberhang" gibt.

(8)

Sollkonto	Habenkonto	Betrag Soll	Betrag Haben
Aufwand für Waren		400,00	
Vorsteuer		76,00	
	Czoga		476,00

Sollkonto	Habenkonto	Betrag Soll	Betrag Haben
Waren		400,00	
	Aufwand für Waren		400,00

(9) **Achtung: Lagerabgang mit dem Einkaufspreis!**

Sollkonto	Habenkonto	Betrag Soll	Betrag Haben
Kasse		654,50	
	Umsatzerlöse		550,00
	Umsatzsteuer		104,50

Sollkonto	Habenkonto	Betrag Soll	Betrag Haben
Aufwand für Waren		400,00	
	Waren		400,00

(10)

Umsatzsteuer	104,50
– Vorsteuer	– 76,00
= Zahllast	= 28,50

(11) Hinweis: Umbuch. = Umbuchung der Vorsteuer.

Vorsteuer Soll		Vorsteuer Haben		Umsatzsteuer Soll		Umsatzsteuer Haben	
ER	76,00	**Umbuch.**	**76,00**	**Umbuch.**	**76,00**	AR	104,50

(12)

Vorsteuer Soll		Vorsteuer Haben		Umsatzsteuer Soll		Umsatzsteuer Haben	
ER	76,00	**Umbuch.**	**76,00**	**Umbuch.**	**104,50**	AR	104,50

Buchungssatz:

Sollkonto	Habenkonto	Betrag Soll	Betrag Haben
Umsatzsteuer		104,50	
	Vorsteuer		76,00
	Verbindlichkeiten gegenüber Finanzbehörden		28,50

T- Konto „Verbindlichkeiten gegenüber Finanzbehörden“:

Verbindlichkeiten gegenüber Finanzbehörden

Soll		**Haben**	
		Umbuchung (Zahllast)	28,50

(13)

Neutralität der Umsatzsteuerbelastung bei der Fahrradhandlung Heckmann

Ausgehende Steuerbeträge		Eingehende Steuerbeträge	
an Czoga im Rahmen der ER	76,00	von Mleinek im Rahmen des Barverkaufs	104,50
Zahllast ans Finanzamt	28,50		
Summe	**104,50**	**Summe**	**104,50**

8. Kapitel

Ausgewählte vertiefende Buchungen beim Verkauf und beim Einkauf

Durch Rücksendungen von Waren (durch uns an den Lieferanten oder durch den Kunden an uns) ändert sich nachträglich die Bemessungsgrundlage für die Umsatzsteuer beziehungsweise Vorsteuer. Auch Zahlungen unter Abzug von Skonto führen zu einer nachträglichen Veränderung der Berechnungsgrundlage für die Umsatzsteuer (bei Zahlung einer Ausgangsrechnung durch den Kunden) beziehungsweise der Vorsteuer (bei Zahlung einer Eingangsrechnung durch uns). Rücksendungen aufgrund einer Reklamation und Zahlungen unter Abzug von Skonto machen Korrekturbuchungen erforderlich. In diesem Kapitel geht es darum, die erforderlichen Korrekturbuchungen anschaulich zu erklären und zu begründen.

8.1 Rücksendungen und Gutschriften

Liegt ein Mangel (§§ 434, 435 BGB) vor, dann steht dem Kunden zunächst ein Recht auf Nacherfüllung (§§ 437, 439 BGB) zu. Grundsätzlich kann der Kunde zwischen Neulieferung (= Lieferung einer mangelfreien Sache) und Nachbesserung (= Reparatur = Beseitigung des Mangels) wählen.

Wird dem Verkäufer eine angemessene Nachfrist zur Nacherfüllung gesetzt und ist diese erfolglos verstrichen, kann der Kunde Preisminderung (§§ 437, 441 BGB) oder Rücktritt vom Kaufvertrag (§§ 437,

440, 326 BGB) oder ggf. Schadensersatz statt der Leistung (§§ 437, 440, 280, 281 BGB) verlangen. Anstelle des Schadensersatzes ist auch der Ersatz vergeblicher (= nutzloser) Aufwendungen möglich (§§ 437, 284 BGB). Rücktritt vom Kaufvertrag und Schadensersatz statt der Leistung oder Rücktritt vom Kaufvertrag und Ersatz vergeblicher Aufwendungen können auch kombiniert werden.

Werden die Waren von uns bzw. an uns zurückgesandt bzw. Preisminderung geltend gemacht, sind Korrekturbuchungen erforderlich.

Nehmen wir an, Heckmann hat an den Kunden Dannemann am 10. März 20XX ein Rennrad für 2.000 EUR zuzüglich Umsatzsteuer auf Rechnung geliefert. Das Rennrad kostete Heckmann im Einkauf 1.500 EUR netto.

Wie hat Heckmann den Verkauf gebucht?

Nr.	Soll	Haben	Buchungsbetrag Soll	Buchungsbetrag Haben
1a	Dannemann		2.380,00	
		Umsatzerlöse		2.000,00
		Umsatzsteuer		380,00

Nr.	Soll	Haben	Buchungsbetrag Soll	Buchungsbetrag Haben
1b	Aufwand für Waren		1.500,00	
		Waren		1.500,00

Dannemann stellt fest, dass Heckmann ihm versehentlich das falsche Rennrad geliefert hat. Dannemann verlangt Neulieferung. Heckmann holt das Fahrrad bei Dannemann am 15. März 20XX ab und übergibt ihm eine Gutschrift. Die Lieferung des „richtigen" Rennrades soll in ca. 3 Wochen erfolgen, da es sich um ein für den Kunden speziell anzufertigendes Modell handelt.

Wie muss Heckmann am 15. März 20XX buchen?

Stellen wir einige Überlegungen an:

- Durch die Rücksendung und Gutschrift haben wir keinen Umsatzerlös.

- Da der Kunde die Rechnung nicht zahlen muss (er erhält ja eine entsprechende Gutschrift), muss er auch keine Umsatzsteuer zahlen und Heckmann muss folglich keine Umsatzsteuer ans Finanzamt abführen.
- Durch die Gutschrift hat Heckmann keine Forderung mehr an Dannemann.
- Durch den Rückerhalt des falsch gelieferten Rennrades erhöht sich unser Lagerbestand.
- Wir haben keinen Warenaufwand, da wir das Rennrad zurück erhalten.

Wie kommen wir nun buchhalterisch von der Ausgangslage (gebuchte Ausgangsrechnung an Dannemann mit Lagerbuchung) zu unserem buchhalterischen Ziel, das in den dargestellten Überlegungen zum Ausdruck kommt.

Wir müssen unsere gemachten Buchungen rückgängig machen. Da in der Buchführung das Durchstreichen verboten ist, muss das „Rückgängigmachen" durch Korrekturbuchungen auf der jeweils anderen Kontenseite erfolgen:

Nr.	Soll	Haben	Buchungsbetrag Soll	Buchungsbetrag Haben
2a	Umsatzerlöse		2.000,00	
	Umsatzsteuer		380,00	
		Dannemann		2.380,00

Nr.	Soll	Haben	Buchungsbetrag Soll	Buchungsbetrag Haben
2b	Waren		1.500,00	
		Aufwand für Waren		1.500,00

Durch die Korrektur auf der jeweils anderen Kontenseite sind unsere Forderungen an Dannemann, unsere Umsatzerlöse und unsere Umsatzsteuer(schuld) auf „null" gestellt. Durch die Sollbuchung auf Waren erfassen wir den Lagerzugang des zurückerhaltenen Rennrades.

Nehmen wir an, Heckmann hätte das Rennrad an Dannemann geliefert und es sei das richtige Rennrad gewesen. Dannemann stellte beim Auspacken fest, dass im Rahmen des Rennrades ein Kratzer ist. Dannemann ist bereit, das Rennrad zu behalten, wenn Heckmann ihm einen Preisnachlass von 300,00 EUR (netto) einräumt. Heckmann ist einverstanden.

Wie ist dieser Fall zu buchen?

Da Preisnachlass kann nicht bar erfolgen, da Dannemann die Rechnung des Rennrades ja noch nicht bezahlt hat. Vielmehr wird der Nachlass dazu führen, dass Dannemann 300 EUR weniger zahlen muss.

Stellen wir auch hier einige Überlegungen an:

- Durch den Preisnachlass vermindern sich unserer Umsatzerlöse um 300 EUR.
- Da sich unsere Umsatzerlöse vermindern, vermindert sich auch der Umsatzsteuerbetrag. Da der Umsatzerlös nunmehr nur 1.700 EUR beträgt (2.000 EUR – 300 EUR) erweist sich die bereits gebuchte Umsatzsteuer nachträglich als zu hoch. Dannemann müsste nur 19 % von 1.700 EUR = 323 EUR zahlen und Heckmann muss folglich auch nur 323 EUR ans Finanzamt abführen. Die bisher in unserer Buchhaltung erfasste Umsatzsteuer (Buchung der Ausgangsrechnung an Dannemann) ist nachträglich betrachtet um 57 EUR (380 EUR – 323 EUR) zu hoch ausgewiesen.
- Unsere Forderung an Dannemann beträgt nun 2.023 EUR (1.700 EUR + 323 EUR). Der in der Buchführung bisher erfasste Forderungsbetrag (gebuchte Ausgangsrechnung) ist um 375 EUR (2.380 EUR – 2.023 EUR) zu hoch ausgewiesen.

Mit diesen Überlegungen können wir die erforderlichen Korrekturbuchungen vornehmen:

Nr.	Soll	Haben	Buchungsbetrag Soll	Buchungsbetrag Haben
3a	Umsatzerlöse		300,00	
	Umsatzsteuer		57,00	
		Dannemann		357,00

Wie sieht die Korrektur der Lagerbuchung aus?

Nr.	Soll	Haben	Buchungsbetrag Soll	Buchungsbetrag Haben
3b	Waren		?	
		Aufwand für Waren		?

Eine Korrektur der Lagerbuchung ist in diesem Fall nicht erforderlich, da sich zum einen durch den Preisnachlass unser Lagerbestand nicht ändert (wir nehmen das Rennrad ja nicht zurück) und auch der Wareneinsatz (= unser Warenaufwand), d. h. der Betrag, den wir für das Rennrad netto zahlen mussten, durch den Preisnachlass an den Kunden nicht geändert wird. Eine Korrektur der Lagerbuchung entfällt in diesem Fall.

Es gibt Unternehmen, die erfassen die Minderung des Umsatzerlöses nicht direkt auf dem Konto „Umsatzerlöse", sondern sammeln alle Erlösminderungen auf einem gesonderten Konto. Die Kontenrahmen sehen unterhalb des Kontos „Umsatzerlöse" ein Konto „Erlösberichtigungen" vor. Es ist optisch unter Umsatzerlöse eingerückt, man spricht von einem Unterkonto. Auf Unterkonten (hier: Erlösberichtigungen) wird auf derselben Kontenseite gebucht, auf der man auch auf dem zugeordneten Hauptbuchkonto (hier: Umsatzerlöse) gebucht hätte. Da wir hier auf dem Konto „Umsatzerlöse" die Korrektur im Soll gebucht hätten, buchen wir auch auf dem Konto „Erlösberichtigungen" im Soll. Wird ein solches Unterkonto genutzt, würde die Buchung lauten:

Nr.	Soll	Haben	Buchungsbetrag Soll	Buchungsbetrag Haben
3a	**Erlösberichtigungen**		300,00	
	Umsatzsteuer		57,00	
		Dannemann		357,00

Spätestens am Ende des Geschäftsjahres muss der Saldo der Unterkonten auf sein jeweiliges Hauptbuchkonto umgebucht werden. Nehmen wir an, Heckmann hatte in diesem Jahr fünf Verkäufe und davon drei Preisminderungen wegen kleinerer Mängel gewährt. Die Konten hätten dann folgendes Aussehen:

Erlösberichtigungen

Soll		Haben	
Gutschrift	300,00		
Gutschrift	150,00		
Gutschrift	200,00		

Umsatzerlöse

Soll		Haben	
		AR	2.000,00
		AR	3.000,00
		AR	1.200,00
		AR	800,00
		AR	700,00

Das Konto „Umsatzerlöse“ ist nicht auf dem aktuellen Stand. Auf ihm ist nicht erkennbar, dass sich durch Preisminderungen wegen Mängeln unserer Umsatzerlöse um insgesamt 650 EUR vermindert haben. Dies muss korrigiert werden, bevor wir das Konto „Umsatzerlöse“ am Jahresende auf null stellen und in die GuV eingehen lassen. Der Saldo auf dem Konto „Erlösberichtigungen“ wird auf das Konto „Umsatzerlöse“ umgebucht.

Nr.	Soll	Haben	Buchungsbetrag Soll	Buchungsbetrag Haben
	Umsatzerlöse		**650,00**	
		Erlösberichtigungen		**650,00**

Nun ist das Konto „Umsatzerlöse“ auf dem aktuellen Stand.

Erlösberichtigungen

Soll		Haben	
Gutschrift	300,00	**Umbuchung**	**650,00**
Gutschrift	150,00		
Gutschrift	200,00		

Umsatzerlöse

Soll		Haben	
Umbuchung	**650,00**	AR	2.000,00
		AR	3.000,00
		AR	1.200,00
		AR	800,00
		AR	700,00

Rücksendungen von Kunden aufgrund von Mängeln erfasst der Verkäufer auf der Grundlage einer Gutschrift an Kunden. Durch Buchung auf der zur Ausgangsrechnung jeweils anderen Kontenseite erfolgt eine Korrekturbuchung. Dies gilt auch für die Lagerbuchung.

Preisminderungen an Kunden auf der Grundlage von Mängeln führen zu einer Korrektur unserer Forderung, unserer Umsatzerlöse und der gebuchten Umsatzsteuer. Die Korrektur erfolgt durch Buchung auf der jeweils anderen Kontenseite. Die Korrektur der Umsatzerlöse kann auch zunächst auf einem Unterkonto „Erlösberichtigungen" erfolgen. Auf diesem Unterkonto bucht man auf derselben Kontenseite, auf der man auch auf dem Konto „Umsatzerlöse" gebucht hätte. Spätestens am Jahresende muss vor Nullstellung der Ergebniskonten der Saldo des Kontos „Erlösberichtigungen" auf das Konto „Umsatzerlöse" umgebucht werden. Eine Korrektur der Lagerbuchung ist bei einer gewährten Preisminderung an Kunden nicht erforderlich.

Betrachten wir nun die Einkaufsseite. Heckmann hat am 10. Mai 20XX bei seinem Lieferanten Hinze verschiedene Fahrräder für 10.000 EUR + Umsatzsteuer auf Rechnung eingekauft. Wie hat Heckmann diesen Einkauf gebucht?

Nr.	Soll	Haben	Buchungsbetrag Soll	Buchungsbetrag Haben
4a	Aufwand für Waren		10.000,00	
	Vorsteuer		1.900,00	
		Hinze		11.900,00

Nr.	Soll	Haben	Buchungsbetrag Soll	Buchungsbetrag Haben
4b	Waren		10.000,00	
		Aufwand für Waren		10.000,00

Da es sich um einen zweiseitigen Handelskauf (beide handeln als Kaufleute) handelt, ist Heckmann nach § 377 HGB verpflichtet, die

Ware unverzüglich zu prüfen und gegebenenfalls unverzüglich zu rügen. Heckmann stellt bei der sofortigen Wareneingangskontrolle fest, dass ein Teil der Fahrräder (3.000,00 EUR) in der falschen Farbe geliefert wurden. Hinze holt die falsch gelieferten Räder ab und erteilt Heckmann eine entsprechende Gutschrift.

Wie muss Heckmann diesen Vorgang buchen?

Nr.	Soll	Haben	Buchungsbetrag Soll	Buchungsbetrag Haben
5a	Hinze		3.570,00	
		Aufwand für Waren		3.000,00
		Vorsteuer		570,00

Nr.	Soll	Haben	Buchungsbetrag Soll	Buchungsbetrag Haben
5b	Aufwand für Waren		3.000,00	
		Waren		3.000,00

Welche Überlegungen führten zu diesen Buchungen?

- Aus Sicht der Finanzbuchhaltung vermindert sich der ursprünglich gebuchte Warenaufwand um 3.000 EUR, was durch eine Habenbuchung (Abnahme des Aufwands) deutlich wird. Die Lagerbuchhaltung erfasst die Abnahme unseres Warenbestandes durch Rückgabe der Fahrräder im Wert von 3.000 EUR durch eine Habenbuchung auf dem aktiven Bestandskonto „Waren". Aus Sicht der Lagerbuchhaltung entsteht der Aufwand erst, wenn wir die Ware verkaufen. Folglich ist die Abnahme des Warenaufwands (Nr. 5 a) durch eine Sollbuchung (Nr. 5 b) zu neutralisieren.
- Durch die Rücknahme der falsch gelieferten Räder haben wir im Endeffekt bei Hinze nur Fahrräder für 7.000 EUR (10.000 EUR – 3.000 EUR) gekauft. Folglich müssen wir an Hinze auch nur 19 % von 7.000 EUR = 1.330 EUR Vorsteuer zahlen und haben dann ans Finanzamt auch nur einen Erstattungsanspruch in Höhe von 1.330 EUR. Bisher (gebuchte Eingangsrechnung) steht aber auf unserem Vorsteuerkonto ein Betrag von 1.900 EUR. Folglich müssen wir auf dem aktiven Bestandskonto „Vorsteuer"

einen Abgang in Höhe von 570 EUR im Haben buchen. Das entspricht 19 % von 3.000 EUR = 570 EUR. Durch diese Korrekturbuchung steht nun auf dem Konto Vorsteuer der korrekte Betrag in Höhe von 1.330 EUR (1.900 EUR – 570 EUR).

- Durch die Warenrücknahme aufgrund der Falschlieferung und der daraufhin erfolgten Gutschrift nehmen unsere Verbindlichkeiten bei Hinze um 3.570 EUR ab. Da auf dem Kreditorenkonto „Hinze" auf dergleichen Seite gebucht wird, wie auf dem passiven Bestandskonto „Verbindlichkeiten aus Lieferungen und Leistungen", muss diese Abnahme im Soll gebucht werden.

Heckmann hat bei seinem Lieferanten Schulze Fahrradhelme für 1.200 EUR (Warenwert) am 10. Februar 20XX auf Rechnung eingekauft. Wie hat Heckmann diese Eingangsrechnung gebucht?

Nr.	Soll	Haben	Buchungsbetrag Soll	Buchungsbetrag Haben
6a	Aufwand für Waren		1.200,00	
	Vorsteuer		228.00	
		Schulze		1.428,00

Nr.	Soll	Haben	Buchungsbetrag Soll	Buchungsbetrag Haben
6b	Waren		1.200,00	
		Aufwand für Waren		1.200,00

Die Fahrradhelme haben kleine Farbspritzer. Heckmann ist bereit, die Helme zu behalten, da er sie zu einem verminderten Preis noch weiterverkaufen kann. Heckmann fordert einen Preisnachlass in Höhe von 200,00 EUR. Schulze ist einverstanden und erteilt eine entsprechend Gutschrift. Wie muss Heckmann buchen?

Nr.	Soll	Haben	Buchungsbetrag Soll	Buchungsbetrag Haben
7a	Schulze		238,00	
		Aufwand für Waren		200,00
		Vorsteuer		38,00

Welche Überlegungen führen zu diesen Buchungen?

- Durch die Preisminderung haben wir im Endeffekt bei Schulze nur Fahrradhelme für 1.000 EUR (1.200 EUR – 200 EUR) gekauft. Folglich müssen wir an Hinze auch nur 19 % von 1.000 EUR = 190 EUR zahlen und haben dann ans Finanzamt auch nur einen Erstattungsanspruch in Höhe von 190 EUR. Bisher (gebuchte Eingangsrechnung) steht aber auf unserem Vorsteuerkonto ein Betrag von 228 EUR. Folglich müssen wir auf dem aktiven Bestandskonto „Vorsteuer“ einen Abgang in Höhe von 38 EUR im Haben buchen. Das entspricht 19 % von 200 EUR = 38 EUR. Durch diese Korrekturbuchung steht nun auf dem Konto Vorsteuer der korrekte Betrag in Höhe von 190 EUR (228 EUR – 38 EUR).
- Aufgrund der Falschlieferung und der daraufhin erfolgten Gutschrift nehmen unsere Verbindlichkeiten bei Schulze um 238 EUR ab.
- Schwieriger wird es, wenn wir uns mit der Buchung auf dem Konto „Aufwand für Waren“ beschäftigen. Da wir die Ware ja behalten, erfolgt keine lagerwirtschaftliche Buchung. Es erfolgt ausschließlich eine Buchung in der Finanzbuchhaltung. Während in der Lagerbuchhaltung die Buchung mengen- und wertmäßig (=Stück und in EUR) durchgeführt wird, erfolgt die Buchung in der Finanzbuchhaltung nur wertmäßig (EUR).

  Nun werden Sie einwenden, dass das Konto „Waren“ nicht auf dem aktuellen Stand ist, da dort die Preisminderung nicht berücksichtig wurde. Das stimmt! Aus diesem Grunde müsste sich eine weitere Buchung anschließen:

Nr.	Soll	Haben	Buchungsbetrag Soll	Buchungsbetrag Haben
7b	Aufwand für Waren		200,00	
		Waren		200,00

- Nun ist das Konto „Waren“ auf dem aktuellen Stand. Anstelle der Buchungen 7a und 7b wäre es auch möglich, unter Umgehung des Kontos „Aufwand für Waren“ die Gutschrift direkt auf dem Konto „Waren“ (in nur einem Buchungssatz) zu buchen:

Nr.	Soll	Haben	Buchungsbetrag Soll	Buchungsbetrag Haben
7	Schulze		238,00	
		Waren		200,00
		Vorsteuer		38,00

Nun könnten Sie noch einwenden, dass die Aufwandsminderung um 200,00 EUR nicht erscheint, da durch die Buchung 7a und 7b das Konto „Aufwand für Waren“ auf null steht. Bucht man in einem Buchungssatz (Buchung 7) wird das Konto „Aufwand für Waren“ gar nicht berührt. Das ist korrekt so. Die Aufwandswirkung ergibt sich erst, wenn wir die eingekaufte Ware (wertmäßig bereinigt um die Preisminderung) verkaufen und die Ware das Lager verlässt. Die entsprechenden Buchungen beim Verkauf haben wir bereits dargestellt. Die Lagerbuchung (= Buchung unseres Wareneinsatzes beim Verkauf) lautet: Soll: Aufwand für Waren; Haben: Waren.

Warum erfolgt nun hier im Vergleich zum vorangegangenen Fall keine Korrektur der Lagerbuchung?

Die Lagerbuchung erfolgt mengenmäßig und wertmäßig. Da wir im Gegensatz zum vorhergehenden Fall hier die Waren behalten, ändert sich am Lagerbestand (mengenmäßig) nichts.

Es gibt Unternehmen, die erfassen die Minderung des Warenaufwandes nicht direkt auf dem Konto „Aufwand für Waren“, sondern sammeln alle Preisminderungen aufgrund von Reklamationen (= Nachlässe) auf einem gesonderten Konto. Die Kontenrahmen sehen unterhalb des Kontos „Aufwand für Waren“ ein Konto „Nachlässe“ vor. Es ist optisch unter „Aufwand für Waren“ eingerückt, man spricht von einem Unterkonto. Auf Unterkonten (hier: Nachlässe) wird auf derselben Kontenseite gebucht, auf der man auch auf dem zugeordneten Hauptbuchkonto (hier: Aufwand für Waren) gebucht hätte. Da wir hier auf dem Konto „Aufwand für Waren“ die Korrektur im Haben gebucht hätten, buchen wir auch auf dem Konto „Nachlässe“ im Haben. Wird ein solches Unterkonto genutzt, würde die Buchung lauten:

Nr.	Soll	Haben	Buchungsbetrag Soll	Buchungsbetrag Haben
7a	Schulze		238,00	
		Nachlässe		200,00
		Vorsteuer		38,00

Spätestens am Ende des Geschäftsjahres muss der Saldo der Unterkonten auf sein jeweiliges Hauptbuchkonto umgebucht werden. Nehmen wir an, Heckmann hatte in diesem Jahr fünf Einkäufe und davon drei Preisminderungen wegen kleinerer Mängel erhalten. Die Konten hätten dann folgende Aussehen:

Nachlässe Soll	**Nachlässe** Haben	**Aufwand für Waren** Soll	**Aufwand für Waren** Haben
	Gutschrift 300,00	ER 2.000,00	
	Gutschrift 150,00	ER 3.000,00	
	Gutschrift 200,00	ER 1.200,00	
		ER 800,00	
		ER 700,00	

Das Konto „Aufwand für Waren" ist nicht auf dem aktuellen Stand. Auf ihm ist nicht erkennbar, dass sich durch Preisminderungen wegen Mängeln unser Warenaufwand um insgesamt 650 EUR vermindert wurde. Dies muss korrigiert werden, bevor wir das Konto „Aufwand für Waren" am Jahresende auf null stellen und in die GuV eingehen lassen. Der Saldo auf dem Konto „Nachlässe" wird auf das Konto „Aufwand für Waren" umgebucht.

Nr.	Soll	Haben	Buchungsbetrag Soll	Buchungsbetrag Haben
	Nachlässe		650,00	
		Aufwand für Waren		650,00

Nun ist das Konto „Aufwand für Waren" auf dem aktuellen Stand.

Nachlässe				Aufwand für Waren			
Soll			**Haben**	**Soll**			**Haben**
Umbuchung	**650,00**	Gutschrift	300,00	ER	2.000,00	**Umbuchung**	**650,00**
		Gutschrift	150,00	ER	3.000,00		
		Gutschrift	200,00	ER	1.200,00		
				ER	800,00		
				ER	700,00		

Rücksendungen an Lieferanten aufgrund von Mängeln erfasst der Unternehmer auf der Grundlage einer Gutschrift des Lieferanten. Durch Buchung auf der zur Eingangsrechnung jeweils anderen Kontenseite erfolgt eine Korrekturbuchung. Dies gilt auch für die Lagerbuchung.

Preisminderungen von Lieferanten auf der Grundlage von Mängeln führen zu einer Korrektur unserer Verbindlichkeiten, unseres Warenaufwandes und der gebuchten Vorsteuer. Die Korrektur erfolgt durch Buchung auf der jeweils anderen Kontenseite. Die Korrektur des Warenaufwandes kann auch zunächst auf einem Unterkonto „Nachlässe" erfolgen. Auf diesem Unterkonto bucht man auf derselben Kontenseite, auf der man auch auf dem Konto „Aufwand für Waren" gebucht hätte. Spätestens am Jahresende muss vor Nullstellung der Ergebniskonten der Saldo des Kontos „Nachlässe" auf das Konto „Aufwand für Waren" umgebucht werden.

Eine Korrektur der Lagerbuchung ist bei einer erhaltenen Preisminderung nicht erforderlich. Die korrekte Bewertung des Warenbestandes erfolgt am Jahresende im Rahmen der Bewertung des Vermögens.

8.2 Zahlung unter Abzug von Skonto

Heckmann hat an den Kunden Weitmann am 10. Juni 20XX zwei Kinderfahrräder für insgesamt 1.000 EUR + Umsatzsteuer auf Rechnung verkauft. Die Kinderfahrräder haben Heckmann im Einkauf 800 EUR netto gekostet. Heckmann bucht am 10. Juni 20XX:

Nr.	Soll	Haben	Buchungsbetrag Soll	Buchungsbetrag Haben
8a	Weitmann		1.190,00	
		Umsatzerlöse		1.000,00
		Umsatzsteuer		190,00

Nr.	Soll	Haben	Buchungsbetrag Soll	Buchungsbetrag Haben
8b	Aufwand für Waren		800,00	
		Waren		800,00

Mit Weitmann wurde folgende Zahlungsbedingung vereinbart: „Bei Zahlung innerhalb von 10 Tagen 2 % Skonto oder 30 Tage Ziel". Dies bedeutet, dass Weitmann 30 Tage Zeit hat, die Rechnung zu zahlen. Wenn er innerhalb der ersten 10 Tage bezahlt, darf er vom Rechnungsbetrag 2 % Skonto abziehen. Wie müsste Heckmann buchen, wenn Weitmann nach 28 Tagen die Rechnung durch Überweisung zahlt? Anhand des Kontoauszuges (Zahlungseingang Weitmann) würde Heckmann buchen:

Nr.	Soll	Haben	Buchungsbetrag Soll	Buchungsbetrag Haben
9	Bank		1.190,00	
		Weitmann		1.190,00

Auf dem aktiven Bestandskonto „Bank" (bzw. z. B. „Sparkasse" oder „Volksbank", falls Heckmann mehrere Bankkonten hätte) wird der Zugang im Soll gebucht. Auf dem Debitorenkonto „Weitmann" bucht man auf derselben Kontenseite, auf der man auch auf dem Konto „Forderungen aus Lieferungen und Leistungen" gebucht hätte. Da durch die Zahlung unserer Forderungen abnehmen, buchen wir im Haben.

Nehmen wir an, Weitmann hätte innerhalb der Skontofrist durch Überweisung bezahlt. Weitmann hätte den Überweisungsbetrag wie folgt berechnet:

Rechnungsbetrag	1.190,00
- 2 % Skonto	23,80
= Überweisungsbetrag	**1.166,20**

Wie müsste Heckmann buchen, wenn der Betrag von 1.166,20 EUR in seinem Kontoauszug als Zahlungseingang vermerkt ist?

Bevor wir diese Frage klären können, müssen wir einige Überlegungen anstellen:

(1) Weitmann zieht die 2 % Skonto vom Rechnungsbetrag ab. Der Rechnungsbetrag setzt sich aus Warenwert und Umsatzsteuer zusammen. Dies bedeutet, dass Weitmann auch Umsatzsteuer „mit abzieht". Da wir von Weitmann durch den Skontoabzug weniger Geld erhalten, müssen wir auch dem Finanzamt weniger Umsatzsteuer abgeben.

(2) Durch den Skontoabzug erhalten wir weniger Geld und haben damit geringere Umsatzerlöse.

(3) Durch die Überweisung haben wir keine Forderung an Weitmann mehr. Das Konto „Weitmann" muss folglich auf „null" gestellt werden.

(4) Auf dem Bankkonto haben wir einen Zahlungseingang in Höhe von 1.166,20 EUR, der auf dem aktiven Konto „Bank" im Soll zu buchen ist.

Versuchen wir die Buchung schrittweise zu entwickeln. Die Buchung des Zahlungseingangs auf dem Konto „Bank" bereitet uns keine Probleme. Das Debitorenkonto „Weitmann" muss auf „null" gestellt werden, da wir an Weitmann nach dem Zahlungseingang aus diesem Geschäft keine Forderung mehr haben. Damit das Konto „Weitmann" auf „null" kommt, müssen wir im Haben (Abnahme unserer Forderung) buchen. Da bisher (gebuchte Ausgangsrechnung) auf dem Konto Weitmann ein Betrag von 1.190 steht, müssen wir nun im Haben 1.190 EUR buchen, damit das Konto ausgeglichen und damit auf „null" ist. Wir können festhalten:

Nr.	Soll	Haben	Buchungsbetrag Soll	Buchungsbetrag Haben
9	Bank		1.166,20	
		Weitmann		1.190,00

Wir sehen, dass beide Seiten nicht ausgeglichen sind. Das liegt am Skontoabzug. Die Differenz beträgt 23,80 EUR. Wie beurteilen Sie den Vorschlag, auf dem, Konto „Umsatzerlöse“ im Soll 23,80 EUR zu buchen, da unsere Umsatzerlöse ja um 23,80 EUR abnehmen?

Um den Vorschlag beurteilen zu können, nehmen wir eine weitere Betrachtung mit auf. Weitmann zahlt 1.166,20 EUR. Er zahlt damit den Warenwert und Umsatzsteuer. Wie viel Umsatzsteuer hat Weitmann gezahlt? Hier hilft uns ein Dreisatz:

119 % entsprechen 1.166,20 EUR

19 % entsprechen X EUR

X = (1.166,20 EUR × 19 %): 119 %

X = 186,20 EUR

Dies bedeutet, dass in den 1.166,20 EUR, die Weitmann überweist, 186.20 EUR Umsatzsteuer und 980,00 EUR „Warenwert“ (1.166,20 EUR – 186,20 EUR) enthalten sind. Dies bedeutet wiederum, dass Heckmann dem Finanzamt auch nur 186,20 EUR überweisen muss und dass Heckmann einen (Netto-)Umsatzerlös von 980,00 erzielt hat. Stellen wir nun die Zahlen dar, die wir bereits auf den Konten mit der Ausgangsrechnung gebucht haben und stellen die Zahlen gegenüber, die letztlich auf den Konten stehen müssen.

	Ausgangslage: Mit der Ausgangsrechnung auf den Konten bereits gebuchte Zahlen	Ziel: Zahlen, die nach dem Zahlungseingang auf den Konten stehen müssen
Bank	——	1.166,20
Weitmann	1.190,00	0,00
Umsatzerlöse	1.000,00	980,00
Umsatzsteuer	190,00	186,20

Wie kommen wir nun von der Ausgangslage zum Ziel?

- Wir müssen auf dem Konto „Weitmann“ im Haben 1.190,00 EUR buchen, damit das Konto auf null kommt.
- Wir müssen bei Bank im Soll den Zahlungseingang buchen.
- Wir müssen bei Umsatzerlösen im Soll 20,00 EUR buchen, damit am Ende auf dem Konto „Umsatzerlöse“ 980,00 EUR als Saldo übrig bleiben.

- Wir müssen auf dem Konto „Umsatzsteuer" im Soll einen Abgang in Höhe von 3,80 EUR buchen, damit ein Saldo von 186,20 EUR übrig bleibt. Da Umsatzsteuer ein passives Bestandskonto ist, müssen wir den Abgang im Soll buchen. Da der Kunde durch den Skontoabzug weniger zahlt, müssen wir auch dem Finanzamt nicht 190,00 EUR, sondern nur 186,20 EUR geben und damit 3,80 EUR weniger.

Nun können wir den vollständigen Buchungssatz für den Zahlungseingang unter Abzug von Skonto buchen:

Nr.	Soll	Haben	Buchungsbetrag Soll	Buchungsbetrag Haben
9	Bank		1.166,20	
	Umsatzerlöse		20,00	
	Umsatzsteuer		3,80	
		Weitmann		1.190,00

Nun sind beide Kontenseiten ausgeglichen. Durch den Skontoabzug haben wir 20,00 EUR geringere Umsatzerlöse und müssen ans Finanzamt 3,80 EUR weniger Umsatzsteuer abführen.

Fällt Ihnen etwas auf, wenn Sie die Zahlen bei Umsatzerlösen und Umsatzsteuer in obigem Buchungssatz ansehen?

Schauen Sie sich nochmals die Berechnung von Weitmann an:

Rechnungsbetrag	1.190,00
– 2 % Skonto	23,80
= Überweisungsbetrag	**1.166,20**

Der Kunde Weitmann hat 23,80 EUR Skonto abgezogen. Da er den Betrag vom Rechnungsbetrag berechnet hat (der sich aus 100 % Warenwert + 19 % Umsatzsteuer zusammensetzt), hat er mit den 23,80 EUR auch Umsatzsteuer mit abgezogen. Heckmann hätte also auch rechnen können:

119 % entsprechen 23,80 EUR

19 % entsprechen X EUR

X = (23,80 EUR × 19 %): 119 %

X = 3,80 EUR

23,80 EUR – 3,80 EUR = 20,00 EUR.

Wenn Weitmann 23,80 EUR Skonto abzieht, dann zieht er damit 3,80 EUR Umsatzsteuer ab. Unsere Umsatzerlöse verringern sich um 20,00 EUR.

Wir haben die Korrektur des Umsatzerlöses direkt auf dem Konto „Umsatzerlöse“ durch eine Sollbuchung vorgenommen. Es gibt Unternehmen, die nutzen hierfür das uns aus dem vorangegangen Kapitel bekannte Unterkonto „Erlösberichtigungen“. In diesem Fall hätte die Buchung gelautet:

Nr.	Soll	Haben	Buchungsbetrag Soll	Buchungsbetrag Haben
9	Bank		1.166,20	
	Erlösberichtigungen		**20,00**	
	Umsatzsteuer		3,80	
		Weitmann		1.190,00

Wie wir aus dem Kapitel über die Buchung von Rücksendungen und Gutschriften bereits wissen, würde spätestens am Jahresende vor Nullstellung der Ergebniskonten der Saldo des Kontos Erlösberichtigungen auf das Konto „Umsatzerlöse“ umgebucht, damit das Konto „Umsatzerlöse“ auf dem aktuellen Stand ist, bevor es in die GuV eingeht. Diesen Buchungsvorgang haben wir im Kapitel „Rücksendungen und Gutschriften“ bereits beschrieben.

Zahlt ein Kunde unter Abzug von Skonto, dann muss der Verkäufer nachträglich seine Umsatzerlöse und seine bereits gebuchte Umsatzsteuer korrigieren. Die Höhe der Korrektur kann mithilfe eines Dreisatzes berechnet werden. Die Korrektur erfolgt durch eine entsprechende Sollbuchung auf den genannten Konten. Anstelle einer direkten Korrektur auf dem Konto „Umsatzerlöse" kann zunächst auch eine Korrekturbuchung auf dem Unterkonto „Erlösberichtigungen" erfolgen. Auf dem Bankkonto ist der Zahlungseingang zu buchen und auf dem Debitorenkonto ist der Rechnungsbetrag im Haben auszubuchen, damit das Debitorenkonto nach dem Zahlungsvorgang auf „null" steht.

Spätestens am Jahresende muss dann eine Umbuchung des Saldos des Kontos „Erlösberichtigungen" auf das Konto „Umsatzerlöse" erfolgen, damit dieses Ertragskonto vor der Nullstellung und Übertragung ins GuV-Konto auf dem aktuellen Stand ist.

Eine Lagerbuchung ist hier natürlich nicht erforderlich, da das Lager vom Zahlungsvorgang nicht betroffen ist. Durch die Zahlung ändert sich weder unser Lagerbestand noch unser Wareneinsatz.

Nehmen wir nun an, Heckmann habe beim Lieferanten Schenten Mountainbikes für 4.000 EUR + 19 % Umsatzsteuer auf Rechnung eingekauft. Heckmann hat die Eingangsrechnung wie folgt gebucht.

Nr.	**Soll**	**Haben**	**Buchungsbetrag Soll**	**Buchungsbetrag Haben**
10a	Aufwand für Waren	4.000,00		
	Vorsteuer		760,00	
		Schenten		4.760,00

Nr.	**Soll**	**Haben**	**Buchungsbetrag Soll**	**Buchungsbetrag Haben**
10b	Waren		4.000,00	
		Aufwand für Waren		4.000,00

Schenten räumt Heckmann folgende Zahlungsbedingung ein: „Bei Zahlung innerhalb von 10 Tagen 2 % Skonto oder 30 Tage Ziel."

Wie würde Heckmann buchen, wenn er am 28. Tag zahlt?

Anhand seines Kontoauszuges (Zahlungsausgang an Schenten) bucht Heckmann:

Nr.	**Soll**	**Haben**	**Buchungsbetrag Soll**	**Buchungsbetrag Haben**
11	Schenten		4.760,00	
		Bank		4.760,00

Wie hätte Heckmann buchen müssen, wenn er die Rechnung innerhalb der Skontofrist durch Überweisung beglichen hätte?

Nehmen Sie ein Blatt und versuchen Sie es zuerst selbst, bevor Sie weiterlesen!

Rechnungsbetrag	4.760,00
– 2 % Skonto	95,20
= Überweisungsbetrag	**4.664,80**

119 % entsprechen 95,20 EUR
19 % entsprechen X EUR
X = (95,20 EUR × 19 %): 119 %
X = 15,20 EUR
95,20 EUR – 15,20 EUR = 80,00 EUR.

Nr.	**Soll**	**Haben**	**Buchungsbetrag Soll**	**Buchungsbetrag Haben**
11	Schenten		4.760,00	
		Bank		4.664,80
		Vorsteuer		15,20
		Aufwand für Waren		80,00

- Durch unsere Zahlung sind unsere Verbindlichkeiten bei Schenten auf „null". Da wir mit Buchung der Eingangsrechnung auf dem Konto „Schenten" im Haben 4.760,00 EUR gebucht haben, müssen wir nun im Soll 4.760,00 EUR buchen, damit das Konto Schenten auf „null" kommt. Wir buchen auf dem Konto Schenten im Soll, da unsere Verbindlichkeiten abnehmen.
- Durch die Überweisung nimmt unser Bankkonto um 4.664,80 EUR ab. Diesen Abgang buchen wir auf dem aktiven Bestandskonto „Bank" im Haben.
- Heckmann zieht vom Rechnungsbetrag 95,20 EUR Skonto ab. Da der sich der Rechnungsbetrag aus Warenwert und Umsatzsteuer zusammensetzt, zieht Heckmann damit auch Umsatzsteuer ab. Mithilfe des Dreisatzes errechnet Heckmann, dass in den 95,20 EUR 15,20 EUR Umsatzsteuer (aus Sicht Heckmann = Vorsteuer) stecken. Da Heckmann an Schenten 15,20 EUR weniger Vorsteuer zahlt als bisher (mit Buchung der Eingangsrechnung) gebucht, bekommt Heckmann auch 15,20 EUR weni-

ger Vorsteuer vom Finanzamt erstattet. Diese Abnahme der Forderung ans Finanzamt muss auf dem aktiven Bestandskonto „Vorsteuer“ im Haben gebucht werden.

- Da wir Skonto abziehen, zahlen wir im Endeffekt für die eingekauften Waren weniger. Die Berechnung hat ergeben, dass wir 80,00 EUR weniger Warenaufwand haben als bisher (mit Buchung der Eingangsrechnung) gebucht. Wir müssen folglich auf der anderen Kontenseite 80,00 EUR buchen. Da auf Aufwandskonten Aufwendungen im Soll gebucht werden, müssen wir die Verringerung der Aufwendungen im Haben buchen.

Wir hätten uns die Buchung auch anders herleiten können:

Heckmann überweist 4.664,80 EUR. Mit dieser Überweisung zahlt Heckmann den Warenwert und Umsatzsteuer an Schenten. Wie viel Umsatzsteuer ist in den 4.664,80 EUR enthalten?

119 % entsprechen 4.664,80 EUR
19 % entsprechen X EUR
X = (4.664,80 EUR × 19 %): 119 %
X = 744,80 EUR
4664,80 EUR – 744,80 EUR = 3.920,00 EUR

Wenn Heckmann an Schenten 4.664,80 EUR überweist, dann sind in diesem Betrag 3.920,00 EUR Warenwert und 744,80 Umsatzsteuer enthalten. Da Heckmann an Schenten „nur“ 744,80 EUR Umsatzsteuer tatsächlich zahlt, darf Heckmann auch nur diesen Betrag als Vorsteuer vom Finanzamt zurück verlangen. Damit können wir die bereits gebuchten Zahlen (als Heckmann die Eingangsrechnung gebucht hat) den Zahlen gegenüberstellen, die nach der Zahlung in der Buchhaltung stehen müssen:

	Ausgangslage: Mit der Eingangsrechnung auf den Konten bereits gebuchte Zahlen	Ziel: Zahlen, die nach dem Zahlungsausgang auf den Konten stehen müssen
Bank	—	(als Abgang) 4.664,80
Schenten	4.760,00	0,00
Aufwand für Waren	4.000,00	3.920,00
Vorsteuer	760,00	744,80

Wie kommen wir von der Ausgangslage zum Ziel?

- Wir müssen auf dem Konto „Bank" einen Abgang in Höhe von 4.664,80 EUR im Haben buchen.
- Wir müssen auf dem Konto „Schenten" einen Abgang in Höhe von 4.760,00 EUR buchen. Da auf dem Kreditorenkonto auf der gleichen Seite wie auf dem passiven Bestandskonto „Verbindlichkeiten aus Lieferungen und Leistungen" gebucht wird, erfolgt die Buchung im Soll.
- Damit sich auf dem Konto „Aufwand für Waren" ein Saldo von 3.920,00 ergibt, müssen wir 80,00 EUR (4.000,00 EUR – 3.920,00 EUR) im Haben buchen.
- Damit sich auf dem aktiven Bestandskonto „Vorsteuer" ein Saldo von 744,80 EUR ergibt, müssen wir im Haben einen Abgang in Höhe von 15,20 EUR (760,00 EUR – 744,80 EUR) buchen.

Wir haben hier die Korrektur des Warenaufwandes direkt auf dem Konto „Aufwand für Waren" vorgenommen. Es gibt Unternehmen, die nutzen hierfür das uns aus dem vorangegangen Kapitel bekannte Unterkonto „Nachlässe". In diesem Fall hätte die Buchung gelautet:

Nr.	Soll	Haben	Buchungsbetrag Soll	Buchungsbetrag Haben
11	Schenten		4.760,00	
		Bank		4.664,80
		Vorsteuer		15,20
		Nachlässe		**80,00**

Wie wir aus dem Kapitel über die Buchung von Rücksendungen und Gutschriften bereits wissen, würde spätestens am Jahresende vor Nullstellung der Ergebniskonten der Saldo des Kontos „Nachlässe" auf das Konto „Aufwand für Waren" umgebucht, damit das Konto „Aufwand für Waren" auf dem aktuellen Stand ist, bevor es in die GuV eingeht. Diesen Buchungsvorgang haben wir im Kapitel „Rücksendungen und Gutschriften" bereits beschrieben.

Wird eine **Eingangsrechnung unter Abzug von Skonto** bezahlt, dann müssen nachträglich der Warenaufwand und die Vorsteuer korrigiert werden. Die Höhe der Korrektur kann mithilfe eines Dreisatzes berechnet werden. Die Korrektur erfolgt durch eine entsprechende Habenbuchung auf den genannten Konten. Anstelle einer direkten Korrektur auf dem Konto „Aufwand für Waren" kann zunächst auch eine Korrekturbuchung auf dem Unterkonto „Nachlässe" erfolgen. Auf dem Bankkonto ist der Zahlungsausgang zu buchen und auf dem Kreditorenkonto ist der Rechnungsbetrag im Soll auszubuchen, damit das Kreditorenkonto nach dem Zahlungsvorgang auf „null" steht.
Spätestens am Jahresende muss dann eine Umbuchung des Saldos des Kontos „Nachlässe" auf das Konto „Aufwand für Waren" erfolgen, damit dieses Aufwandskonto vor der Nullstellung und Übertragung ins GuV-Konto auf dem aktuellen Stand ist.

Der kritische Leser wird nun einwenden, dass zwar der Warenaufwand nun korrekt ist, dass aber auf dem Bestandskonto „Waren" der Warenwert nicht geändert wurde. Dies geschieht am Jahresende im Rahmen der Bewertung des Vermögens. Die Möglichkeiten der Bewertung des Warenbestandes stellen wir in Abschnitt 10.2.3.1 vor.

8.3 Fragen und Übungen

(1) Angenommen, ein Kunde zahlt eine Rechnung unter Abzug von Skonto. Warum wird dann auf dem Kundenkonto der Rechnungsbetrag im Haben gebucht und nicht der Zahlungsbetrag?

(2) Angenommen, wir zahlen eine Eingangsrechnung unter Abzug von Skonto. Nehmen wir an, wir ziehen 95,20 EUR Skonto ab. Wenn ich den Steueranteil berechne, komme ich auf 18,09 EUR. Im Buchtext sind es aber 15,20 EUR. Was mache ich falsch?

(3) Die Konten „Nachlässe" und „Erlösberichtigungen" sind Unterkonten. Was bedeutet dies und muss man diese Konten führen?

(4) Wer hat ein Interesse daran, das bei einer Gutschrift an einen Kunden aufgrund mangelhafter Lieferung und beim Skontoabzug durch Kunden die Umsatzsteuer buchhalterisch korrigiert wird?

(5) Die Fahrradhandlung Heckmann hat bei seinem Lieferanten Schenten verschiedene Fährräder für insgesamt 15.000 EUR + 19 % Umsatzsteuer auf Rechnung eingekauft.

(1) Bilden Sie die erforderlichen Buchungssätze.

(2) Ein Teil der Fahrräder (Warenwert: 2.000 EUR) wurde in der falschen Rahmengröße geliefert. Der Lieferant nimmt die Fahrräder zurück und erteilt uns (Heckmann) eine entsprechende Gutschrift. Bilden Sie die erforderlichen Buchungssätze.

(6) Welche Buchungen führt in Aufgabe 5 der Lieferant Schenten durch?

(1) Bilden Sie die Buchungssätze bei Rechnungsstellung an den Kunden. Gehen Sie davon aus, dass Schenten die Waren für 10.000 EUR (Warenwert) eingekauft hat.

(2) Bilden Sie die Buchungssätze für die Rücksendung und Gutschrift.

(7) Heckmann hat an den Kunden Amann Waren für 23.800,00 EUR brutto auf Rechnung verkauft. Heckmann kosteten die Waren im Einkauf netto 18.000,00 EUR.

(1) Bilden Sie die Buchungssätze für den Verkauf.

(2) Amann zahlt die Rechnung unter Abzug von 2 % Skonto. Nehmen Sie die erforderlichen Buchungen vor.

(8) Heckmann hat Waren bei seinem Lieferanten Schenten auf Rechnung eingekauft: Die Rechnung wurde von Heckmann bereits gebucht. Heckmann zahlt die Rechnung unter Abzug von 2 % Skonto durch Banküberweisung. Buchen Sie den Zahlungsausgang bei Heckmann.

Warenwert	30.000,00
+ 19 % Umsatzsteuer	5.700,00
= Rechnungsbetrag	**35.700,00**

Lösungen:

(1) Der Zahlungsbetrag erscheint auf dem Konto „Bank“. Nehmen wir an, der Rechnungsbetrag hätte 2.200,00 EUR und der Überweisungsbetrag 2.156,00 EUR betragen. Bei Buchung der Rechnung wurde auf dem Debitorenkonto im Soll der Betrag von 2.200,00 EUR gebucht. Würden Sie nun bei der Zahlung auf dem Konto im Haben 2.156,00 EUR buchen, dann bliebe eine Restforderung von 44,00 EUR auf dem Konto stehen. Dies wäre aber falsch. Durch die Zahlung haben wir keine Forderung an den Kunden mehr. Damit das Debitorenkonto auf „null“ kommt, müssen folglich der Rechnungsbetrag – und nicht der Überweisungsbetrag – im Haben gebucht werden.

(2) Vermutlich haben Sie in den Rechner eingegeben: 95,20 EUR × 0,19 (= 18,088). Dies wäre nur richtig, wenn im Nenner 100 % stehen würden. Im Nenner stehen aber 119 %. Sie müssen also rechnen: 95,20 EUR × 19. Das Ergebnis müssen Sie durch 119 (und nicht durch 100) teilen. Auf diese Weise ergibt sich korrekt:
95,20 EUR × 19 = 1.808,80 EUR
1808,80: 119 = 15,20 EUR

(3) Auf Unterkonten bucht man jeweils auf derselben Kontenseite, auf der man auch auf dem zugeordneten Hauptkonto gebucht hätte. Man kann also auch direkt auf dem Hauptkonto buchen. Die Unterkonten „Erlösberichtigungen“ (Unterkonto von „Umsatzerlöse“) und „Nachlässe“ (Unterkonto von „Aufwand für Waren“) haben den Vorteil, dass man bei deren Einsatz recht einfach den jeweiligen Gesamtbetrag an Erlösberichtigungen bzw. an Nachlässen auf dem Konto als Saldo sieht, bevor man ihn z. B. am Jahresende auf das jeweilige Hauptbuchkonto überträgt. Jeder Unternehmer muss selbst entscheiden, ob ihm der zusätzliche Erkenntnisgewinn die Sache wert ist. Eine Pflicht zum Führen von Unterkonten gibt es nicht.

(4) Wir als Verkäufer haben ein Interesse daran. Würden wir die Korrekturen nicht durchführen, dann müssten wir mehr Umsatzsteuer ans Finanzamt abführen, als wir von Kunden erhalten haben. Das wollen wir sicher nicht.

Zahlen wir z. B. hingegen eine Eingangsrechnung unter Abzug von Skonto, dann müssen wir eine Vorsteuerkorrektur vornehmen. An dieser Korrektur hat das Finanzamt ein Interesse, damit es uns nur das erstatten muss, was uns auch zusteht.

(5) (1)

Sollkonto	Habenkonto	Betrag Soll	Betrag Haben
Aufwand für Waren		15.000,00	
Vorsteuer		2.850,00	
	Schenten		17.850,00

Sollkonto	Habenkonto	Betrag Soll	Betrag Haben
Waren		15.000,00	
	Aufwand für Waren		15.000,00

(2)

Sollkonto	Habenkonto	Betrag Soll	Betrag Haben
Schenten		2.380,00	
	Aufwand für Waren (oder: Nachlässe)		2.000,00
	Vorsteuer		380,00

Sollkonto	Habenkonto	Betrag Soll	Betrag Haben
Aufwand für Waren		2.000,00	
	Waren		2.000,00

(6) (1)

Sollkonto	Habenkonto	Betrag Soll	Betrag Haben
Heckmann		17.850,00	
	Umsatzerlöse		15.000,00
	Umsatzsteuer		2.850,00

Sollkonto	**Habenkonto**	**Betrag Soll**	**Betrag Haben**
Aufwand für Waren		10.000,00	
	Waren		10.000,00

(2)

Sollkonto	**Habenkonto**	**Betrag Soll**	**Betrag Haben**
Umsatzerlöse (oder Erlösberichtigungen)		2.000,00	
Umsatzsteuer		380,00	
	Heckmann		2.380,00

Sollkonto	**Habenkonto**	**Betrag Soll**	**Betrag Haben**
Waren		2.000,00	
	Aufwand für Waren		2.000,00

(7) (1) Achtung: 23.800 EUR **brutto** bedeuten, dass in diesem Betrag die Umsatzsteuer enthalten ist. 23.800 EUR sind folglich 119 %!

Sollkonto	**Habenkonto**	**Betrag Soll**	**Betrag Haben**
Amann		23.800,00	
	Umsatzerlöse		20.000,00
	Umsatzsteuer		3.800,00

Sollkonto	**Habenkonto**	**Betrag Soll**	**Betrag Haben**
Aufwand für Waren		18.000,00	
	Waren		18.000,00

(2)

Rechnungsbetrag	23.800,00
– 2 % Skonto	– 476,00
= Überweisungsbetrag	**23.324,00**

119 % entsprechen 476,00 EUR

19 % entsprechen X EUR

X = (476,00 EUR × 19 %) : 119 %

X = 76,00 EUR

476,00 EUR – 76,00 EUR = 400,00 EUR.

Sollkonto	Habenkonto	Betrag Soll	Betrag Haben
Bank		23.324,00	
Umsatzerlöse (oder Erlösberichtigungen)		400,00	
Umsatzsteuer		76,00	
	Amann		23.800,00

(8)

Rechnungsbetrag	35.700,00
– 2 % Skonto	714,00
= Überweisungsbetrag	**34.986,00**

119 % entsprechen 714,00 EUR

19 % entsprechen X EUR

X = (714,00 EUR × 19 %) : 119 %

X = 114,00 EUR

714,00 EUR – 114,00 EUR = 600,00 EUR.

Sollkonto	Habenkonto	Betrag Soll	Betrag Haben
Schenten		35.700,00	
	Bank		34.986,00
	Vorsteuer		114,00
	Aufwand für Waren (oder Nachlässe		600,00

9. Kapitel

Personalkosten

In diesem Kapitel werden dem Leser zunächst die Grundzüge der Berechnung der Gehalts- bzw. Lohnauszahlung und der Ermittlung und Abführung der staatlich angeordneten Abzüge wie Lohnsteuer und Sozialabgaben erläutert. Am Beispiel einer Gehaltsabrechnung für einen Mitarbeiter der Fahrradhandlung Heckmann lernt der Leser, wie eine Gehaltsbuchung grundsätzlich abläuft. Dies wird schließlich durch die Darstellung des praxisgerechten Verfahrens der Abführung der Sozialversicherungsbeiträge und der Lohnsteuer erweitert. Auch auf die vermögenswirksamen Leistungen und die Verrechnung von Vorschüssen wird eingegangen.

9.1 Grundzüge der Berechnung des Nettogehaltes

Mitarbeiter erhalten für ihre Arbeitsleistung Vergütung in fester Größe oder mit variablem Anteil. Als Grundlage für die Berechnung des Arbeitsentgelts dient regelmäßig der Tarifvertrag der entsprechenden Branche.[18] In ihm sind die Mindestgehälter garantiert, die nicht unterschritten werden dürfen. Eine höhere Bezahlung (= „übertariflich“) ist selbstverständlich möglich. Zu diesem eigentlichen Bruttogehalt gehören aber beispielsweise auch das Urlaubsgeld, das Weihnachtsgeld und gezahlte Gratifikationen. Für den Arbeitgeber entstehen weitere Kosten z. B. durch den Arbeitgeberanteil an der Sozialversicherung. Die gesetzlichen, tariflichen und betrieblichen Zusatzkosten erreichen insgesamt manchmal annähernd 100 % des Direktentgeltes.

Zum Arbeitslohn, der dem Steuerabzug[19] unterliegt, gehören grundsätzlich auch alle neben dem „reinen“ Entgelt aus dem Dienstverhältnis zufließenden (laufende oder einmalige) Einnahmen[20] wie z. B. Gratifikationen oder Jubiläumszuwendungen. Zum Teil sind diese Einnahmen bis zu einer bestimmten Grenze steuerfrei. Der Arbeitgeber ist verpflichtet, die Lohnsteuer von der Bruttovergütung einzubehalten und ans Finanzamt weiterzuleiten. Es handelt sich bei diesen Beträgen um Lohn- und Kirchensteuer und den Solidaritätszuschlag.[21] Der Arbeitnehmer hat dem Arbeitgeber seine Steuernummer mitzuteilen, auf deren Grundlage der Lohnsteuerabzug errechnet wird. Die erforderlichen Daten werden mittels der Steuernummer vom Arbeitgeber beim Bundeszentralamt für Steuern abgerufen (ELSTAM = Elektronische Lohnsteuer Abzugs Merkmale). Dabei werden dem Arbeitgeber die allgemeinen Merkmale für die Besteuerung wie z. B. Steuerklasse, Zahl der Kinderfreibeträge und ggf. Zahl der Kinder sowie Religionszugehörigkeit dargelegt.

Für die Bemessung der Höhe der Lohnsteuer werden die Arbeitnehmer in sechs Steuerklassen eingeteilt[22] (vgl. folgende Tabelle).

Die vom Arbeitnehmer zu zahlende Lohnsteuer kann über den Abgabenrechner des verwendeten Lohnsteuerprogramms oder der Finanzverwaltung ermittelt werden (www.abgabenrechner.de). Diese Programme berücksichtigen die Steuerklasse. Außerdem sind bestimmte Pauschbeträge (z. B. Arbeitnehmerpauschbetrag für Werbungskosten in Höhe von 1.000 EUR, Pauschbetrag für Sonderausgaben in Höhe von 36 EUR bei Ledigen und 72 EUR bei zusammen veranlagten Ehegatten) bereits eingearbeitet.

Einer kurzen Erläuterung bedürfen die Kinderfreibeträge:[23] In die Lohnsteuerberechnung sind Zähler eingearbeitet, die sich auf die Zahl der Kinderfreibeträge beziehen. So bedeutet der Zähler 0,5, dass ein Kinderfreibetrag in Höhe von 2.304 EUR berücksichtigt ist. Wenn die Eltern miteinander verheiratet sind und nicht dauernd getrennt leben, erhöht sich der Kinderfreibetrag auf 4.608 EUR je Kind (Zähler = 1). Zusätzlich wird für Kinder bis zu 16 Jahren ein „Freibetrag für Betreuung und Erziehung oder Ausbildung" in Höhe von maximal 2.640 EUR berücksichtigt. Beide Freibeträge, insgesamt also maximal 7.248 EUR, kommen letztlich nur zum Ansatz, wenn sie günstiger als das Kindergeld (190 EUR für das erste und zweite Kind im Jahr 2016) sind.

Die Kinderfreibeträge werden nur bei der Ermittlung der Kirchensteuer und des Solidaritätszuschlages berücksichtigt. Dabei wird eine „fiktive Lohnsteuer" unter Berücksichtigung dieser Freibeträge berechnet. Da das Kindergeld direkt über die Familienkasse bzw. durch den Arbeitgeber im Öffentlichen Dienst ausgezahlt wird, vermindert die Eintragung des Kinderfreibetrags die Lohnsteuer nicht. Der Arbeitnehmer kann letztlich zwischen dem Kindergeld oder einem Kinderfreibetrag wählen. Das Finanzamt prüft bei der Steuererklärung von sich aus, was günstiger ist.

Die Lohnsteuerklassen

Steuerklasse	Gruppe der Arbeitnehmer (Personenkreis)
I	– Ledige – Verwitwete oder Geschiedene – Verheiratete, die von ihrem Ehepartner dauernd getrennt leben oder deren Ehegatte nicht im Inland wohnt
II	Nicht verheiratete Arbeitnehmer der Steuerklasse I mit mindestens einem Kind unter 18 Jahren.
III	Verheiratete, wenn beide Ehepartner unbeschränkt einkommensteuerpflichtig sind und nicht dauernd getrennt leben und der Ehegatte des Arbeitnehmers keinen Arbeitslohn bezieht oder der Ehegatte des Arbeitnehmers auf Antrag beider Ehegatten in der Steuerklasse V eingruppiert wird[24].
IV	Verheiratete, die beide unbeschränkt einkommensteuerpflichtig sind (also beide Arbeitslohn beziehen) und nicht dauernd getrennt leben.
IV-Faktor	Auf Antrag statt Kombination III/V mit Aufteilung des Familieneinkommens (§ 39f EStG).
V	Arbeitnehmer der Steuerklasse IV, wenn der Ehegatte des Arbeitnehmers auf Antrag beider Ehegatten in die Steuerklasse III eingruppiert wurde.
VI	Arbeitnehmer, die von mehreren Arbeitgebern Arbeitslohn beziehen (zweite oder weitere Lohnsteuerkarte).

Gehaltsabrechnung für Mitarbeiter Reinhold Weber

Berechnungsdaten:
Lohnzahlungszeitraum Monat (30 Tage)
Lohnsteuerklasse IV
Kirchensteuer 8 % Kinder lt. Lohnsteuerkarte 0
Zusatzbeitrag der Krankenkasse 1,1 %

Abrechnung		**Arbeit-nehmer**	**Arbeit-geber**
Bruttolohn		3.818,95	3.818,95
Lohnsteuer		667,33	0,00
Kirchensteuer		53,38	0,00
SolZ		36,70	0,00
Steuern gesamt		757,41	
Lohn nach Steuern		3.061,54	
Krankenversicherung	(7,3 % Arbeitgeber, 8,4 % Arbeitnehmer Weber)	320,79	278,78
Pflegeversicherung	(1,175 % Arbeitgeber, 1,425 % kinderloser Arbeitnehmer Weber)*	54,42	44,87
Rentenversicherung	je 9,35 %	357,07	357,07
Arbeitslosenversicherung	je 1,5 %	57,28	57,28
Sozialversicherung gesamt		789,56	738,00
Nettolohn		2.271,98	
Lohnkosten			4.556,95

* Beitragszuschlag, da älter als 23 und kinderlos

Bei der Berechnung der Beiträge sind die Beitragsbemessungsgrenzen zu beachten. Die „Beitragsbemessungsgrenze" stellt den Höchstbetrag dar, aus dem Beiträge ermittelt werden. Sie beträgt derzeit (Stand 2016):

Renten- u. Arbeitslosenversicherung	6.200,00 EUR
Kranken- u. Pflegeversicherung	4.237,50 EUR

In der Krankenversicherung weicht die Beitragsbemessungsgrenze von der Pflichtversicherungsgrenze ab, d. h. ein Arbeitnehmer, der mehr als 4.687,50 EUR monatlich verdient (gültig für 2016), unterliegt nicht der Versicherungspflicht.

Die Lohnsteuertabellen enthalten auch die Kirchensteuer. Sie beträgt je nach Bundesland 8 % oder 9 % der Lohn- bzw. Einkommensteuer. Die Bemessungsgrundlage für die Kirchensteuer ermäßigt sich durch Kinderfreibeträge.

Der kaufmännische Angestellte Reinhold Weber (51 Jahre alt) ist verheiratet und kinderlos. Nach dem gültigen Tarifvertrag erhält er ein Gehalt in Höhe von 3.818,95 EUR. Da er als Angestellter monatlich bezahlt wird, ist die Lohnsteuer nach der entsprechenden Formel zu berechnen.

Heckmann verwendet ein Lohnsteuerprogramm, das auch die Sozialversicherungsbeiträge enthält. Für den Angestellten Weber hat sich dabei die oben dargestellte Abrechnung ergeben.

Die einbehaltene Lohn- und Kirchensteuer muss bis zum 10. des Folgemonats vom Arbeitgeber ans Finanzamt abgeführt werden. Heckmann hat für jeden Arbeitnehmer ein eigenes Lohn- bzw. Gehaltskonto zu führen. Welche Einzelheiten in diesem Konto aufzuzeichnen sind, ergibt sich aus § 4 LStDV.

Der Arbeitgeber behält aber nicht nur die genannten Steuern vom Bruttogehalt ein, sondern auch die Sozialversicherungsbeiträge. Da die gesetzliche Sozialversicherung eine Zwangsversicherung ist, hat grundsätzlich jeder Arbeitnehmer Beiträge zu leisten. Sie werden vom Arbeitgeber vom Bruttolohn einbehalten und insgesamt an die jeweilige Krankenkasse überwiesen. Die Krankenkassen haben die Pflicht, die Sozialversicherungsbeiträge – soweit es sich nicht um den Beitrag zur Krankenversicherung handelt – an die entsprechenden Versicherungsträger weiterzuleiten.

Im Einzelnen sind die aus der Abrechnung ersichtlichen Beiträge abzuführen.

Allgemein ergibt sich für die Berechnung des Nettogehalts eines Angestellten:

	Bruttogehalt
–	Lohnsteuer und Solidaritätszuschlag
–	Kirchensteuer (sofern Mitglied einer kirchlichen Gemeinschaft)
–	Beitrag zur Rentenversicherung
–	Beitrag zur Krankenversicherung
–	Beitrag zur Arbeitslosenversicherung
–	Beitrag zur Pflegeversicherung
=	**Nettogehalt**, ausbezahlt durch Arbeitgeber

9.2 Einfache Gehaltsbuchungen

Der Angestellte Reinhold Weber erhält von der Fahrradhandlung Heckmann die in Abschnitt 9.1 dargestellte Gehaltsabrechnung:

Diese Gehaltsabrechnung ist unter Berücksichtigung des Arbeitgeberanteils zur Sozialversicherung zu buchen.

Wir stellen folgende Überlegungen an:

- Heckmann sind für Weber aus der Gehaltsabrechnung Personalkosten in Höhe von 3.818,95 EUR (Tarifgehalt) entstanden. Sie werden auf dem Konto „Gehälter" erfasst. Wir verzichten hier auf eine Buchung auf Gehaltsunterkonten, z. B. für Weber, wie in einem Buchhaltungsprogramm vorgesehen.
- Weber erhält auf sein Bankkonto vom Arbeitgeber 2.271,98 EUR überwiesen. Das Bankkonto von Heckmann nimmt folglich um diesen Betrag im Haben (aktives Bestandskonto) ab. Buchungstechnisch möglich ist auch eine Buchung auf ein Zwischenkonto „Verbindlichkeiten an Arbeitnehmer" oder „noch auszuzahlende Nettogehälter", wenn die Bankanweisung nicht zeitgleich mit der Gehaltsbuchung erfolgt. Dies ist besonders bei Verwendung eines Buchungsprogramms empfehlenswert.
- Die Lohn- und Kirchensteuer wurde von Heckmann einbehalten, aber noch nicht abgeführt (Heckmann hat bis zum 10. des Folgemonats Zeit). Es handelt sich um Verbindlichkeiten gegenüber dem Finanzamt. Sie werden auf dem passiven Bestands-

konto „Verbindlichkeiten gegenüber Finanzbehörden" im Haben gebucht (Zunahme der Verbindlichkeiten).

- Die einbehaltenen Sozialversicherungsbeiträge wurden ebenfalls noch nicht an die Krankenkasse überwiesen (Heckmann hat bis zum 10. des Folgemonats Zeit). Sie stellen Verbindlichkeiten gegenüber der Krankenkasse dar und werden auf dem passiven Bestandskonto „Verbindlichkeiten gegenüber Sozialversicherungsträgern" im Haben gebucht.
- Nach den gesetzlichen Bestimmungen hat auch der Arbeitgeber Sozialversicherungsbeiträge zu tragen. Auch dieser Arbeitgeberanteil zur Sozialversicherung ist buchhalterisch zu erfassen. Es sind für Heckmann Aufwendungen, die auf dem Konto „Arbeitgeberanteil zur Sozialversicherung" gebucht werden. Da der Arbeitgeberanteil ebenfalls noch nicht an die Krankenkasse überwiesen wurde, ergeben sich zusätzlich Verbindlichkeiten gegenüber Sozialversicherungsträgern.

Der zusammengesetzte Buchungssatz für obige Gehaltsabrechnung lautet dann:

Nr.	Soll	Haben	Buchungsbetrag Soll	Buchungsbetrag Haben
1	Gehälter		3.818,95	
		Bank bzw. Zwischenkonto noch auszuzahlende Gehälter		2.271,98
		Verbindlichkeiten gegenüber Finanzbehörden		757,41
		Verbindlichkeiten gegenüber Sozialversicherungsträgern		789,56
2	Arbeitgeberanteil zur Sozialversicherung		738,00	
		Verbindlichkeiten gegenüber Sozialversicherungsträgern		738,00

In der Praxis wird in der Regel nicht sofort auf das Konto „Bank“ gebucht, sondern der Betrag von 2.271,98 EUR wird auf einem Zwischenkonto „noch auszuzahlende Gehälter“ erfasst. Wird dieser Betrag auf dem Konto der Fahrradhandlung Heckmann belastet (Kontoauszug), erfolgt die Umbuchung auf das Konto „Bank“. Dieses Vorgehen ergibt sich aus dem Grundsatz „Keine Buchung ohne Beleg“. Im Folgenden buchen wir zunächst auf ein Zwischenkonto, auf das Konto „Bank“ erst nach Abbuchung auf dem Konto.

Heckmann hat gegenüber der Krankenkasse insgesamt Verbindlichkeiten in Höhe von 1.527,56 EUR (789,56 EUR, die vom Arbeitnehmer einbehalten wurden, zuzügl. 738,00 EUR, die Heckmann als Arbeitgeberanteil zu zahlen hat).

Die Heckmann KG überweist die einbehaltenen Abzüge und den Arbeitgeberanteil von ihrem Bankkonto:

Nr.	Soll	Haben	Buchungsbetrag Soll	Buchungsbetrag Haben
1	Verbindlichkeiten gegenüber Finanzbehörden		757,41	
	Verbindlichkeiten gegenüber Sozialversicherungsträgern		1.527,56	
		Bank		2.271,98

Die auf den Gehaltskonten ermittelten Werte werden in der Praxis auf Gehaltslisten zusammengefasst, sofern nicht über das Buchhaltungsprogramm für jeden Mitarbeiter direkt gebucht worden ist. Diese Liste wird bei einer größeren Anzahl von Angestellten als Sammelbeleg in der Hauptbuchhaltung summarisch gebucht. Obige Buchungssätze werden dann in der Hauptbuchhaltung nicht für jeden einzelnen Angestellten, sondern für die jeweiligen Summen (Summe der Bruttolöhne aller Angestellten in einem bestimmten Monat, Summe der Lohnsteuer aller Angestellten usw.) gemacht. Die Buchungssätze an sich bleiben gleich, nur die Beträge sind anders. Das befreit das Unternehmen allerdings nicht davon, in einer so genannten Nebenbuchhaltung für jeden einzelnen Angestellten ein Gehaltskonto zum Nachweis der ordnungsmäßigen Berechnung zu führen.

Vorgezogene Fälligkeit der Sozialversicherungsbeiträge: Die Arbeitgeber müssen Sozialversicherungsbeiträge in der voraussichtlichen Höhe spätestens am drittletzten Bankarbeitstag des laufenden Monats abführen. Sofern am Monatsende ein Restbetrag verbleibt, wird dieser zum drittletzten Bankarbeitstag des Folgemonats fällig oder bei Überzahlung verrechnet.

Die voraussichtliche Höhe der Beitragsschuld ist grundsätzlich so zu ermitteln, dass der im Folgemonat fällig werdende verbleibende Restbetrag so gering wie möglich ausfällt. Dabei sind alle im aktuellen Monat eingetretenen Änderungen, z. B. die Zahl der Beschäftigten oder der Arbeitsstunden, zu berücksichtigen. Die Art der Berechnung muss vom Arbeitgeber dokumentiert werden.

Buchungen der Abzüge aus der Sozialversicherung: Kleinere Unternehmen und Unternehmen mit geringem Buchungsanfall buchen im Allgemeinen direkt auf den Zahlungsverkehrskonten (Nettolohnbuchung). Größere Unternehmen und Unternehmen mit erhöhtem Buchungsanfall führen häufig ein Konto „Verbindlichkeiten an Mitarbeiter" ein (indirekte Buchung).

BEISPIEL für die Nettolohnbuchung: In einem Unternehmen betrage der Personalaufwand 200.000 EUR. Als Arbeitnehmeranteile zur Sozialversicherung sind 41.500 EUR und als Arbeitgeberanteile sind 40.500 EUR angefallen. Insgesamt sind 40.000 EUR Lohn- und Kirchensteuer sowie Solidaritätszuschlag angefallen.
Es wird unterstellt, dass als Beitragsvorauszahlung für Sozialversicherung 81.000 EUR berechnet wurden.

Buchung z. B. am 27.1.

Nr.	Soll	Haben	Buchungsbetrag Soll	Buchungsbetrag Haben
1	Beitragsvorauszahlung Sozialversicherung		81.000	
		Bank		81.000

Buchung am Monatsende mit Sozialversicherungsbeiträgen von 82.000 EUR (Arbeitgeber- und Arbeitnehmerbeiträge)

Buchung als **indirekte** Buchung:

Nr.	Soll	Haben	Buchungsbetrag Soll	Buchungsbetrag Haben
1	Gehälter		200.000	
	Arbeitgeberanteil Sozialversicherung		40.500	
		Verbindl. an Mitarbeiter		118.500
		Verbindl. gegenüber Finanzbehörden		40.000
		Beitragsvorauszahlung Sozialversicherung		82.000

Damit bleibt auf dem Konto Beitragsvorauszahlung Sozialversicherung ein Saldo von 1.000 EUR offen, der mit der nächsten Vorauszahlung beglichen wird.

9.3 Vermögenswirksame Leistungen

Nach dem „5. Vermögensbildungsgesetz“ können Arbeitnehmer Teile ihres Arbeitslohns staatlich begünstigt sparen. Sie erhalten die staatliche Arbeitnehmersparzulage, wenn das zu versteuernde Einkommen in dem Kalenderjahr, in dem die vermögenswirksamen Leistungen angelegt worden sind[25] nicht übersteigt. Die Arbeitnehmersparzulage muss vom Arbeitnehmer im Rahmen der Steuererklärung bzw. des Lohnsteuerjahresausgleichs beantragt werden; sie wird am Ende der Mindestanlagedauer ausgezahlt.

Die Arbeitnehmersparzulage hängt von der Art der Anlage ab:

20 % aus maximal 400 EUR jährlich beim Beteiligungssparen, z. B. in Aktienfonds; 9 % aus maximal 470 EUR jährlich beim Bausparen oder Entschuldung aus wohnungswirtschaftlichen Maßnahmen.

Vermögenswirksame Leistungen können auch auf Kontensparverträgen bei Banken und in Lebensversicherungsverträgen – allerdings ohne Arbeitnehmersparzulage – angelegt werden.

Die monatliche vermögenswirksame Sparleistung wird entweder vom Arbeitgeber in voller Höhe als zusätzliches Arbeitsentgelt oder von Arbeitgeber und Arbeitnehmer (z. B. Arbeitgeber: 20 EUR, Arbeitnehmer: 40 EUR) gemeinsam erbracht. Beteiligt sich der Arbeitgeber nicht – was relativ selten ist (95 % der Arbeitnehmer haben einen tarifvertraglichen Anspruch auf vermögenswirksame Leistungen) –, kann der Arbeitnehmer verlangen, dass ein Teil seines Lohnes/Gehaltes vermögenswirksam angelegt wird.[26]

Bei Gewährung vermögenswirksamer Leistungen ist der Arbeitgeber verpflichtet, dies entsprechend in das Gehaltskonto bzw. Lohnkonto des Arbeitnehmers einzutragen. Außerdem hat er dem Arbeitnehmer eine Bescheinigung über die angelegten Beträge zu erteilen. Vom Arbeitgeber als zusätzlicher Lohn gezahlte vermögenswirksame Leistungen gehören zum steuerpflichtigen Arbeitslohn. Sie sind damit auch sozialversicherungspflichtig.

Der Arbeitgeber behält die vermögenswirksame Sparleistung des Arbeitnehmers ein. Er hat sie dann unmittelbar an das Unternehmen (z. B. eine Bausparkasse) oder Kreditinstitut zu überweisen, bei dem sie angelegt wird. Bei Entschuldung kann der Arbeitnehmer den entsprechenden Anteil seiner Vergütung selbst überweisen.

Nehmen wir an, der Angestellte Reinhold Weber spart monatlich vermögenswirksam 40 EUR. Die Anlage erfolgt in Form eines Bausparvertrages. Die Heckmann KG als Arbeitgeber gewährt einen Zuschuss in Höhe von 26,50 EUR. Dies bedeutet, dass Heckmann monatlich 40 EUR einbehält und dann an die Bausparkasse weiterleitet und dass Weber zusätzlich zu seinem Bruttogehalt 26,50 EUR erhält:

Gehaltsabrechnung mit vermögenswirksamen Leistungen

Abrechnung		**Arbeitnehmer**	**Arbeitgeber**
Bruttolohn	3.818,95 + 26,50 =	3.845,45	3.845,45
Lohnsteuer		675,16	0,00
Kirchensteuer		54,01	0,00
SolZ		37,13	0,00

Abrechnung		Arbeit-nehmer	Arbeit-geber
Steuern gesamt		766,30	
Lohn nach Steuern		3.079,15	
Krankenversicherung	8,4 % und 7,3 %	323,02	280,72
Pflegeversicherung	1,425 % und 1,175 %	54,80	45,18
Rentenversicherung	je 9,35 %	359,55	359,55
Arbeitslosenversicherung	je 1,5 %	57,68	57,68
Sozialversicherung gesamt		795,05	743,13
Abzuführende Vermögenswirksame Leistungen		40,00	
Ausgezahlter Nettolohn		2.244,10	
Lohnkosten			4.588,58

Bei der Buchung der (geänderten) Gehaltszahlung ist zu beachten, dass

- der Zuschuss zur vermögenswirksamen Anlage für Heckmann Kosten sind, die auf dem Konto „Sonstige tarifliche oder vertragliche Leistungen" gebucht werden,
- der monatliche Sparbetrag des Arbeitnehmers in Höhe von 40 EUR noch nicht an die Bausparkasse weitergeleitet wurde; er stellt Verbindlichkeiten gegenüber der Bausparkasse dar, die auf dem Konto „Verbindlichkeiten aus vermögenswirksamen Leistungen" gebucht werden.

Nr.	Soll	Haben	Buchungsbetrag Soll	Buchungsbetrag Haben
	Gehälter		3.818,95	
1	Sonstige tariflich o. vertragl. Leistungen		26,50	
		Verbindl. an Mitarbeiter		2.244,10
		Verbindl. aus verm. Leistungen		40,00
		Verbindlichkeiten gegenüber Finanzbehörden		766,30

Nr.	Soll	Haben	Buchungsbetrag Soll	Buchungsbetrag Haben
		Verbindlichkeiten gegenüber Sozialversicherungsträgern		795,05
	Arbeitgeberanteil zur Sozialversicherung		743,13	
		Verbindlichkeiten gegenüber Sozialversicherungsträgern		743,13

Nr.	Soll	Haben	Buchungsbetrag Soll	Buchungsbetrag Haben
	Verbindlichkeiten gegenüber. Finanzbehörden		766,30	
	Verbindlichkeiten gegenüber Sozialversicherungsträgern		1.538,18	
	Verbindlichkeiten aus vermögenswirksamen Leistungen.		40,00	
		Bank		2.344,48

9.4 Überblick über weitere Personalkostenbuchungen

Der Angestellte Reinhold Weber erhält am 10. Februar einen Gehaltsvorschuss in Höhe von 800 EUR bar ausgezahlt. Der Vorschuss wird mit der Gehaltszahlung im März verrechnet. Beide Vorgänge (Auszahlung des Vorschusses und Verrechnung des Vorschusses mit der nächsten Gehaltszahlung) müssen buchhalterisch erfasst werden:

- Durch die Zahlung von 800 EUR im Voraus am 10. Februar entsteht für Heckmann gegenüber Weber eine Forderung. Heckmann hat eine Forderung im Hinblick auf die erst noch im

März zu leistende Arbeit von Weber. Diese Forderung kann nicht auf dem Konto „Forderungen" gebucht werden, da es sich nicht um eine Forderung aufgrund einer betrieblichen Leistung handelt. Der Kontenrahmen sieht für das Buchen des Vorschusses das Konto „Forderungen an Mitarbeiter" vor. Die Zunahme unserer Forderung wird auf dem aktiven Bestandskonto im Soll gebucht.

- Bei der Gehaltszahlung im März werden die 800 EUR (die Weber ja bereits vorab erhalten hat) einbehalten. Folglich haben wir keine Forderung mehr, was durch eine Habenbuchung auf dem Konto „Forderungen an Mitarbeiter" dokumentiert wird.

Nr.	Soll	Haben	Buchungsbetrag Soll	Buchungsbetrag Haben
1	Forderungen an Mitarbeiter		800,00	
		Kasse		800,00

Verrechnung mit der Gehaltszahlung im März d. J.

Nr.	Soll	Haben	Buchungsbetrag Soll	Buchungsbetrag Haben
1	Gehälter		3.818,95	
	Sonstige tariflich o. vertragl. Leistungen		26,50	
		Bank		1.444,10
		Verbindl. aus verm. Leistungen		40,00
		Verbindlichkeiten gegenüber Finanzbehörden		766,30
		Verbindlichkeiten gegenüber Sozialversicherungsträgern		795,05
		Forderungen an Mitarbeiter		800,00

Auch entgeltliche Warenlieferungen an Mitarbeiter werden auf dem Konto „Forderungen an Mitarbeiter“ erfasst. Die Warenlieferung wird zunächst als Warenverkauf gebucht[27] und dann mit der nächsten Gehaltsabrechnung verrechnet.

Weitere Buchungen im Personalbereich können für Sondervergütungen anfallen.[28] Sondervergütungen, die dem Mitarbeiter **direkt** zugute kommen, wie z. B.

- Jahresprämie,
- Urlaubsgeld,
- Weihnachtsgeld werden auf einem Personalkostenkonto erfasst.

Daneben gibt es Sondervergütungen, die der Belegschaft **gemeinsam** gewährt werden, also dem Mitarbeiter nur **indirekt** zugute kommen, wie z. B.

- Aufwendungen für ein Betriebsfest bzw.
- Aufwendungen für einen Betriebsausflug.

Diese werden auf dem Konto „Freiwillige Zuwendungen“ erfasst.

Umlageverfahren bei der Sozialversicherung: Im Aufwendungsausgleichsgesetz (AAG) sind für Arbeitgeber weitere Zahlungen und damit Buchungen in Zusammenhang mit der Sozialversicherung erforderlich. Es handelt sich dabei um eine Entgeltfortzahlungsversicherung als Pflichtversicherung, deren Beiträge nur der Arbeitgeber zu tragen hat. Die Beiträge werden über die Krankenkasse, bei der der jeweilige Arbeitnehmer versichert ist, abgeführt. Für geringfügig Beschäftigte ist die Minijobzentrale der Deutschen Rentenversicherung zuständig. Es handelt sich um drei Beitragsgruppen, die als Umlage 1, 2 und 3 bezeichnet werden:

U1: Gültig für alle Arbeitgeber mit bis zu 30 Arbeitnehmern. Die Umlage deckt eine Versicherung (mit 20 % Selbstbeteiligung) des Arbeitgebers gegen die Lohnfortzahlung im Krankheitsfall. Bei der Ermittlung der Anzahl der Arbeitnehmer werden einige Personenkreise nicht berücksichtigt, z. B. Auszubildende und Praktikanten. Teilzeitbeschäftigte werden anteilig entsprechend ihrer wöchentlichen Arbeitszeit angerechnet.

U2: Gültig für alle Arbeitgeber. Die Umlage ist eine Versicherung (ohne Selbstbeteiligung) gegen die Arbeitgeberaufwendungen für Mutterschaftsleistungen.

U3 = Umlage Insolvenzgeld: diese Umlage beträgt 0,12 % der Bruttolöhne und -gehälter. Aus dieser Umlage werden Ansprüche der Mitarbeiter auf Arbeitsentgelte aus den der Insolvenzeröffnung vorangegangenen drei Monaten finanziert.

Die Umlagen werden individuell berechnet und dem Arbeitgeberanteil zur Sozialversicherung zugeschlagen. Eine abweichende Buchungstechnik ist nicht notwendig. Grundsätzlich wird die Umlage als Personalaufwand (Gehälter) im Soll und als Verbindlichkeiten gegenüber Sozialversicherungsträgern im Haben gebucht.

9.5 Fragen und Übungen

(1) Durch welche Leistungen entstehen Lohnnebenkosten für den Arbeitgeber?

(2) Inwiefern unterscheiden sich Lohnsteuer und Einkommensteuer und die entsprechenden Steuerberechnungen?

(3) Welche Bedeutung hat die Zuordnung zu einer Lohnsteuerklasse?

(4) Welche Steuerklasse können gemeinsam veranlagte Eheleute wählen?

(5) Grundsätzlich werden die Beiträge zur Sozialversicherung hälftig auf Arbeitgeber und Arbeitnehmer aufgeteilt. Für welchen Zweig der Sozialversicherung gilt dies nicht?

(6) An wen muss der Arbeitgeber folgende Abzüge abführen?

a) Lohnsteuer
b) Kirchensteuer
c) Solidaritätszuschlag
d) Krankenversicherungsbeitrag
e) Rentenversicherungsbeitrag
f) Beitrag Pflegeversicherung
g) Beitrag Arbeitslosenversicherung

(7) Welche Auswirkung hat die Beantragung der Anlage vermögenswirksamer Leistungen auf den vom Arbeitgeber ausbezahlten Nettobetrag, wenn dieser keinen Beitrag zur vermögenswirksamen Leistung gibt?

(8) Angenommen, der Arbeitgeber leistet einen Zusatzbeitrag zur vermögenswirksamen Leistung in gleicher Höhe wie er auch angelegt wird. Warum vermindert sich dann auch das ausgezahlte Nettoeinkommen des Arbeitnehmers?

(9) Buchen Sie die Auszahlung der Gehälter einschließlich des Arbeitgeberanteils an der Sozialversicherung in einem zusammengesetzten Buchungssatz, wenn die Summe der (vereinfachten) Abrechnungen in EUR wie folgt ermittelt wird:

– Bruttogehälter	40.000,00
– Arbeitgeberanteile an vermögenswirksamer Leistung	480,00
– Lohnsteuer	12.500,00
– Kirchensteuer	820,00
– Solidaritätszuschlag	617,00
– Arbeitnehmeranteil Krankenversicherung	3.160,00
– (Arbeitgeberanteil an Krankenversicherung)	(2.800,00)
– Pflegeversicherung	490,00
– (Arbeitgeberanteil Pflegeversicherung)	(390,00)
– Rentenversicherung (Arbeitnehmeranteil)	3.980,00
– Arbeitslosenversicherung (Arbeitnehmeranteil)	560,00
– Abführung vermögenswirksame Leistungen	960,00

(10) In einem anderen Buchführungsbuch werden die Gehaltszahlungen nicht über ein Zwischenkonto, sondern direkt über das Bankkonto gebucht. Was ist davon zu halten?

(11) Warum beeinflussen die Sozialversicherungsumlagen nach dem Aufwendungsausgleichsgesetz nicht die Gehaltsabrechnung für den Arbeitnehmer?

Lösungen:

(1) Durch den Arbeitgeberanteil an der Sozialversicherung

- Vom Arbeitgeber gewährter Zuschuss zu vermögenswirksamen Leistungen des Arbeitnehmers
- Durch Sondervergütungen wie Urlaubs-, Weihnachtsgeld, Fahrkostenzuschuss
- Durch weitere freiwillige Zuwendungen

(2) Die Lohnsteuer wird als Vorauszahlung auf die Einkommensteuer durch den Arbeitgeber einbehalten.

- Bei der Lohnsteuer werden pauschale Freibeträge und Merkmale der Besteuerung bei der Berechnung berücksichtigt.
- Der Einkommensteuertarif wird erst auf das mit der Steuererklärung ermittelte zu versteuernde Einkommen angewendet.

(3) Mit der Wahl der Steuerklasse werden die Hauptmerkmale der Besteuerung festgelegt, wie z. B. gemeinsame Besteuerung von Ehegatten und Anwendung bestimmter Pauschbeträge.

(4) Steuerklasse IV für beide

- Steuerklasse III für einen und V für den anderen Ehepartner
- Steuerklasse IV-Faktor mit festgelegter prozentualer Aufteilung des gemeinsamen Einkommens.

(5) Für die Krankenversicherung: Der Zusatzbeitrag der Krankenkasse wird nur vom Arbeitnehmer verlangt. Pflegeversicherung: für Kinderlose ab 23 Jahren ist der Beitrag um 0,25 % höher; dieser wird nur vom Arbeitnehmer erhoben.

(6) a-c in einer Summe an das zuständige Finanzamt; d-g an die Krankenkasse des jeweiligen Arbeitnehmers.

(7) Der ausbezahlte Betrag wird genau um den abgeführten Betrag der vermögenswirksamen Leistung gekürzt.

(8) Der vom Arbeitgeber geleistete Beitrag unterliegt der Lohnsteuer und Sozialversicherung. Vgl. Abrechnung in Abschnitt 9.1.

(9) Zusammengesetzter Buchungssatz:

Soll	**Haben**	**Buchungs-betrag Soll**	**Buchungs-betrag Haben**
Gehälter		40.000,00	
Sonstige tarifliche Leistungen		480,00	
Arbeitgeberanteil zur Sozialversicherung		7.730,00	
	Bank		17.393,00
	Verbindlichkeiten aus vermögenswirksamen Leistungen.		960,00
	Verbindlichkeiten an Finanzbehörden		13.937,00
	Verbindlichkeiten gegenüber Sozialversicherungsträgern		8.190,00
	Verbindlichkeiten gegenüber Sozialversicherungsträgern		7.730,00

(10) In der Buchhaltungspraxis und insbesondere beim Einsatz von Buchhaltungsprogrammen werden Zwischenkonten eingeschaltet, damit es beim Vergleich der Salden auf den Bankkonten und dem internen Konto „Bank" keine Differenzen gibt. Erst bei der tatsächlichen Buchung auf dem Bankkonto wird diese auf dem internen Gegenkonto ausgeglichen.

(11) Die Umlagen sind vollständig vom Arbeitgeber zu tragen und erhöhen lediglich dessen Personalaufwendungen.

10. Kapitel

Abschlussarbeiten

Der Leser erfährt in diesem Kapitel zunächst, welche Berechnungen und buchhalterischen Vorarbeiten notwendig sind, um den Jahresabschluss nach Handels- oder Steuerrecht erstellen zu können. Dazu gehört die Berechnung der Abschreibungen auf materielle Anlagegüter. Die in der Bilanz geforderte wirklichkeitsnahe Darstellung der Vermögenslage kann nur unter Anwendung allgemein verwendeter Bewertungsmaßstäben und -methoden erreicht werden. Der Leser lernt die Grundzüge der Bewertung von Vermögensteilen und Verbindlichkeiten kennen. Er wird wesentliche Unterschiede der internationalen Rechnungslegungsvorschriften zum deutschen Handelsrecht erfahren. Schließlich wird auch gezeigt, wie das Jahresergebnis durch sachliche und zeitliche Abgrenzungsverfahren realistisch ermittelt wird. Ergänzt wird dies durch die Grundlagen der Bildung von Rückstellungen. Schließlich erfährt der Leser auch, welche formalen Arbeiten zur Erstellung des Jahresabschlusses üblich sind. Schwerpunktmäßig erfährt der Leser die bei Abschlussarbeiten notwendigen Buchungen und deren grundsätzliche rechtliche Grundlagen. Für weitergehende Inhalte der Bewertung und Bilanzierung gibt es im Verlagsprogramm spezielle Angebote.[29]

10.1 Abschreibung und Absetzung für Abnutzung

Der Bilanzbuchhalter von Heckmann bereitet im letzten Quartal des Jahres den kommenden Jahresabschluss vor. Die organisatorischen Vorbereitungen für die Inventur werden grundsätzlich vom Vorjahr übernommen (vgl. Kap. 2.2). Die Bewertung des Vermögens kann bereits vor dem eigentlichen Abschluss vorbereitet werden. So bereitet er insbesondere die Abschreibung auf das bereits erworbene Anlagevermögen vor.

BEISPIEL: Heckmann hat am 2.1. des Jahres einen PC erworben. Die Nutzungsdauer dieses Gerätes wird auf drei bis fünf Jahre geschätzt.

Wenn die Nutzungsdauer eines erworbenen Gutes über ein Geschäftsjahr hinausgeht, muss der Anschaffungswert auf die Jahre der Nutzung als Aufwand verteilt werden. Würde dies versäumt, wäre die Aussage über die Wirtschaftlichkeit der Geschäftsjahre während der Nutzung verzerrt. Auch eine sinnvolle Zurechnung der Kosten auf einzelne Produkte oder Kostenstellen erfordert eine nutzungszeitabhängige Verteilung der Kosten. Zunächst werden die Anschaffungsgegenstände mit ihren Anschaffungs- bzw. Herstellungskosten zum vollen Wert auf das Anlagenkonto gebucht (aktiviert). Dies lässt die Höhe des Vermögens unverändert und zeigt nur dessen veränderte Zusammensetzung.

Die im laufenden Geschäftsjahr festgestellte Wertminderung eines Vermögensgegenstandes wird vom gebuchten Wert, dem Buchwert, am Ende des Geschäftsjahres abgesetzt oder abgeschrieben.

Die Verteilung des Aufwandes durch Wertminderung von Gegenständen auf mehrere Jahre ist auch vom Gesetzgeber zwingend als zu den Grundsätzen einer ordnungsmäßigen Buchführung gehörend vorgeschrieben:

Für Kaufleute gilt dabei der

> **§ 253 Abs. 3 Satz 1–3 HGB Zugangs- und Folgebewertung**
> Bei Vermögensgegenständen des Anlagevermögens, deren Nutzung zeitlich begrenzt ist, sind die Anschaffungs- oder Herstellungskosten um planmäßige Abschreibungen zu vermindern. Der Plan muss die Anschaffungs- oder Herstellungskosten auf die Geschäftsjahre verteilen, in denen der Vermögensgegenstand voraussichtlich genutzt werden kann. Ohne Rücksicht darauf, ob ihre Nutzung zeitlich begrenzt ist, sind bei Vermögensgegenständen des Anlagevermögens bei voraussichtlich dauernder Wertminderung außerplanmäßige Abschreibungen vorzunehmen, um diese mit dem niedrigeren Wert anzusetzen, der ihnen am Abschlussstichtag beizulegen ist.

Allgemein gilt für alle Buchführungspflichtigen bei der Erstellung der Steuerbilanz:

> **§ 7 Abs. 1 Satz 1 u. 2 EStG Absetzung für Abnutzung oder Substanzveringerung**
> Bei Wirtschaftsgütern, deren Verwendung oder Nutzung durch den Steuerpflichtigen zur Erzielung von Einkünften sich erfahrungsgemäß auf einen Zeitraum von mehr als einem Jahr erstreckt, ist jeweils für ein Jahr der Teil der Anschaffungs- oder Herstellungskosten abzusetzen, der bei gleichmäßiger Verteilung dieser Kosten auf die Gesamtdauer der Verwendung oder Nutzung auf ein Jahr entfällt (Absetzung für Abnutzung in gleichen Jahresbeträgen). Die Absetzung bemisst sich hierbei nach der betriebsgewöhnlichen Nutzungsdauer des Wirtschaftsguts.

Im Steuerrecht wird die handelsrechtliche Abschreibung also als **AfA = Absetzung für Abnutzung** benannt. Wegen der Maßgeblichkeit der handelsrechtlichen Vorschriften auch für die Steuerermittlung sprechen wir im Folgenden nur von Abschreibung. Man kann deshalb statt des steuerrechtlichen Begriffs „Wirtschaftsgut“ den handelsrechtlichen Begriff „Vermögensgegenstand“ verwenden.

10.1.1 Ursachen der Abschreibung

Welche Gegenstände können abgeschrieben werden?

Gegenstände des Anlagevermögens sind von ihrem Zweck her nicht zur Veräußerung bestimmt, sondern sollen über längere Zeit hinweg genutzt werden. Soweit sie dabei gebraucht, also abgenutzt werden, können sie auch abgeschrieben werden.

Materielle, abnutzbare Wirtschaftsgüter des Anlagevermögens sind beispielsweise: Geschäftsausstattung, Maschinen, Fahrzeuge und Gebäude. Grundstücke sind nicht abnutzbar und damit auch nicht abschreibungsfähig im eigentlichen Sinne; sie können unter Umständen aber niedriger bewertet werden (vgl. hierzu Kap. 10.2). Immaterielle Anlagegüter wie erworbene Patente, Lizenzen und Konzessionen können ebenfalls abgeschrieben werden.

Nach § 253 Abs. 4 HGB können auch Gegenstände des Umlaufvermögens abgeschrieben werden. Wirtschaftlich handelt es sich dabei aber nicht um eine Abschreibung wegen einer Abnutzung, sondern um eine entsprechende Bewertung der Gegenstände am Jahresende. Diese behandeln wir im Abschnitt 10.2.

Welche Vorgänge können die Notwendigkeit der Abschreibung begründen?

BEISPIEL: Ein Computer wird durch Gebrauch relativ wenig abgenutzt, da er nur wenige bewegliche Teile enthält. Obwohl er rein technisch lange „haltbar" ist, wird er schon in kurzer Zeit abgeschrieben, da er durch den raschen technischen Fortschritt oft nach kurzer Zeit nicht mehr wirtschaftlich sinnvoll eingesetzt werden kann.

Die Begründungen für die Wertminderung der Anlagegegenstände liegen auf technischem, wirtschaftlichem und rechtlichem Gebiet.

(1) Die **technische** bzw. **verbrauchsbedingte** Abnutzung ist auf folgende Ursachen zurückzuführen:

- Gewöhnlicher Verschleiß durch **Gebrauch.** Dieser Verschleiß ist in erster Linie bei mechanisch bewegten Teilen zu beobachten.

BEISPIEL: Die Teile eines Fahrzeugs, z. B. Reifen, Kupplung, Getriebe oder Motor werden nach einer gewissen Kilometerleistung unbrauchbar. Schließlich würden Reparaturen in wirtschaftlich nicht mehr zu vertretendem Umfang notwendig werden.

- Natürlicher Verschleiß auch im **Ruhezustand.**

BEISPIEL: Ein Gebäude ist der Witterung ausgesetzt. Durch auftretende Risse ist die Fassade immer mehr „wasserdurchlässig". Metalle und Gummi „ermüden" aus physikalischen Gründen nach einer gewissen Zeit.

- **Substanzverringerung** Beispielsweise durch Abbau eines Steinbruchs.
- **Höhere Gewalt** wie Feuer oder Orkan kann zu einem außergewöhnlichen und nicht im Voraus berechenbaren ganzen oder teilweisen Untergang des Vermögensgegenstandes führen.

(2) **Wirtschaftliche** Wertminderungen haben ihre Ursachen darin, dass eine Investition in dieser Form oder zu diesem Wert eigentlich nicht mehr vertretbar wäre, so durch

- technischen Fortschritt

BEISPIEL: Ein PC aus der Anfangszeit mag noch immer die gleichen Dienste wie am Anfang leisten. Da moderne Computer aber nicht nur diese Dienste weit schneller, sondern auch in ganz anderer, effizienterer Kombination anbieten, wird ein Unternehmen gezwungen, die Geräte immer schneller auszutauschen, um seinerseits eine höherwertige Leistung erbringen zu können.

- gesunkene Wiederbeschaffungs- oder Herstellungskosten

BEISPIEL: Ein PC kostete mit vergleichbarer Leistung nach einem Jahr statt 1.000 EUR nur noch 550 EUR.

- **Bedarfsverschiebung** bei den Kunden; die bisher mit der Anlage erstellten Leistungen werden nicht mehr nachgefragt.

(3) **Rechtliche** Ursachen für eine Abschreibung können der zeitliche Ablauf von Schutzrechten und Verträgen sein, aber auch steuerlich zulässige „Sonderabschreibungen".

10.1.2 Berechnung der Abschreibung

Ein betrieblich genutzter Gegenstand kann seinen Wert aufgrund zahlreicher Ursachen, die alle zugleich wirken, verlieren. In der Buchhaltung muss die Wertminderung aber zahlenmäßig geschätzt und festgelegt werden; man spricht dann von der **planmäßigen** Abschreibung. Eine **außerplanmäßige** Abschreibung wird nur dann vorgenommen, wenn eine außergewöhnliche und dauernde Wertminderung im Einzelfall festgestellt worden ist. Der Einfachheit halber verwendet man in der Praxis nur drei Methoden zur Berechnung der planmäßigen Abschreibung. Bei den ersten beiden und überwiegend angewendeten Methoden geht man grundsätzlich von der zu erwartenden „betriebsgewöhnlichen Nutzungsdauer" der Vermögensgegenstände aus. Da Grundstücke nicht abnutzbar sind, können sie allenfalls außerplanmäßig abgeschrieben werden.

Von der Finanzverwaltung festgelegte Richtwerte sind beispielsweise:

AfA-Tabelle – Nutzungswerttabelle (Auszug, Quelle: Bundesfinanzministerium)	
Anlagegüter	**Nutzungsdauer in Jahren**
Unbewegliches Anlagevermögen	
Schornsteine aus Metall	10
Kühlhallen	20
Schornsteine aus Mauerwerk	33
Grundstückseinrichtungen	
Umzäunungen aus Holz	5
Straßenbrücken aus Stahl und Beton	33
Außenbeleuchtung	19
Grünanlagen	15
Betriebsanlagen allgemeiner Art	
Ladeneinbauten	8
Lichtreklame	9
Solaranlagen	10
Alarmanlagen	11

AfA-Tabelle – Nutzungswerttabelle (Auszug, Quelle: Bundesfinanzministerium)	
Gleisanlagen	33
Fahrzeuge	
Personenkraftwagen und Kombiwagen	6
Motorräder, Motorroller, Fahrräder	7
Elektrokarren	8
Lastkraftwagen	9
Anhänger, Auflieger	11
Bearbeitungs- und Geschäftsausstattung	
PC, Notebooks mit Peripheriegeräten	3
Mobilfunkendgeräte	5
Faxgeräte	6
Großrechner	7
Kühleinrichtungen	8
Büromöbel	13
Tresoranlagen	25
Sonstige Anlagegüter	
Getränkeautomaten, Leergutautomaten	7
Hochdruckreiniger	8
Kühlschränke	10

Bei Verwendung einer kürzeren Nutzungsdauer ist dies schlüssig nachzuweisen.

Die so genannten Anschaffungskosten bei gekauften Gütern und die Herstellungskosten bei selbst erstellten Gebäuden und Maschinen sind die Grundlage für die Berechnung der Abschreibung. Einzelheiten zu ihrer Ermittlung werden in Kap. 10.2 behandelt.

Die für die Berechnung der Abschreibung maßgeblichen Anschaffungs- oder Herstellungskosten enthalten bei umsatzsteuerpflichtigen Unternehmen grundsätzlich keine Umsatzsteuer. Es gilt jeweils nur der Nettobetrag, da die gezahlte Umsatzsteuer als Vorsteuer verrechnet werden kann. Bei einer Anschaffung ist für das erste Jahr die Abschreibung zeitanteilig nach ganzen Monaten zu berechnen

BEISPIEL: Anschaffung eines Fahrzeugs
Rechnungsstellung

Fahrzeug	26.000,00 EUR
+ USt. 19 %	4.940,00 EUR
Bruttopreis	30.940,00 EUR
Anschaffungskosten:	26 000,00 EUR

Lineare Abschreibung: Bei der linearen Abschreibung werden die Anschaffungs- oder Herstellungskosten durch die Anzahl der Jahre der geschätzten Nutzungsdauer dividiert. Für jedes Nutzungsjahr ergibt sich so der gleiche Abschreibungsbetrag.

BEISPIEL: Eine DV-Anlage wurde zu Anschaffungskosten von 12.000 EUR beschafft. Die Nutzungsdauer wird mit drei Jahren angenommen. Jährliche Abschreibung 12.000: 3 = 4 000 EUR. Der am **Jahresende** jeweils ausgewiesene Wert (Buchwert) entwickelt sich wie in Abb. 2 dargestellt.

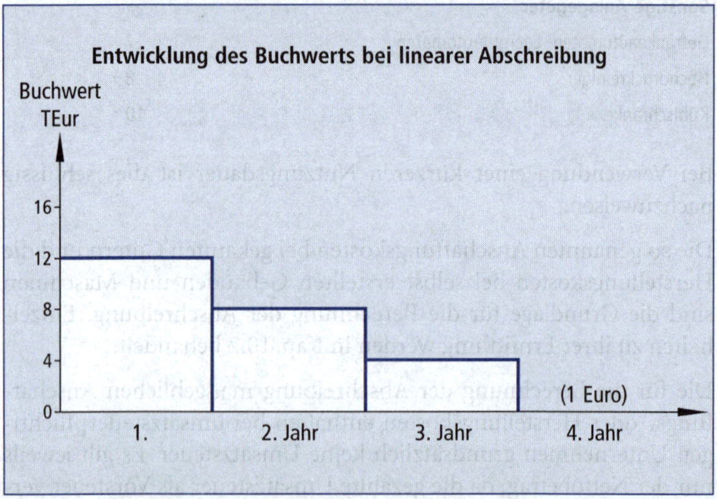

Abb. 2: Entwicklung des Buchwerts bei linearer Abschreibung

Erinnerungswert: Wenn ein Wirtschaftsgut vollständig abgeschrieben ist und weiter genutzt wird, so erfordert der Grundsatz der Vollständigkeit, dass das Vorhandensein des Wirtschaftsgutes aus dem Jahresabschluss ersichtlich ist. Bei Kapitalgesellschaften gehört zum Jahresabschluss ein Anlagespiegel, aus dem Anschaffungszeitpunkt, Anschaffungswert und die Summe der bisherigen Abschreibungen ersichtlich sind. Ein Erinnerungswert in der Anlagenbuchhaltung ist dann nicht erforderlich. Gleichwohl ist es Handelsbrauch, dass in der Bilanz auf das Vorhandensein der entsprechenden Gattung der Anlagegüter hingewiesen wird. Dazu kann als Buchwert ein so genannter Erinnerungswert stehen bleiben, üblicherweise nicht 1 Cent, sondern 1 EUR.

BEISPIEL: In einem kleinen Zuliefererunternehmen werden 20 gleichartige Stanzmaschinen verwendet. Diese stellen das einzige Anlagevermögen dar und sind aber alle schon abgeschrieben. In der Bilanz würde dann unter Betriebsausstattung nicht „Null" stehen, sondern 1 EUR, also auch nicht 20 EUR.

Bestimmte Buchhaltungsprogramme erfordern einen solchen Erinnerungswert, um das Wirtschaftsgut für Inventur und Bilanzerstellung noch datentechnisch zu erfassen. Dann verbleibt er für jedes einzelne in der Anlagenbuchhaltung erfasste Wirtschaftsgut. In den folgenden Berechnungen der Abschreibung wird auf die Verwendung des Erinnerungswertes für ein einzelnes Wirtschaftsgüter verzichtet.

Geometrisch-degressive Abschreibung: Am Anfang der Nutzungsdauer ist die technische und wirtschaftliche Wertminderung häufig höher als gegen Ende der Nutzungsdauer. Entspricht der Abschreibungsbetrag dieser Entwicklung, so kann sich durch die in späteren Jahren der Nutzung geringeren Abschreibungsbeträge und die dann meistens höheren Erhaltungsaufwendungen ein eher gleichmäßiger Aufwand für ein Anlagegut ergeben. Kalkulatorisch wird aber gleichwohl immer die lineare Abschreibung verwendet. Die nicht lineare Abschreibung mit fallenden Abschreibungsbeträgen war steuerlich nur noch für Anschaffungen bis Ende 2010 zulässig.

Bei planmäßiger Abschreibung wird zur Erreichung fallender (= degressiver) Abschreibungsbeträge ein vereinfachtes Verfahren angewandt: Die jährliche Abschreibung wird immer mit dem gleichen Prozentsatz vom Buchwert am Jahresanfang berechnet. Der steuerlich höchstens zulässige Prozentsatz für die degressive Abschreibung war bis Ende 2010 das Zweieinhalbfache des linearen Abschreibungssatzes, höchstens 25 %. Die geometrisch-degressive Abschreibung war für Neuanschaffungen nur bei beweglichen abnutzbaren Anlagegütern zulässig; für Gebäude gibt es neben der linearen Abschreibung besondere steuerlich zulässige Abschreibungsmöglichkeiten.

BEISPIELE: Ein Elektrokarren für das Lager wurde Anfang 2010 mit Anschaffungskosten von 60.000 EUR angeschafft und wird degressiv bei einer Nutzungsdauer von acht Jahren abgeschrieben. Die Abschreibung entwickelt sich für die ersten vier Jahre dann wie folgt:

Jahr		Betrag in EUR
1	Anschaffungspreis	60.000,00
	– Abschreibung 25 %	15.000,00
	= Buchwert am Jahresende	45.000,00
2	– Abschreibung 25 % aus 45.000,00	11.250,00
	= Buchwert am Jahresende	33.750,00
3	– Abschreibung 25 % aus 33.750,00	8.437,50
	= Buchwert am Jahresende	25.312,50
4	– Abschreibung 25 % aus 25.312,50	6.328,13
	= Buchwert am Jahresende	18.984,38

Grundsätzlich verlaufen die Abschreibungsbeträge bei degressiver Abschreibung wie eine Hyperbel (vgl. Abb. 3).

Abschreibung nach Leistung: Wenn ein Anlagegut intensiver als gewöhnlich oder in sehr stark schwankendem Maße genutzt wird, kann von der regelmäßigen Abschreibung abgewichen und die jährlich tatsächlich erbrachte Leistung für die Berechnung verwendet werden. Dies ist nach § 7 Abs. 1 Satz 6 EStG und den EStR (Abschn. 7.4 Abs. 5) unter folgenden Voraussetzungen zulässig: Bei Wirtschaftsgütern, deren Leistung in der Regel erheblich schwankt und deren Verschleiß dementsprechend wesentliche Unterschiede

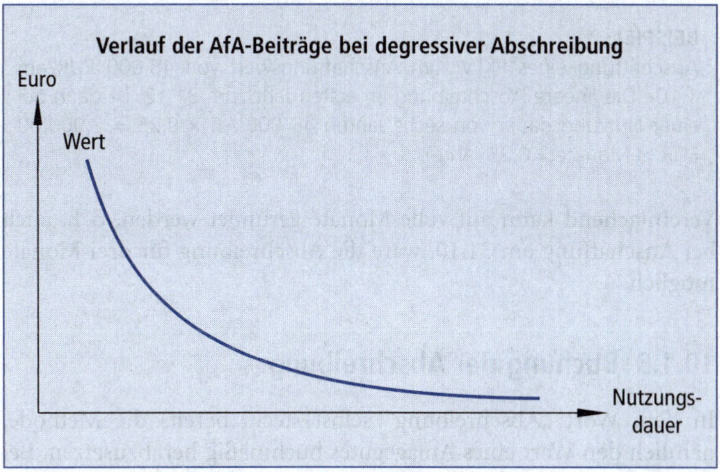

Abb 3: Verlauf der AfA-Beiträge bei degressiver Abschreibung

aufweist, ist die AfA nach Maßgabe der Leistung zulässig, wenn der Umfang der Leistung nachgewiesen wird. Dieser Nachweis kann z. B. bei einer Spezialmaschine durch ein Zählwerk oder bei einem Kraftfahrzeug durch den Kilometerzähler geführt werden.

BEISPIEL:
Die Nutzungsleistung eines mit einem Entladegeschirr versehenen Lieferwagens wird auf 250.000 km geschätzt. Aus organisatorischen Gründen ist die Fahrleistung im ersten Jahr 90.000 km. Im folgenden Jahr wird mit einem geringeren Einsatz gerechnet. Bei Anschaffungskosten von 120.000 EUR beträgt die AfA bei Berechnung nach Leistungseinheiten, hier km,
120.000 (EUR) × 90.000 (km) : 250.000 (km) = 43.200 EUR
Bei linearer Abschreibung hätte sie bei einer Nutzungsdauer von 9 Jahren 13.334 EUR betragen.

Bei einer Anschaffung während des Jahres wird die Abschreibung zeitanteilig berechnet.

BEISPIEL:
Anschaffung eines PKW zum Anschaffungswert von 48.000 EUR am 1.10.: Die lineare Abschreibung im ersten Jahr zum 31.12. ist dann bei einer Nutzungsdauer von sechs Jahren 48 000 / 6 × 0,25 = 2.000,00 EUR (3 Monate = 0,25 Jahre).

Vereinfachend kann auf volle Monate gerundet werden, d. h. auch bei Anschaffung am 31.10. wäre die Abschreibung für drei Monate möglich.

10.1.3 Buchung der Abschreibung

In dem Wort „Abschreibung" selbst steckt bereits die Methode, nämlich den Wert eines Anlagegutes buchmäßig herabzusetzen. Bei der **direkten Abschreibung** wird die berechnete Abschreibung vom gebuchten, d. h. aktivierten, Anschaffungswert abgesetzt, indem man sie auf die Haben-Seite des Anlagenkontos bucht. Der neue Saldo ergibt den für den Abschluss des Geschäftsjahres angesetzten Wert.

BEISPIEL: Ein Lieferwagen wird linear abgeschrieben. Eingangsrechnung vom 30. 1. mit 135.000 EUR netto, Nutzungsdauer 9 Jahre.
Ermittlung der Abschreibung: jährlich 135.000: 9 = 15.000 EUR. Im ersten Jahr in voller Höhe, da Anschaffung am 30. 1. als noch am Monatsanfang angeschafft gilt.

Buchungssatz bei Anschaffung am 30.1.:

Nr.	Soll	Haben	Buchungsbetrag Soll	Buchungsbetrag Haben
	Fuhrpark		135.000,00	
1	Vorsteuer		25.650,00	
		Lieferant Müller		160.650,00

Die Abschreibung im ersten Jahr ist 15.000 EUR. Der Lieferwagen wird am Jahresende also mit 120.000 EUR bewertet.

Konto Fuhrpark

Soll			**Haben**
Anfangsbestand zum Anschaffungswert	135.000,00	Abschreibung	15.000,00
		Saldo = Buchwert zum 31.12.	120.000,00

Die Abschreibung wird als Aufwand gebucht:

Nr.	Soll	Haben	Buchungs-betrag Soll	Buchungs-betrag Haben
1	Abschreibung auf Sachanlagen		15.000,00	
		Fuhrpark		15.000,00

Im Inventar wird der Lieferwagen mit 120.000 EUR angesetzt. Mit diesem Wert geht er in die Bilanzposition „Fuhrpark" ein. Im nächsten Geschäftsjahr wird die lineare Abschreibung in gleicher Weise gebucht. In der Bilanz erscheint der Lieferwagen dann mit einem Wert von 105.000 EUR.

10.1.4 Abgang von Anlagen

Heckmann verkauft Ende Januar den vor einem Jahr beschafften LKW wegen Umstellung auf eine andere Verladeorganisation zum Preis von 125.000,00 EUR zuzüglich Umsatzsteuer gegen Banküberweisung.

Buchung nach direkter Abschreibung: Auf dem Konto Fuhrpark steht der Lieferwagen am Jahresanfang mit 120.000 EUR zu Buch. Die zeitanteilige Abschreibung für den Monat Januar beträgt bei linearer Abschreibung 1.250 EUR und ist zuerst vorzunehmen. Da 125.000 EUR netto erlöst worden sind, ist die Differenz des Buchwerts nach zeitanteiliger Abschreibung in Höhe von 6.250 EUR letztlich als Ertrag aus dem Abgang von Gegenständen des Sachanlagevermögens zu erfassen.

Der Verkaufserlös in Höhe von 125.000 EUR kann bei einer automatischen Berechnung und Abstimmung der Umsatzsteuer (vgl.

Kap. 12) zuvor auf einem Sonderkonto „Erlöse aus dem Abgang von Gegenständen des Anlagevermögens“ (in der GuV unter „sonstige betriebliche Erträge“ ausgewiesen) erfasst werden, damit für die Umsatzsteuerverprobung eine entsprechende Bemessungsgrundlage auf einem Erlöskonto gebucht worden ist.

Die Buchungen für das genannte Beispiel ergeben sich dann wie folgt:

Nr.	Soll	Haben	Buchungsbetrag Soll	Buchungsbetrag Haben
1	Abschreibung auf Sachanlagen		1.250,00	
		Fuhrpark		1.250,00
2	Bank		148.750,00	
		Erlöse aus dem Abgang von Anlagen		125.000,00
		Umsatzsteuer		23.750,00
3	Erträge aus dem Abgang von Anlagen		118.750,00	
		Fuhrpark		118.750,00

Die Salden der Konten Erlöse aus dem Abgang von Anlagen und Erträge aus dem Abgang von Anlagen wurden in der GuV jeweils in die Position „sonstige betriebliche Erträge“ hineingesteuert. Per Saldo ergibt sich in der GuV ein Veräußerungsgewinn in Höhe von 6.250,00 EUR.

Auf den Hauptbuchkonten ergibt sich folgendes Bild:

Bank

Soll	**Haben**
148.750,00	

Umsatzsteuer

Soll	**Haben**
	23.750,00

Erlöse aus dem Abgang von Sachanlagen

Soll			Haben
			125.000,00

Fuhrpark

Soll			Haben
Anfangsbestand	120.000,00		1.250,00
			118.750,00

Abschreibung auf Sachanlagen

Soll			Haben
	1.250,00		

Erträge aus dem Abgang von Sachanlagen

Soll			Haben
	118.750,00		

10.1.5 Geringwertige Wirtschaftsgüter

Heckmann stattet ihr Büro mit neuen ergonomisch verbesserten Drehstühlen aus. Insgesamt werden Ende Januar 20 Stühle zum Einzelpreis von 350 EUR zuzüglich der Umsatzsteuer beschafft. Dazu kommen 10 Arbeitstischeinheiten zum Einzelpreis von 600 EUR zuzüglich Umsatzsteuer. Zur Schreibtischausstattung werden zusätzlich 10 Ablagekorbeinheiten beschafft, die jeweils netto 130,00 EUR gekostet haben.

§ 6 Abs. 2 EStG Bewertung
Die Anschaffungs- oder Herstellungskosten oder der nach Absatz 1 Nummer 5 bis 6 an deren Stelle tretende Wert von abnutzbaren beweglichen Wirtschaftsgütern des Anlagevermögens, die einer selbständigen Nutzung fähig sind, können im Wirtschaftsjahr der Anschaffung, Herstellung oder Einlage des Wirtschaftsguts oder der Eröffnung des Betriebs in voller Höhe als Betriebsausgaben abgezogen werden, wenn die Anschaffungs- oder Herstellungskosten, vermin-

dert um einen darin enthaltenen Vorsteuerbetrag (§ 9b Absatz 1), oder der nach Absatz 1 Nummer 5 bis 6 an deren Stelle tretende Wert für das einzelne Wirtschaftsgut 410 Euro nicht übersteigen. … Wirtschaftsgüter im Sinne des Satzes 1, deren Wert 150 Euro übersteigt, sind unter Angabe des Tages der Anschaffung, Herstellung oder Einlage des Wirtschaftsguts oder der Eröffnung des Betriebs und der Anschaffungs- oder Herstellungskosten oder des nach Absatz 1 Nummer 5 bis 6 an deren Stelle tretenden Werts in ein besonderes, laufend zu führendes Verzeichnis aufzunehmen. Das Verzeichnis braucht nicht geführt zu werden, wenn diese Angaben aus der Buchführung ersichtlich sind.

(2a) Abweichend von Absatz 2 Satz 1 kann für die abnutzbaren beweglichen Wirtschaftsgüter des Anlagevermögens, die einer selbständigen Nutzung fähig sind, im Wirtschaftsjahr der Anschaffung, Herstellung oder Einlage des Wirtschaftsguts oder der Eröffnung des Betriebs ein Sammelposten gebildet werden, wenn die Anschaffungs- oder Herstellungskosten, vermindert um einen darin enthaltenen Vorsteuerbetrag (§ 9b Absatz 1), oder der nach Absatz 1 Nummer 5 bis 6 an deren Stelle tretende Wert für das einzelne Wirtschaftsgut 150 Euro, aber nicht 1 000 Euro übersteigen. Der Sammelposten ist im Wirtschaftsjahr der Bildung und den folgenden vier Wirtschaftsjahren mit jeweils einem Fünftel gewinnmindernd aufzulösen. Scheidet ein Wirtschaftsgut im Sinne des Satzes 1 aus dem Betriebsvermögen aus, wird der Sammelposten nicht vermindert. Die Anschaffungs- oder Herstellungskosten oder der nach Absatz 1 Nummer 5 bis 6 an deren Stelle tretende Wert von abnutzbaren beweglichen Wirtschaftsgütern des Anlagevermögens, die einer selbständigen Nutzung fähig sind, können im Wirtschaftsjahr der Anschaffung, Herstellung oder Einlage des Wirtschaftsguts oder der Eröffnung des Betriebs in voller Höhe als Betriebsausgaben abgezogen werden, wenn die Anschaffungs- oder Herstellungskosten, vermindert um einen darin enthaltenen Vorsteuerbetrag (§ 9b Absatz 1), oder der nach Absatz 1 Nummer 5 bis 6 an deren Stelle tretende Wert für das einzelne Wirtschaftsgut 150 Euro nicht übersteigen. Die Sätze 1 bis 3 sind für alle in einem Wirtschaftsjahr angeschafften, hergestellten oder eingelegten Wirtschaftsgüter einheitlich anzuwenden.

§ 6 Abs. 2 EStG gibt ein vielfältiges Wahlrecht für die Erfassung und Abschreibung von Wirtschaftsgütern mit einem Anschaffungswert ohne Umsatzsteuer bis zu 1.000 EUR einschließlich. Solche Wirtschaftsgüter werden gemeinhin als „geringwertige Wirtschaftsgüter" (GWG) bezeichnet.

Die geringwertigen Wirtschaftsgüter müssen

- beweglich,
- abnutzbar, also über mehr als ein Jahr hinweg nutzbar, und
- selbstständig bewertbar und nutzbar sein. Einbauteile können also nicht wie geringwertige Wirtschaftsgüter behandelt werden.

Beispiele für **selbstständig nutzbare** GWG sind:

- Aktenvernichter
- Faxgerät
- Briefwaage
- Lampen
- Geldprüfgerät

Nicht selbstständig nutzbar sind:

- Maschinenersatzteile
- Leuchtmittel
- Peripheriegeräte einer PC-Anlage wie Monitor, Maus u. ä.

Der Absatz 2 des § 6 Einkommensteuergesetz gibt ein weitgehendes Wahlrecht, das die Behandlung der GWG scheinbar kompliziert macht. In diesem Buch gehen wir so vor, dass erst gezeigt wird, wie die meisten Unternehmen üblicherweise die GWG behandeln, dann werden die weiteren Wahlmöglichkeiten beschrieben.

(1) GWG mit Anschaffungswert bis zu 150 EUR einschließlich: Diese Wirtschaftsgüter können im Jahr der Anschaffung als Aufwand gebucht werden. Eine Erfassung in der Anlagenkartei und eine Abschreibung sind dann nicht notwendig. Manche bezeichnen diese Güter bezüglich des Anschaffungswertes auch als „geringstwertige Wirtschaftsgüter".

BEISPIEL: Die angeschafften Ablagekorbeinheiten erfüllen die Kriterien der GWG, da sie selbstständig nutzbar wären. Wegen ihres Anschaffungspreises von jeweils nicht über netto 150[30] EUR behandelt Heckmann diese sofort als Aufwand nach § 6, Abs. 2 EStG.

Der Buchungssatz bei ihrer Beschaffung lautet dann:

Nr.	Soll	Haben	Buchungsbetrag Soll	Buchungsbetrag Haben
1	Büromaterial		1.300,00	
	Vorsteuer		247,00	
		Lieferant Schulz		1.547,00

(2) Bildung eines Sammelpostens Geringwertige Wirtschaftsgüter: Für alle Wirtschaftsgüter vom Nettoanschaffungswert über 150 EUR bis zum Nettoanschaffungswert von 1.000 EUR einschließlich besteht die Möglichkeit, alle solche Güter in einem Geschäftsjahr in einen buchhalterischen Sammelposten einzubringen. Für die eingebrachten Gegenstände braucht keine Anlagenbuchführung erstellt zu werden. Der Betrag des jährlichen Sammelpostens wird über fünf Jahre hinweg linear abgeschrieben. Wird ein Gegenstand entnommen, so kann bei der Ermittlung des Ertrags der Einzelbuchwert nicht mehr abgesetzt werden. Eine zeitanteilige Erfassung nach Monaten gibt es hier nicht. Es spielt also keine Rolle, ob der Posten im Januar oder Dezember eingestellt wird. Auch wenn das Gut nicht mehr vorhanden ist, z. B. wegen Verkaufs oder Zerstörung, verbleibt es im Sammelposten und wird planmäßig abgeschrieben.

BEISPIEL: Für die von der Heckmann beschafften Schreibtische und Stühle gilt dann bei der Anschaffung:

Kaufpreis Stühle 20 Stück zu 350,00 EUR =	7.000,00 EUR
Kaufpreis Arbeitstische 10 Stück zu 600,00 EUR =	6.000,00 EUR
zuzüglich 19 % Umsatzsteuer aus 13.000,00 EUR =	2.470,00 EUR

Die Eingangsrechnung ist dann wie folgt zu buchen:

Nr.	Soll	Haben	Buchungsbetrag Soll	Buchungsbetrag Haben
1	Sammelposten GWG Jahr 20xx		13.000,00	
	Vorsteuer		2.470,00	
		Lieferant Schulz		15.470,00

Zu dieser Anschaffung werden im laufenden Geschäftsjahr weitere GWG-Beschaffungen zugerechnet. Wenn es bei den oben beschriebenen bleibt, wird am Jahresende gebucht:

Nr.	Soll	Haben	Buchungsbetrag Soll	Buchungsbetrag Haben
1	Abschreibungen auf GWG		2.600,00	
		Sammelposten GWG Jahr 20xx		2.600,00

Wird die Bildung des GWG-Sammelpostens für ein Geschäftsjahr gewählt, muss dies für alle GWG bis zu 1.000 EUR einschließlich angewandt werden.

(3) **Sofortige Abschreibung für GWG:** Für GWG bis zum Anschaffungswert von netto 410 EUR einschließlich kann die sofortige Abschreibung im Jahr der Anschaffung gewählt werden.[31]

BEISPIEL: Die von Heckmann beschafften Bürostühle könnten wie folgt erfasst werden:

Bei der Anschaffung:

Nr.	Soll	Haben	Buchungsbetrag Soll	Buchungsbetrag Haben
	GWG		7.000,00	
1	Vorsteuer		1.330,00	
		Lieferant Schulz		8.330,00

Zum 31.12.:

Nr.	Soll	Haben	Buchungsbetrag Soll	Buchungsbetrag Haben
1	Abschreibungen auf GWG		7.000,00	
		GWG		7.000,00

Würde diese Wahlmöglichkeit wahrgenommen, muss gesichert sein, dass Anschaffungsjahr und Anschaffungspreis der einzelnen Wirtschaftsgüter durch die Buchhaltung nachgewiesen werden können. Die Schreibtischausstattung könnte parallel dazu sofort als Aufwand behandelt werden. Die Schreibtische selbst dürften aber nicht mehr als GWG gebucht, sondern wie normale Wirtschaftsgüter erfasst werden, d. h., sie wären zu aktivieren und mit der üblichen Abschreibung abzuschreiben, z. B. bei einer Nutzungsdauer von 13 Jahren mit 7,7 % jährlich.

(3) Verzicht auf Wahlmöglichkeit nach § 6 Abs. 2 EStG: Die Wahlmöglichkeiten müssen überhaupt nicht zwingend angewendet werden. Das Unternehmen kann alle abnutzbaren Wirtschaftsgüter aktivieren und planmäßig abschreiben. Die Buchungen entsprechen denen im Fall 2. Wenn auch steuerrechtlich jährlich das gewählte Verfahren gewechselt werden kann, gebietet der Grundsatz der Bilanzkontinuität, dass ein einmal gewähltes Verfahren beibehalten werden sollte.

Welches Verfahren für die GWG letztlich gewählt wird, hängt von den individuellen Verhältnissen des Unternehmens ab. Allgemein gilt:

Soll ein positives Jahresergebnis möglichst gering gehalten werden, bietet sich grundsätzlich der Sofortabzug an.

Wenn sich ein Unternehmen in der Verlustphase befindet, mag es diesen eher verringern wollen. Es wird dann die zeitanteilige Abschreibung gewählt.

10.2 Wertansätze in der Bilanz

Uli Heckmann, Inhaber der Fahrradhandlung Heckmann, bespricht mit seinem Bilanzbuchhalter das voraussichtliche Ergebnis des letzten Geschäftsjahres, bevor die Bilanz fertig gemacht wird. Heckmann meint, das Jahr sei bestens gelaufen, dies würden die Umsatzzahlen deutlich zeigen. Der Bilanzbuchhalter ist etwas skeptisch und stimmt der guten Umsatzentwicklung zu, macht aber Vorbehalte geltend, weil die Bewertung des Vermögens noch nicht abgeschlossen worden sei. So seien beispielsweise noch folgende Vorgänge unberücksichtigt:

- Das Hauptlagergrundstück werde demnächst einen direkten Anschluss an die Autobahn erhalten, was seinen Wert steigern wird.
- Auf einem als Reserve zum weiteren Ausbau gekauften Grundstück wurden „Altlasten" im Boden entdeckt, Ansprüche an den Verkäufer können nicht mehr geltend gemacht werden.
- Durch die gute Konjunktur seien die Beschaffungspreise der im Lager befindlichen Rohstoffe gestiegen, der rechtzeitige Einkauf habe sich gelohnt.
- An einen Lieferanten sei eine relativ hohe Rechnung ausnahmsweise in Schweizer Franken zu zahlen. Der Kurs für Franken sei seit der Rechnungsstellung gestiegen.
- Für die im Dezember ausgeführte Reparatur des Flachdachs stehe die Rechnung noch ganz aus.

Der in der Finanzbuchhaltung ermittelte Erfolg eines Geschäftsjahres hängt unter anderem davon ab, wie am Bilanzstichtag das Vermögen und die Verbindlichkeiten bewertet werden.

10.2.1 Bewertungsziele und -grundsätze

Heckmann möchte wegen des sonst gut gelaufenen Geschäftsjahres in dem Jahresabschluss die Bewertung des vorhandenen Vermögens möglichst niedrig ansetzen, um den Gewinn insgesamt so gering wie möglich auszuweisen. Man befürchtet sonst hohe Steuernachzahlungen. Der Bilanzbuchhalter meint, er werde bis an die gesetzlich zulässigen Grenzen gehen.

Auf der einen Seite möchte ein Unternehmen zur Vermeidung von Ertragsteuern seine Lage so schlecht wie möglich darstellen, auf der anderen Seite ist man in schlechten Zeiten geneigt, das Bild des Unternehmens so günstig wie möglich zu zeichnen, was aber unter Umständen die Gläubiger oder auch Gesellschafter schädigen könnte. Um dabei Missbrauch einzuschränken, hat der Gesetzgeber sowohl handels- wie steuerrechtliche Mindest- und Höchstgrenzen und Grundsätze für die Bewertung von Vermögen und Schulden festgelegt.

Handelsrechtlich sind die allgemeinen Bewertungsgrundsätze im Handelsgesetzbuch beschrieben:

> **§ 252 Abs. 1 HGB Allgemeine Bewertungsgrundsätze**
> (...)
> 1. Die Wertansätze in der Eröffnungsbilanz des Geschäftsjahres müssen mit denen der Schlussbilanz des vorhergehenden Geschäftsjahres übereinstimmen.

Diese Regel bezeichnet man als Grundsatz der **Bilanzkontinuität**. Von dieser formellen Bilanzkontinuität, auch Bilanzidentität genannt, darf nur in begründeten Ausnahmefällen abgewichen werden. Wenn dieser Grundsatz eingehalten wird, erübrigt sich die Aufstellung einer besonderen Anfangsbilanz, da sie sich inhaltlich sowohl hinsichtlich der einzelnen Wirtschaftsgüter als auch ihrer Bewertung genau mit der Schlussbilanz des Vorjahrs decken müsste. Für Kapitalgesellschaften wird der Grundsatz nach § 265 Abs. 1 HGB durch das Prinzip der Darstellungsstetigkeit ergänzt, nach dem insbesondere das Bilanzgliederungsschema beizubehalten ist. Damit soll eine Vergleichbarkeit der Bilanzen über einen längeren Zeitraum hinweg gewährleistet werden.

Die materielle Bilanzkontinuität ergänzt die formelle insofern, als die einmal gewählten Bewertungsmethoden grundsätzlich beibehalten werden müssen. Auch dieser Grundsatz soll die Vergleichbarkeit gewährleisten.

> **§ 252 Abs. 1 HGB**
> (...)
> 2. Bei der Bewertung ist von der Fortführung der Unternehmenstätigkeit auszugehen, sofern dem nicht tatsächliche oder rechtliche Gegebenheiten entgegenstehen.

Dies bezeichnet man als Grundsatz der **Unternehmensfortführung.**

BEISPIEL: Eine speziell für ein Unternehmen konstruierte Maschine ist nur für das Unternehmen selbst bei der Produktion wertvoll, müsste man sie aber verkaufen, wäre sie eventuell nur noch zum Schrottwert abzusetzen.

> **§ 252 Abs. 1 HGB**
> (...)
> 3. Die Vermögensgegenstände und Schulden sind zum Abschlussstichtag einzeln zu bewerten.

Der Grundsatz der Einzelbewertung und das Stichtagsprinzip kommen insbesondere bei der Erstellung des Inventars zur Anwendung. Ausnahmen hiervon gibt es z. B. bei der Bewertung von Vorräten des Umlaufvermögens.

Der Grundsatz der **Vorsicht** verlangt:

> **§ 252 Abs. 1 HGB**
> (...)
> 4. Es ist vorsichtig zu bewerten, namentlich sind alle vorhersehbaren Risiken und Verluste, die bis zum Abschlussstichtag entstanden sind, zu berücksichtigen, selbst wenn diese erst zwischen dem Abschlussstichtag und dem Tag der Aufstellung des Jahresabschlusses bekannt geworden sind; Gewinne sind nur zu berücksichtigen, wenn sie am Abschlussstichtag realisiert sind.

BEISPIEL:
Die Wertsteigerung in den Vorräten und bei dem Lagergrundstück der Heckmann KG darf nicht berücksichtigt werden, wohl aber müssen die voraussichtliche Wertminderung des „verseuchten" Grundstücks und die Kurssteigerung des Schweizer Frankens bei den Verbindlichkeiten „vorsichtshalber" bereits berücksichtigt werden, auch wenn sich ein Verlust letztlich geringer herausstellen würde.

Das Prinzip, zu erwartende Verluste zu berücksichtigen und noch nicht realisierte Gewinne unberücksichtigt zu lassen, wird auch als Imparitätsprinzip (Imparität = Ungleichheit) bezeichnet. Es kommt bei der Bewertung des Anlage- und Umlaufvermögens als strenges und gemildertes Niederstwertprinzip und bei der Bewertung der Verbindlichkeiten im Höchstwertprinzip zur Anwendung (vgl. Kap. 10.2.2 und 10.2.3). Mit Realisationsprinzip bezeichnet man die Vorschrift, Gewinne nur dann zu berücksichtigen, wenn sie realisiert worden sind.

§ 252 Abs. 1 HGB

(…)

5. Aufwendungen und Erträge des Geschäftsjahres sind unabhängig von den Zeitpunkten der entsprechenden Zahlungen im Jahresabschluss zu berücksichtigen.

Der Grundsatz der Periodenabgrenzung erfordert die zeitliche Abgrenzung und die Bildung von Rückstellungen (vgl. Kap. 10.3.4).

BEISPIEL: Aus der Dachreparatur ist der Heckmann KG eine Verbindlichkeit entstanden, auch wenn noch keine detaillierte Rechnung vorliegt. Zusätzlich muss dies im laufenden Geschäftsjahr durch Bildung einer Rückstellung als Aufwand berücksichtigt werden.

§ 252 Abs. 1 HGB

(…)

6. Die auf den vorhergehenden Jahresabschluss angewandten Bewertungsmethoden sind beizubehalten.

Nach dem Grundsatz der Bewertungsstetigkeit muss also eine einmal gewählte Bewertungsmethode beibehalten werden. Ein Wechsel der Bewertungsmethode ist nur in begründeten Ausnahmefällen möglich.

BEISPIEL: Wurden geringwertige Wirtschaftsgüter erst in den Sammelposten eingestellt, soll auch im nächsten Jahr ein Sammelposten gebildet werden.

Die steuerrechtlichen Vorschriften sind überwiegend aus § 6 EStG zu entnehmen. Sie entsprechen von ihrer Systematik her etwa den handelsrechtlichen Vorschriften, allerdings werden andere Begriffe verwendet und schränken vor allem die Bewertung nach unten stärker ein.

Das Steuerrecht bezeichnet die Abschreibung als Absetzung für Abnutzung und den sich nach dem Grundsatz der Unternehmenskontinuität ergebenden Wert als **Teilwert**:

> **§ 6 Abs. 1 Nr. 1 S. 3 EStG Bewertung**
> Teilwert ist der Betrag, den ein Erwerber des ganzen Betriebs im Rahmen des Gesamtkaufpreises für das einzelne Wirtschaftsgut ansetzen würde; dabei ist davon auszugehen, dass der Erwerber den Betrieb fortführt.

Für das Steuerrecht gelten folgende Teilwertvermutungen:

- Im Zeitpunkt des Erwerbs oder der Fertigstellung eines Wirtschaftsguts entspricht der Teilwert den Anschaffungs- oder Herstellungskosten.
- Bei nichtabnutzbaren Wirtschaftsgütern des Anlagevermögens sind als Teilwert auch zu späteren, dem Zeitpunkt der Anschaffung oder Herstellung nachfolgenden Bewertungsstichtagen die Anschaffungs- oder Herstellungskosten anzusehen.
- Bei abnutzbaren Wirtschaftsgütern des Anlagevermögens entspricht der Teilwert zu späteren, den Zeitpunkt der Anschaffung oder Herstellung nachfolgenden Bewertungsstichtagen den um die lineare AfA verminderten Anschaffungs- oder Herstellungskosten.
- Bei Wirtschaftsgütern des Umlaufvermögens sind als Teilwert grundsätzlich die Wiederbeschaffungskosten anzusetzen.

Zu einer Teilwertabschreibung kommt es nur, wenn der Teilwert aufgrund einer voraussichtlich dauernden Wertminderung niedriger als der fortgeführte Buchwert ist.

Handels- und Steuerbilanz: Die handelsrechtlichen Bewertungsvorschriften beinhalten das Vorsichtsprinzip zum Schutz der Gläubiger: Vermögenswerte sollen nicht zu hoch und Verbindlichkeiten nicht zu gering angesetzt werden. Die steuerrechtlichen Bewertungsvorschriften zielen darauf ab, die Vermögenswerte nicht zu gering und die Verbindlichkeiten nicht zu hoch auszuweisen, damit der Steuerpflichtige seinen Gewinn nicht zu niedrig ausweist.

Wenn diese Bewertungsvorschriften bis in ihre Grenzbereiche ausgenutzt werden, kann das handelsrechtlich ermittelte Jahresergebnis von dem steuerrechtlichen abweichen.

Eine Handelsbilanz entspricht den handelsrechtlichen Vorschriften, eine Steuerbilanz den steuerrechtlichen.

Trotz der unterschiedlichen Zielsetzungen der Bewertungsvorschriften gilt für die Steuerbilanz der **Maßgeblichkeitsgrundsatz**, nach dem grundsätzlich für die Ermittlung der steuerlichen Wertansätze die handelsrechtlichen Vorschriften gelten:

> **§ 5 EStG Gewinn bei Kaufleuten**
> (1) Bei Gewerbetreibenden, die auf Grund gesetzlicher Vorschriften verpflichtet sind, Bücher zu führen und regelmäßig Abschlüsse zu machen, oder die ohne eine solche Verpflichtung Bücher führen und regelmäßig Abschlüsse machen, ist für den Schluss des Wirtschaftsjahres das Betriebsvermögen anzusetzen (§ 4 Absatz 1 Satz 1), das nach den handelsrechtlichen Grundsätzen ordnungsmäßiger Buchführung auszuweisen ist, es sei denn, im Rahmen der Ausübung eines steuerlichen Wahlrechts wird oder wurde ein anderer Ansatz gewählt. Voraussetzung für die Ausübung steuerlicher Wahlrechte ist, dass die Wirtschaftsgüter, die nicht mit dem handelsrechtlich maßgeblichen Wert in der steuerlichen Gewinnermittlung ausgewiesen werden, in besondere, laufend zu führende Verzeichnisse aufgenommen werden. In den Verzeichnissen sind der Tag der Anschaffung oder Herstellung, die Anschaffungs- oder Herstellungskosten, die Vorschrift des ausgeübten steuerlichen Wahlrechts und die vorgenommenen Abschreibungen nachzuweisen.

Das strikte Wertaufholungsgebot verlangt, dass die Vermögenswerte des Anlage- und Umlaufvermögens, die am letzten Abschluss-Stichtag mit dem niedrigeren Teilwert angesetzt wurden, am darauf folgenden Bilanzstichtag grundsätzlich mit den fortgeführten Anschaffungs- oder Herstellungskosten angesetzt werden. Nur für den Fall, dass auch zum aktuellen Stichtag ein niedrigerer Teilwert nachgewiesen wird, kann dieser bilanziert werden. Der Teilwert kann für Vermögensgegenstände des Anlage- und des Umlaufvermögens nur dann angesetzt werden, wenn er auf einer voraussichtlich dauernden Wertminderung beruht. Dies gilt nur für die Steuerbilanz. Im Folgenden stellen wir überwiegend die Regelungen für die Erstellung der Handelsbilanz dar.

Unternehmen in der Rechtsform des Einzelkaufmanns oder einer Personenhandelsgesellschaft, ausgenommen einer GmbH & Co KG, müssen ihren Jahresabschluss nicht veröffentlichen. Sie erstellen deshalb meistens nur eine Steuerbilanz. Alle zur Veröffentlichung verpflichteten Unternehmen müssen ihren Jahresabschluss nach den Regeln des HGB als Handelsbilanz veröffentlichen. Diese Unternehmen müssen regelmäßig sowohl eine Handelsbilanz wie eine Steuerbilanz erstellen.

Latente Steuern: Abweichungen zwischen der Bewertung in der Steuerbilanz und in der Handelsbilanz, z. B. wegen unterschiedlicher Abschreibungsmethoden, führen in der Handelsbilanz zum Ausweis so genannter latenter (= verborgener) Steuern.

> **§ 274 HGB Latente Steuern**
>
> (1) Bestehen zwischen den handelsrechtlichen Wertansätzen von Vermögensgegenständen, Schulden und Rechnungsabgrenzungsposten und ihren steuerlichen Wertansätzen Differenzen, die sich in späteren Geschäftsjahren voraussichtlich abbauen, so ist eine sich daraus insgesamt ergebende Steuerbelastung als passive latente Steuern (§ 266 Abs. 3 E.) in der Bilanz anzusetzen. Eine sich daraus insgesamt ergebende Steuerentlastung kann als aktive latente Steuern (§ 266 Abs. 2 D.) in der Bilanz angesetzt werden. Die sich ergebende Steuerbe- und die sich ergebende Steuerentlastung können auch unverrechnet angesetzt werden.
>
> …
>
> (2) Die Beträge der sich ergebenden Steuerbe- und -entlastung sind mit den unternehmensindividuellen Steuersätzen im Zeitpunkt des Abbaus der Differenzen zu bewerten und nicht abzuzinsen. Die ausgewiesenen Posten sind aufzulösen, sobald die Steuerbe- oder -entlastung eintritt oder mit ihr nicht mehr zu rechnen ist. Der Aufwand oder Ertrag aus der Veränderung bilanzierter latenter Steuern ist in der Gewinn- und Verlustrechnung gesondert unter dem Posten „Steuern vom Einkommen und vom Ertrag" auszuweisen.

Für Kapitalgesellschaften gelten daraus folgende Regeln:

Auf der Aktivseite sei der HGB-Wert eines Anlagegegenstandes größer als der Steuerwert:

Die in der GuV ausgewiesenen Steuern vom Einkommen und Ertrag (EE-Steuern) entsprechen dann nicht der steuerlichen Bewertung. Wenn beispielsweise steuerlich höher als handelsrechtlich abgeschrieben worden ist, ist der steuerliche Gewinn anteilig geringer als der handelsrechtliche, was zu einer gegenüber dem handelsrechtlichen Gewinnausweis geringeren EE-Steuerzahlung führt. Diese muss deshalb fiktiv durch Ausweis im Jahresabschluss „nachgeholt" werden. Die Buchung lautet für eine Differenz von angenommen 5.000 EUR:

Nr.	Soll	Haben	Buchungsbetrag Soll	Buchungsbetrag Haben
1	EE-Steuern		5.000,00	
		Passive latente Steuern		5.000,00

Der Posten EE-Steuern erhöht also den Steueraufwand, der Gegenposten passive latente Steuern wird bei den Passiva ausgewiesen. Gleicht sich die Bewertungsdifferenz in den folgenden Geschäftsjahren durch die in der Handelsbilanz „nachgeholte" Abschreibung wieder aus, wird später durch Rückbuchung die Position EE-Steuern wieder vermindert. In den folgenden Geschäftsjahren wird im angenommenen Beispiel der steuerliche Gewinn und damit die Steuerzahlung höher als in der Handelsbilanz ausgewiesen. Die Buchung über latente Steuern gleicht sich in späteren Geschäftsjahren aus. Man kann dies auch als „Verlustvortrag" und „Verlustrücktrag" bezeichnen.

Ist der HGB-Wert eines Anlagegutes geringer als der Steuerwert, werden entsprechend der EE-Steuerausweis in der Handelsbilanz durch die Buchung über „aktive latente Steuern" vermindert und in weiteren Geschäftsjahren durch Auflösung dieser Position wieder erhöht.

Für Bewertungsabweichungen auf der Passivseite gelten folgende Regeln:

HGB-Wert > Steuerwert → Aktive latente Steuern

Dies kann zum Beispiel eintreten, wenn die Pensionsrückstellungen nach HGB höher als nach Steuerrecht ausgewiesen werden.

HGB-Wert < Steuerwert → Passive latente Steuern

10.2.2 Bewertung des Anlagevermögens

Nach § 253, Abs. 1 HGB sind Vermögensgegenstände höchstens mit den Anschaffungs- oder Herstellungskosten, vermindert um die Abschreibungen anzusetzen.

§ 253 HGB Zugangs- und Folgebewertung

(3) Bei Vermögensgegenständen des Anlagevermögens, deren Nutzung zeitlich begrenzt ist, sind die Anschaffungs- oder die Herstellungskosten um planmäßige Abschreibungen zu vermindern. Der Plan muss die Anschaffungs- oder Herstellungskosten auf die Geschäftsjahre verteilen, in denen der Vermögensgegenstand voraussichtlich genutzt werden kann. Ohne Rücksicht darauf, ob ihre Nutzung zeitlich begrenzt ist, sind bei Vermögensgegenständen des Anlagevermögens bei voraussichtlich dauernder Wertminderung außerplanmäßige Abschreibungen vorzunehmen, um diese mit dem niedrigeren Wert anzusetzen, der ihnen am Abschlussstichtag beizulegen ist. Bei Finanzanlagen können außerplanmäßige Abschreibungen auch bei voraussichtlich nicht dauernder Wertminderung vorgenommen werden.

(4) Bei Vermögensgegenständen des Umlaufvermögens sind Abschreibungen vorzunehmen, um diese mit einem niedrigeren Wert anzusetzen, der sich aus einem Börsen- oder Marktpreis am Abschlussstichtag ergibt. Ist ein Börsen- oder Marktpreis nicht festzustellen und übersteigen die Anschaffungs- oder Herstellungskosten den Wert, der den Vermögensgegenständen am Abschlussstichtag beizulegen ist, so ist auf diesen Wert abzuschreiben.

(5) Ein niedrigerer Wertansatz nach Absatz 3 Satz 3 oder 4 und Absatz 4 darf nicht beibehalten werden, wenn die Gründe dafür nicht mehr bestehen. Ein niedrigerer Wertansatz eines entgeltlich erworbenen Geschäfts- oder Firmenwertes ist beizubehalten.

Was sind Anschaffungskosten?

§ 255 HGB Bewertungsmaßstäbe

(1) Anschaffungskosten sind die Aufwendungen, die geleistet werden, um einen Vermögensgegenstand zu erwerben und ihn in einen betriebsbereiten Zustand zu versetzen, soweit sie dem Vermögensgegenstand einzeln zugeordnet werden können. Zu den Anschaffungskosten gehören auch die Nebenkosten sowie die nachträglichen Anschaffungskosten. Anschaffungspreisminderungen sind abzusetzen.

Daraus kann folgendes Schema (gleich für Handels- und Steuerbilanz) abgeleitet werden:

	Anschaffungspreis
+	Nebenkosten
+	Nachträgliche Anschaffungskosten
–	Anschaffungskostenminderungen
=	aktivierbare Anschaffungskosten

Anschaffungskosten sind die Aufwendungen für den Erwerb eines Vermögensgegenstandes. Neben dem Kaufpreis (netto) können sie um die Anschaffungsnebenkosten erhöht und um Rabatte und Skonti, die sog. Anschaffungspreisminderungen, vermindert werden.

Anschaffungsnebenkosten können sein:

Transportkosten, Einfuhrzölle, Provisionen, Montagekosten, bei Grundstücken Notariatskosten, Grunderwerbsteuer und Erschließungskosten, bei Fahrzeugen die Zulassungskosten. Im gewerblichen Bereich gehören Geldbeschaffungs- und Lagerkosten nicht zu den Anschaffungskosten.

BEISPIEL: Wir beziehen eine Maschine von der Kurz GmbH, für die folgende Rechnung gestellt wird:

Listenpreis	43.000,00 EUR
Transportkosten	1.350,00 EUR
Montagekosten	1.900,00 EUR
	46.250,00 EUR
– Rabatt 8 %	3 700,00 EUR
	42.550,00 EUR
Umsatzsteuer 19 %	8.084,50 EUR
Rechnungsbetrag	50.634,50 EUR

Bei Zahlung innerhalb von 10 Tagen 2 % Skonto.

Die Anschaffungskosten entsprechen zunächst dem um den Rabatt verminderten Rechnungsbetrag ohne Umsatzsteuer. Buchungssatz für die Anschaffung der Maschine:

Nr.	Soll	Haben	Buchungsbetrag Soll	Buchungsbetrag Haben
1	Maschinen		42.550,00	
	Vorsteuer		8.084,50	
		Kurz GmbH		50.634,50

Wird unter Abzug von Skonto bezahlt, so mindert dies die Anschaffungskosten und die Vorsteuer:

Nr.	Soll	Haben	Buchungsbetrag Soll	Buchungsbetrag Haben
1	Kurz GmbH		50.634,50	
		Bank		49.621,81
		Maschinen		851,00
		Vorsteuer		161,69

BEISPIEL: Wir erwerben ein unbebautes Grundstück von der Gemeinde zum Preis von 120.000 EUR. Die Notariatskosten für den Kaufvertrag betragen 1.785 EUR einschließlich 19 % Umsatzsteuer, und die Gebühren des Grundbuchamtes für die Eintragung betragen 540 EUR. Von der Gemeinde werden später noch Anliegergebühren in Höhe von 35.000 EUR in Rechnung gestellt. Das Finanzamt berechnet 6.000 EUR Grunderwerbsteuer. Im ersten Jahr sind 950 EUR Grundsteuer zu zahlen.

Berechnung der Anschaffungskosten:

Kaufpreis	120.000 EUR
Notariatskosten netto	1.500 EUR
Gebühren Grundbuchamt	540 EUR
Grunderwerbsteuer	6.000 EUR
Anliegergebühren	35.000 EUR
	163.040 EUR

Die Grundsteuer gehört zu den laufenden Aufwendungen und wird bei den Anschaffungskosten nicht berücksichtigt.

Was sind Herstellungskosten ?

§ 255 HGB Bewertungsmaßstäbe

(2) Herstellungskosten sind die Aufwendungen, die durch den Verbrauch von Gütern und die Inanspruchnahme von Diensten für die Herstellung eines Vermögensgegenstands, seine Erweiterung oder für eine über seinen ursprünglichen Zustand hinausgehende wesentliche Verbesserung entstehen. Dazu gehören die Materialkosten, die Fertigungskosten und die Sonderkosten der Fertigung sowie angemessene Teile der Materialgemeinkosten, der Fertigungsgemeinkosten und des Werteverzehrs des Anlagevermögens, soweit dieser durch die Fertigung veranlasst ist. Bei der Berechnung der Herstellungskosten dürfen angemessene Teile der Kosten der allgemeinen Verwaltung sowie angemessene Aufwendungen für soziale Einrichtungen des Betriebs, für freiwillige soziale Leistungen und für die betriebliche Altersversorgung einbezogen werden, soweit diese auf den Zeitraum der Herstellung entfallen. Forschungs- und Vertriebskosten dürfen nicht einbezogen werden.

Herstellungskosten sind die Aufwendungen, die bei der Herstellung von Erzeugnissen und eigengenutzten Anlagen und Werkzeugen anfallen. Die Ermittlung der Herstellungskosten ist in erster Linie für industrielle Betriebe ein wichtiges Ziel der Kostenrechnung. Schematisch ergeben sich die dargestellten Ober- und Untergrenzen:

Die Herstellungskosten nach Handelsrecht und Steuerrecht (Ziffer 6.3 EStR) ergeben sich nach folgendem Schema:

Mindestherstellungskosten	
	Fertigungsmaterial
+	Fertigungslöhne
+	Sondereinzelkosten der Fertigung
+	Materialgemeinkosten
+	Fertigungsgemeinkosten

Nach Wahl können die Mindestherstellungskosten nach Handelsrecht und Steuerrecht wie folgt erhöht werden:

	Höchstherstellungskosten
+	Verwaltungsgemeinkosten
+	Fremdkapitalzinsen
=	Höchstherstellungskosten nach **Steuerrecht**
+	Entwicklungskosten
=	Höchstherstellungskosten nach **Handelsrecht**

Gemeinkosten sind Kosten, die nicht direkt bei der Erstellung einer Leistung von dieser verursacht werden und deshalb nicht direkt auf diese Leistung verrechnet werden können. Zu den Materialgemeinkosten zählt beispielsweise die Miete für Lagerraum, zu den Fertigungsgemeinkosten das Gehalt des Werkstattmeisters, zu den Verwaltungsgemeinkosten die Gehälter der kaufmännischen Abteilung.

Fortgeführte Anschaffungs- bzw. Herstellungskosten sind die um die Abschreibungen verminderten ursprünglichen Anschaffungs- und Herstellungskosten. Neben planmäßigen Abschreibungen können auch **außerplanmäßige** Abschreibungen berücksichtigt werden.

Die fortgeführten Anschaffungs- bzw. Herstellungskosten sind in allen Fällen die **absolute Obergrenze für den Wertansatz.**

Aus dem Vorsichtsprinzip folgt, dass im Zweifel der am Bilanzstichtag geringere Tageswert, der dem steuerlichen Begriff „Teilwert" entspricht, angesetzt werden muss.

Strenges Niederstwertprinzip

Von allen möglichen Wertansätzen beim Umlaufvermögen muss grundsätzlich stets der niedrigste Wert angesetzt werden. Bei einer **dauernden Wertminderung** gilt dieses Prinzip auch für alle Gegenstände des Anlagevermögens.

BEISPIEL: Ein nicht bebautes Grundstück wurde mit 159.440 EUR aktiviert.
Durch eine Änderung des Bebauungsplanes wurde eine Baubeschränkung eingeführt, die den Wert des Grundstücks auf 100.000 EUR absinken ließ. Das Grundstück wird mit 100.000 EUR, dem Tageswert oder Teilwert, angesetzt. 59.440 EUR sind als außerplanmäßige Abschreibung zu buchen.

Gemildertes Niederstwertprinzip

Ist eine Wertminderung nur vorübergehend, besteht bei Finanzanlagen ein Wahlrecht insofern, als auf eine außerplanmäßige Abschreibung verzichtet werden kann.

BEISPIEL: Eine Aktiengesellschaft hält eine Beteiligung bei einem Zulieferer. Es handelt sich um 100.000 Aktien, die zum Preis von 25 EUR erworben worden waren. Die Beteiligung steht also mit 2,5 Mio. EUR zu Buche. Nach einer Börseneinführung ergab sich, dass am Jahresende durch Verkäufe von spekulativ eingestellten Anlegern der Kurs auf 24 EUR gesunken war. Die Aktiengesellschaft kann dann 100.000 EUR außerplanmäßig abschreiben, ist aber nicht dazu gezwungen, wenn der Kurseinbruch nur als vorübergehend angesehen werden kann. Steigt der Kurs später wieder auf 35 EUR, wäre nach einer vorgenommenen Abschreibung eine Wertaufholung bis zum früheren Anschaffungspreis von 25 EUR vorzunehmen.

Steuerrechtlich ist eine Wertminderung nur zulässig, wenn sie voraussichtlich dauerhaft ist. Vorübergehende Wertminderungen reichen für eine Teilwertabschreibung nicht aus.

Wertaufholung

Ist eine durch außerplanmäßige Abschreibung berücksichtigte vorübergehende Wertminderung wieder weggefallen, so muss der Wert wieder bis zu den (fortgeführten) Anschaffungskosten heraufgesetzt werden; man spricht deshalb vom Wertaufholungsgebot. Der § 253 HGB ist deshalb auch mit „Zugangs- und Folgebewertung" bezeichnet worden. Bei der Wertaufholung werden stille Reserven aufgelöst, die zu entsprechenden sonstigen Erträgen führen.

BEISPIEL: Der Aktienkurs der im obigen Beispiel erwähnten Beteiligung steigt im nächsten Jahr auf 30 EUR. Die Aktiengesellschaft kann den Wert wieder auf 25 EUR (Anschaffungskosten als Höchstgrenze!) heraufsetzen und 100.000 EUR als Erträge (Zuschreibungen) buchen.

10.2.3 Bewertung des Umlaufvermögens

10.2.3.1 Bestände an Rohstoffen, Fremdbauteilen und Handelswaren

Für die Bewertung des Umlaufvermögens gilt das **strenge Niederstwertprinzip**. Rohstoffe, Fremdbauteile und Handelswaren werden zum Tageswert, steuerlich also dem Teilwert, höchstens aber zu Anschaffungskosten bewertet. Bei Wertminderungen braucht keine besondere Buchung gebildet zu werden.

BEISPIEL: Heckmann hat 20 Spezialrahmen der Serie 03 zum Einkaufspreis von 250 EUR je Stück auf Lager. Wegen der Änderung der Trendfarben gelten diese als Auslaufmodelle, denen nur noch ein Wert von höchstens 200 EUR beizulegen ist, auch wenn der mögliche Verkaufspreis über 250 EUR liegen würde. Zu diesem Wert müssen sie im Inventar angesetzt werden.

Der Inhalt des strengen Niederstwertprinzips kann am Beispiel der Bewertung von Handelswaren grafisch wie in Abb. 4 dargestellt werden.

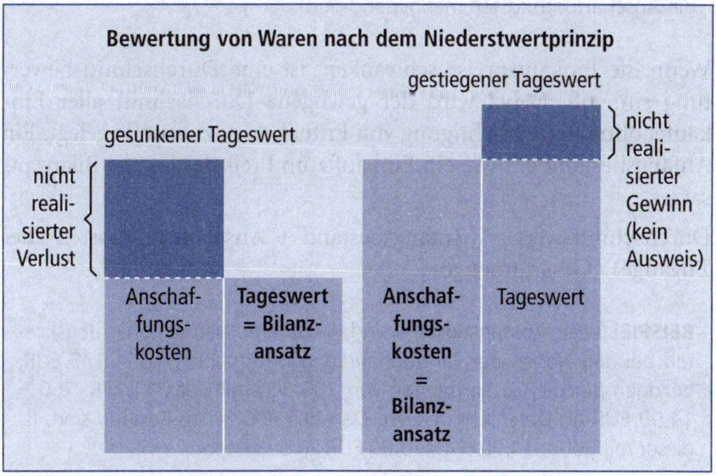

Abb. 4: Bewertung von Waren nach dem Niederstwertprinzip

Nach den allgemeinen Bilanzierungsgrundsätzen gilt der Grundsatz der Einzelbewertung. Sind viele gleichartige Waren in einem häufig wechselnden Bestand, kann nach § 256 HGB und nach § 6 EStG eines der nachfolgend dargestellten Vereinfachungsverfahren angewandt werden.

Durchschnittsbewertung

BEISPIEL: Heckmann hat im Laufe des Geschäftsjahres Spezialnaben in mehreren Lieferungen bezogen und laufend größere Posten für die Montage entnommen.

Käufe:

Tag	Stück	Einzelpreis EUR/St	Gesamtpreis EUR
1. 1.	50	(Inventarwert) 15,00	750,00
25. 1.	150	15,50	2.325,00
25. 3.	300	14,00	4.200,00
17. 8.	150	16,00	2.400,00
25.10.	100	15,00	1.500,00
Summen	750		11.175,00

Es wurden 450 St. entnommen.

(Der Verkaufspreis spielt dabei keine Rolle, weil für die Bewertung nur die Anschaffungskosten maßgebend sind).

Wenn die Einkaufspreise schwanken, ist eine Durchschnittsbewertung sinnvoll. Dabei wird der gewogene Durchschnitt aller Einkäufe, ohne Berücksichtigung von Entnahmen, zugrunde gelegt. Ein Anfangsbestand gilt wie ein Einkauf zum Preis des letzten Bilanzansatzes.

Durchschnittswert = (Anfangsbestand + Anschaffungskosten aller Zugänge) / Gesamtmenge

BEISPIEL: Der Anfangsbestand und die Summe aller Anschaffungskosten bei den Naben der Fahrradhandlung Heckmann war 11.175 EUR, bezogen auf die Gesamtmenge von 750 St. ergibt das 11.175: 750 = 14,90 EUR als Durchschnittswert. Da noch 300 St. im Bestand sind, ist dieser mit 300 × 14,90 = 4.470,00 EUR zu bewerten.

Lifo-Bewertung

Nach diesem Prinzip (**L**ast **in** – **f**irst **o**ut = zuletzt herein – zuerst hinaus) zu bewerten, ist dann aus Vorsichtsgründen sinnvoll, wenn die Einkaufspreise gestiegen sind.

BEISPIEL:

Tag	Käufe in Stück	Einzelpreis EUR/St.	Gesamtpreis EUR
1. 1.	50	(Inventarwert) 15,00	750,00
25. 1.	150	15,50	2.325,00
25. 3.	300	16,00	4.800,00
17. 8.	150	17,00	2.550,00
25.10.	100	17,50	1.750,00
Summen	750		12.175,00

Es darf unterstellt werden, dass die zuletzt gekauften Gegenstände als erste entnommen worden sind. Nach Entnahme von 450 St. bleibt ein Bestand, bewertet nach Käufen vom:

	Stück	EUR/St.	EUR
01. 1.	50	(Inventarwert) 15,00	750,00
25. 1.	150	15,50	2.325,00
25. 3.	(Rest) 100	16,00	1.600,00
Summen	300	Wertansatz:	4 675,00
ergibt pro Stück			15,58

Eine Durchschnittsbewertung hätte einen Wertansatz von 12.175: 750 = 16,23 × 300 = 4.870,00 EUR ergeben. Mit dem Lifo-Prinzip wird zu den bei steigenden Preisen geringeren früheren Einstandspreisen bewertet.

Die Durchschnittsbewertung ist steuerrechtlich zulässig, die Anwendung der Lifo-Bewertung ist nur bei mindestens ein Jahr haltbaren Vorräten zulässig.

Fifo-Bewertung

Handelsrechtlich ist auch die Bewertung nach dem Prinzip „**F**irst **in** – **f**irst **o**ut" zulässig, insbesondere bei fallenden Anschaffungskosten bzw. Einstandspreisen.

BEISPIEL: Die Einstandspreise sind laufend gefallen.

	Käufe: in Stück	Einzelpreis EUR/St.	Gesamtpreis EUR
1. 1.	50	(Inventarwert) 15,00	750,00
25. 1.	150	14,50	2.175,00
25. 3.	300	14,00	4.200,00
17. 8.	150	13,00	1.950,00
25.10.	100	12,50	1.250,00
Summen	750		10.325,00

Nach Entnahme von 450 St. bleibt ein Bestand, bewertet nach Käufen vom

Tag	Stück	EUR/St.	EUR
25. 3.	50	14,00	700,00
17. 8.	150	13,00	1.950,00
25.10.	100	12,50	1.250,00
Summe	300	Wertansatz:	3.900,00
ergibt pro Stück			13,00

Eine Durchschnittsbewertung hätte einen Wertansatz von 10.325: 750 = 13,77 × 300 = 4.131,00 EUR ergeben. Das Vorsichtsprinzip wurde eingehalten, weil schwerpunktmäßig zu den gefallenen Einstandspreisen bewertet worden ist.

Zu beachten ist, dass bei allen Sammelbewertungsverfahren die oberste Wertgrenze der Tageswert ist, wenn er unter den errechneten Anschaffungskosten liegt.

Wertpapiere des Umlaufvermögens werden nach den gleichen Prinzipien wie Waren und Rohstoffe bewertet.

10.2.3.2 Forderungen und Verbindlichkeiten

Die Forderungen werden am Jahresende in drei Gruppen eingeteilt:

- Uneinbringliche Forderungen
- Zweifelhafte Forderungen
- Einwandfreie Forderungen. Zur Schaffung einer besseren Übersicht kann zunächst zur internen Übersicht der Gesamtbestand

der einwandfreien Forderungen von Forderungen, deren vollständiger Eingang nicht mehr ganz sicher erwartet wird, getrennt werden. Nach § 266 HGB ist in der veröffentlichten Bilanz eine solche Trennung nicht vorgesehen.

BEISPIEL: Bei mehreren Kunden von Heckmann sind schleppende Zahlungseingänge und zunehmende Bitten um Stundung zu beobachten. Die entsprechenden Forderungen in Höhe von 54.000 EUR können zunächst intern statistisch erfasst oder in der Gesamtsumme umgebucht werden.

Buchung nach Forderungsgruppen (nicht bei Debitorenbuchführung)

Nr.	Soll	Haben	Buchungsbetrag Soll	Buchungsbetrag Haben
1	zweifelhafte Forderungen		54.000,00	
		Forderungen a. L. u. L		54.000,00

Steht ein Forderungsausfall endgültig fest, weil beispielsweise in einem außergerichtlichen Vergleich auf einen Teil der Forderung verzichtet worden oder weil ein Insolvenzverfahren mangels Masse abgelehnt worden ist, wird die Forderung ganz abgeschrieben. Der in der Forderung enthaltene Umsatzsteueranteil muss ebenfalls berichtigt werden.

Uneinbringliche Einzelforderungen: In der computergesteuerten Finanzbuchhaltung kann das Konto Abschreibungen auf Forderungen so verschlüsselt werden, dass automatisch die Umsatzsteuer entsprechend berichtigt wird. Aus Gründen der Übersichtlichkeit der Buchungsvorgänge wird hier die Umsatzsteuerkorrektur gesondert vorgenommen.

BEISPIEL: Der Kunde Schwalm hat Insolvenz angemeldet. Das Verfahren wurde mangels Masse abgelehnt, so dass die Heckmann KG ihre Forderung in Höhe von 14.875 EUR als verloren ansieht.

Buchung:

Nr.	Soll	Haben	Buchungs-betrag Soll	Buchungs-betrag Haben
1	Abschreibung auf Forderungen		12.500,00	
	Umsatzsteuer		2.375,00	
		Schwalm		14.875,00

Sollten später wider Erwarten noch Beträge des Kunden eingehen, sind sie als Erträge auf Konto „Erträge aus direkt abgeschriebenen Forderungen" zu erfassen.

Wertberichtigung bei Forderungen: Steht ein Forderungsausfall noch nicht endgültig fest, kann zunächst indirekt abgeschrieben werden. Die bei der indirekten Abschreibung gebildete Wertberichtigung wird erst aufgelöst, wenn die Höhe eines Forderungsausfalles endgültig feststeht.

BEISPIEL: Der Kunde Schnell hat ein außergerichtliches Vergleichsverfahren beantragt. Wir rechnen mit einem Ausfall von 50 % auf unsere Forderung in Höhe von 14.875 EUR.
Bei der indirekten Abschreibung wird vom Nettowert der Forderung ausgegangen. Die Umsatzsteuer kann erst berichtigt werden, wenn der Ausfall endgültig feststeht.

Buchung bei Feststellung eines voraussichtlichen Ausfalls:

Nr.	Soll	Haben	Buchungs-betrag Soll	Buchungs-betrag Haben
1	Einstellung in Einzelwertberichtigung		6.250,00	
		Einzelwertberichtigungen zu Forderungen		6.250,00

Buchung bei Eingang von	5.000,00 EUR:
Forderungsbestand	14.875,00 EUR
– Zahlungseingang	5.000,00 EUR
Ausfall brutto	9.875,00 EUR
– Umsatzsteueranteil 19 %	1.576,68 EUR
Ausfall netto	8.298,32 EUR
– geschätzter Ausfall netto	6.250,00 EUR
= nachzuholende Abschreibung	2.048,32 EUR

Zuerst wird der Geldeingang gebucht und die Umsatzsteuer berichtigt, dann die Wertberichtigung aufgelöst, dann die Abschreibung nachgeholt.

Buchungen:

Nr.	Soll	Haben	Buchungsbetrag Soll	Buchungsbetrag Haben
1	Bank		5.000,00	
	Umsatzsteuer		1.576,68	
	Einzelwertberichtigung zu Forderungen		6.250,00	
	Abschreibung auf Forderungen		2.048,32	
		Schwalm (bzw. zweifelhafte Ford.)		14.875,00

Die Forderung an den Kunden muss insgesamt ausgebucht sein. Geht ein größerer Betrag als erwartet ein, d. h. der tatsächliche Ausfall ist kleiner als der erwartete, ist der Überschuss als Ertrag zu erfassen.

BEISPIEL: Wir erhalten als Insolvenzquote 8.330 EUR von dem Kunden Schnell.

Forderungsbestand	14.875,00 EUR
– Zahlungseingang	8.330,00 EUR
Ausfall brutto	6.545,00 EUR
– Umsatzsteueranteil 19 %	1.045,00 EUR

Ausfall netto	5.500,00 EUR
– geschätzter Ausfall	6.250,00 EUR
= Ertrag aus Auflösung der Wertberichtigung	750,00 EUR

Zusammengesetzte Buchung:

Nr.	Soll	Haben	Buchungsbetrag Soll	Buchungsbetrag Haben
1	Bank		8.330,00	
	Umsatzsteuer		1.045,00	
	Einzelwertberichtigung zu Forderungen		6.250,00	
		zweifelhafte Forderungen		14.875,00
		Erträge aus der Auflösung der Wertberichtigung		750,00

Pauschalwertberichtigung von Forderungen: Für das allgemeine Kreditrisiko, das auch in den als einwandfrei betrachteten Forderungen steckt, kann pauschal indirekt abgeschrieben werden. Die Höhe der Pauschalwertberichtigung ist statistisch vom durchschnittlichen Ausfall her abzuleiten. Steuerlich kann meistens ohne Rechennachweis bis zu 0,5 % des Nettobetrags wertberichtigt werden. Bei der Ermittlung der notwendigen Wertberichtigungen sind sämtliche wertbeeinflussenden Umstände zu erfassen, so das Ausfallwagnis selbst, aber auch der Zinsverlust bei unverzinslichen Forderungen sowie Beitreibungs- und Mahnkosten. In das pauschale Ausfallwagnis dürfen Forderungen an Beteiligungsfirmen und die öffentliche Hand nicht einbezogen werden. Während des Jahres festgestellte Ausfälle sind zunächst von der gebildeten Pauschalwertberichtigung zu entnehmen, die dann am Jahresende wieder auf den neuen Stand gebracht wird.

BEISPIEL: Heckmann berücksichtigt ein allgemeines Ausfallwagnis von 1 %, das den nachgewiesenen Erfahrungswerten entspricht. Der Forderungsbestand beträgt insgesamt 1,082 Mio. EUR, wobei 0,13 Mio. bereits als zweifelhaft erkannt worden sind.

Forderungsbestand	1.082.000,00 EUR
– zweifelhafte Forderungen	130.000,00 EUR
Forderungen brutto	952.000,00 EUR
Umsatzsteueranteil	152.000,00 EUR
Nettoforderungen	800.000,00 EUR
davon 1 % =	8.000,00 EUR

Ein Bestand der Pauschalwertberichtigung vom Vorjahr ist vor der Buchung von der errechneten Pauschalwertberichtigung abzusetzen. Ein Überschussbetrag gilt als Ertrag. Eine Auffüllung wird wie folgt erfasst:

Nr.	Soll	Haben	Buchungsbetrag Soll	Buchungsbetrag Haben
1	Einstellung in Pauschalwertberichtigungen		8.000,00	
		Pauschalwertberichtigungen auf Forderungen		8.000,00

Bei einem konkreten Forderungsausfall wird zunächst immer über das Konto „Abschreibungen auf Forderungen" gebucht und die Wertberichtigung erst nachträglich korrigiert.

In der veröffentlichten Bilanz müssen Kapitalgesellschaften die Wertberichtigungen auf Forderungen vom Forderungsbestand absetzen.

Wertansatz der Verbindlichkeiten: Bei dem Ansatz der Verbindlichkeiten gilt nach dem Vorsichtsgrundsatz das **Höchstwertprinzip**. Grundsätzlich werden Verbindlichkeiten mit ihrem Nennwert (Nominalwert) erfasst, auch wenn dieser erst in Zukunft zu entrichten ist. Nach § 253 HGB sind Verbindlichkeiten mit ihrem „Erfüllungsbetrag" anzusetzen, gemeint ist damit der vereinbarte Rückzahlungsbetrag. Bei Vorhandensein mehrerer Bewertungsmöglichkeiten einer Verbindlichkeit ist grundsätzlich der höchste Wert anzusetzen, da der niedrigere Ansatz einem unrealisierten Gewinn gleichkäme und damit dem Realisationsprinzip widerspräche.

Bei Währungsverbindlichkeiten ist im Zweifel vom höheren Tageskurs auszugehen. Das steuerrechtliche strikte Wertaufholungsgebot gilt entsprechend auch für Verbindlichkeiten. Bei kursbedingter Verminderung längerfristiger Fremdwährungsverbindlichkeiten muss deshalb die Verbindlichkeit gewinnerhöhend niedriger angesetzt werden, sofern der Steuerpflichtige nicht nachweisen kann, dass es sich um eine voraussichtlich dauernde Erfüllungsbetragerhöhung handelt. Unverzinsliche Verbindlichkeiten mit mehr als einem Jahr Restlaufzeit sind steuerrechtlich mit 5,5 % abzuzinsen.

Verbindlichkeiten aus langfristigen Darlehen, die mit einem Abschlag (Damnum, Disagio) ausgezahlt worden sind, müssen ebenfalls mit dem Rückzahlungsbetrag bilanziert werden. Das Disagio wird zunächst bei der aktiven Rechnungsabgrenzung (vgl. Kap. 10.3.3) „aktiviert“ und dann auf die Laufzeitjahre als Aufwand verteilt.

Fremdwährungsposten: Forderungen und Verbindlichkeiten in Auslandswährung sind nach § 256a HGB zum Devisenkassamittelkurs am Abschlussstichtag umzurechnen. Bei der Begründung einer Forderung oder Verbindlichkeit in ausländischer Währung ist der Entstehungskurs beim Zugang maßgebend. Banken verkaufen Devisen zum (niedrigeren) Geldkurs und kaufen Devisen zum (höheren) Briefkurs an.

Bei Fremdwährungposten mit einer Laufzeit von mehr als einem Jahr sind das Realisationsprinzip, das Anschaffungswertprinzip und damit auch das Imparitätsprinzip zu beachten. Ein noch nicht realisierter Währungsgewinn darf nicht ausgewiesen werden, ein noch nicht realisierter Währungsverlust ist aber auszuweisen.

Heckmann hat einen größeren Posten Spezial-Mountain-Bikes aus den USA bezogen. Die Rechnung über 100.000 USD ist mit einem vereinbarten Zahlungsziel von 18 Monaten zu begleichen. Bei Lieferung am 15.10. war der USD-Geldkurs 1,15 USD für 1 EUR. Die Verbindlichkeit wurde mit 80.000 EUR erfasst.

Situation A; Bis zum 31.12. hat sich der Euro wieder aufgewertet und der Devisenmittelkurs am 31.12. ist auf 1,20 USD gestiegen. Die Verbindlichkeit wird zum Anschaffungskurs, also mit 80.000 EUR bewertet, da der Währungsgewinn noch nicht realisiert worden ist.

Situation B: Der Euro wurde weiter auf 1,05 USD abgewertet. Die Verbindlichkeit ist dann mit 95.238,10 EUR auszuweisen. Die Differenz ist unter „sonstige betriebliche Aufwendungen" zu erfassen.

Bei Laufzeiten der Fremdwährungspositionen von einem Jahr und weniger werden etwaige unrealisierte Gewinne und Verluste aus der Währungsumrechnung erfasst, wenn die Mittelkurse vom Einstandswert abweichen. Letzterer spielt aber bei einer etwaigen Wertaufholung keine Rolle.

BEISPIEL: Heckmann erhält am 15.12. Fahrradzubehör von einem schweizerischen Hersteller mit einem Rechnungsbetrag von 10.000 CHF (Schweizer Franken) und mit einem Zahlungsziel von drei Monaten.
Der Devisenkurs am 15.12. ist:
Geld 1.0938 Brief 1,0941
Die Verbindlichkeit wird am 15.12. mit 10.000 CHF zum Kurs von 1,0938 erfasst, also mit 9.142,44 EUR.
Am 31.12. wird die Verbindlichkeit zum Mittelkurs bilanziert:
Kurse zum 31.12.: Geld 1,1038, Brief 1,1041
Der Mittelkurs ist der Durchschnitt aus Geld- und Briefkurs, also: (1,1038 + 1,1041): 2 = 1,10395.
Die Verbindlichkeit wird mit 9.058,38 EUR bewertet. Der nicht realisierte Währungsgewinn in Höhe von 84,06 EUR wird als „sonstige betriebliche Erträge" erfasst. Da die Laufzeit weniger als ein Jahr beträgt, müsste auch ein etwaiger nicht realisierter Währungsverlust unter „sonstige betriebliche Aufwendungen" erfasst werden.

10.2.4 Internationale Rechnungslegungsvorschriften

Die Finanzmärkte in Europa und der ganzen übrigen Welt sind immer mehr zusammengewachsen. Der Wettbewerb um internationales Kapital erfordert vergleichbare Rechnungslegungen. Die meisten Unternehmen sind in unterschiedlicher Weise Bestandteile eines Konzerns. Deshalb kommt es weniger auf den Einzelabschluss einer Muttergesellschaft an, vielmehr wird der Konzern als wirtschaftliche Einheit betrachtet. Die Rechnungslegung nach HGB ist zwar Grundlage für die Besteuerung eines Unternehmens im Inland, genügt den international üblichen Anforderungen an eine schnelle und umfassende kapitalmarktorientierte Berichterstattung über die wirtschaftliche Lage nicht.

Derzeit sind weltweit verbreitete Rechnungslegungsvorschriften maßgebend, nämlich die

- IFRS (International Financial Reporting Standards) als Weiterführung der IAS (International Accounting Standards) bzw. und für den großen amerikanischen Finanzmarkt die
- US-GAAP (Generally Accepted Accounting Priniciples).

Das Ergebnis beispielweise eines großen DAX-Unternehmens kann sich nach IFRS bzw. US-GAAP vom Ergebnis nach HBG um einen Milliardenbetrag unterscheiden. Gerade in Zusammenhang mit der internationalen Finanzkrise, teilweise ausgelöst durch die Beurteilungen der Ratingagenturen, zeigte sich, welche Rolle Bilanzierungsvorschriften dafür eingenommen haben. Die Bedeutung der US-GAAP für den europäischen Finanzmarkt hat allerdings stark abgenommen, seit die amerikanische Börsenaufsicht von ausländischen Unternehmen nicht mehr zwingend die Vorlage von Abschlüssen nach US-GAAP verlangt, sondern IFRS-Abschlüsse als ausreichend ansieht. Aus diesem Grunde wird in diesem Buch auf die US-GAAP nicht näher eingegangen.

Durch eine EU-Verordnung wurde festgelegt, dass börsennotierte Mutter- bzw. Tochterunternehmen die Konzernabschlüsse nach IAS/IFRS aufzustellen haben. Durch diese Vereinheitlichung der Rechnungslegungsvorschriften soll die Entwicklung des europäischen Finanzmarkts im Interesse der Emittenten und Anleger gefördert werden. Nicht börsennotierte Konzerne haben das Wahlrecht, den Konzernabschluss nach HGB oder nach IAS/IFRS aufzustellen. Wegen der Maßgeblichkeit der Handels- für die Steuerbilanz bleibt es für Einzelabschlüsse bei den bisherigen HGB-Regelungen.

Grundlagen der Rechnungslegung in Deutschland		
	Kapitalmarktorientierte Unternehmen	Übrige Unternehmen
Konzernabschluss	Pflicht zu IFRS-Abschluss	Wahlrecht: IFRS- oder HGB-Abschluss
Einzelabschluss (grundsätzlich für Gewinnsteuerermittlung maßgeblich)	Pflicht zu HGB-Abschluss	Pflicht zu HGB-Abschluss

Die IAS wurden von dem 1973 in London von Berufsverbänden gegründeten International Accounting Standards Committee (IASC)[32] aufgestellt. Seit 2001 nennt sich diese Organisation International Accounting Standard Board (IASB). Seither wurden die ursprünglich als IAS-Regeln bezeichneten Grundsätze unter der Bezeichnung IFRS weiterentwickelt, wobei beide Regelwerke Bestand haben. So regeln z. B. die IAS 39 die Abbildung von Finanzinstrumenten in der Bilanz und die IFRS 5 die Bilanzierung von Vermögensgegenständen, die zum Verkauf stehen.

Die internationalen Regeln geben im Unterschied zu den HGB-Regeln weniger Wahlrechte und stellen ergebniswirksame Vorgänge zeitgemäßer dar. Das Prinzip, ergebniswirksame Ereignisse möglichst realitätsgetreu und zeitnah zu bilanzieren, führt vor allem in der Behandlung von immateriellen Werten, beispielsweise des Firmenwertes, sowie bei Rückstellungen zu teils großen Unterschieden.

Die Grundannahmen der IAS/IFRS sind

- Periodengerechte Erfolgsabgrenzung (Accrual Basis)
- Annahme der Unternehmensfortführung (Going Concern)
- Stetigkeit (Consistency), d. h. Beibehaltung der Bewertungsmethoden

Die Qualitätsanforderungen des IAS/IFRS-Abschlusses sind

- Verständlichkeit (Understandability)
- Relevanz (Relevance), d. h. alle für Investoren entscheidenden Informationen
- Verlässlichkeit (Reliability), d. h. keine irreführende Darstellung
- Vergleichbarkeit (Comparability)

Das gesamte Regelwerk der IAS/IFRS und der US-GAAP ist äußerst umfangreich. Deshalb kann hier nur eine kleine Übersicht für eine erste Information gegeben werden.

Beispiele für IAS-Regelungen:

IAS 1: Disclosure of Accounting Policies (Offenlegung der Rechnungslegungsgrundsätze)

IAS 4: Depreciation Accounting (Abschreibungen)

IAS 7: Cashflow Statements (Kapitalflussrechnung)

IAS 9: Research and Development Costs (Forschungs- und Entwicklungsaufwand)

IAS 10: Contingencies and Events Occurring After the Balance Sheet Date (Erfolgsunsicherheiten und Ereignisse nach dem Bilanzstichtag)

IAS 11: Construction Contracts (Fertigungsaufträge)

Eine vergleichende Übersicht finden Sie in der nachfolgenden Tabelle

Rechnungslegungssysteme im Vergleich		
Kriterien	**HGB**	**IFRS/IAS**
A. Grundlagen		
Art und Intensität der Rechnungsregelungsvorschriften	gewachsenes, kodifiziertes Bilanzrecht (Änderungen nur durch politische Entscheidungsprozesse), detaillierte gesetzliche Vorschriften und oberste Gerichte (BFH, BGH)	Empfehlungen ohne Rechtskraft (Entwicklung zum „Soft Law" des internationalen Wirtschaftsrechts) Framework for the Preparation and Presentation of Financial Statements und 30 gültige International Accounting Standards (kein vollständiges, systematisch strukturiertes Regelungssystem) In der EU z. T. bindend
Träger der Entwicklung der Rechnungslegungsvorschriften	Gesetzgeber	International Accounting Standard Board (IASB) (auf privatrechtlicher Basis gegründete Vereinigung von Berufsorganisationen der Wirtschaftsprüfer und sons-

Rechnungslegungssysteme im Vergleich		
		tiger Fachleute auf dem Gebiet des Rechnungswesens aus zahlreichen Ländern der Welt)
Rechnungslegungsziel	Ermittlung des ausschüttbaren Gewinns	Vermittlung von Informationen insbesondere für Investoren als Hilfsmittel für wirtschaftliche Entscheidungen
Rechnungslegungszweck	Gläubigerschutz durch Kapitalerhaltung; Steuerbemessung; nachgelagert Information für Stakeholder	Schutz der Investoren (faktisch)
Adressaten der Rechnungslegung	Gesellschafter und schutzwürdige Dritte (besonders Gläubiger)	Investoren, Arbeitnehmer, Kreditgeber, Lieferanten und andere Kreditoren, Kunden, der Staat und seine Behörden (allerdings nicht der Fiskus) sowie die Öffentlichkeit
Rechnungslegungsbestandteile	Jahresabschluss im gesetzlichen Sinn: Bilanz, Gewinn- und Verlustrechnung, Anhang; Lagebericht zur sachlichen und zeitlichen Ergänzung	– Bilanz (Balance Sheet) – Gewinn- und Verlustrechnung (Income Statement) – Eigenkapitalveränderungsrechnung (Changes in Equity) – Cashflow Rechnung (Cashflow Statement) – Anhang (Notes to Financial Statement)
Form- und Gliederungsvorschriften	sehr detailliert für Kapitalgesellschaften, kein festes Schema für Personengesellschaften	keine detaillierten Gliederungsvorschriften, keine Unterscheidung nach Rechtsformen
B. Grundlegende, Abbildungsregeln, Konzeptionelle Grundlagen		
Generalnorm	„True and Fair View"-Grundsatz (subsidiäre Anwendung gegenüber Einzelvorschriften)	„True and Fair View/Fair Presentation"-Grundsatz (subsidiäre Anwendung gegenüber Einzelvorschriften)

Rechnungslegungssysteme im Vergleich		
Dominierende Rechnungslegungsgrundsätze bei der Gewinnermittlung	Vorsichtsprinzip	„Accural Principle" (Grundsatz der periodengerechten Gewinnermittlung)
Auslegung des Realisationsprinzips	Ableitung aus dem Vorsichtsprinzip: Umsatzvorgang als Voraussetzung für die Erfolgswirksamkeit	Ableitung aus dem Grundsatz der periodengerechten Gewinnermittlung: Realisierbarkeit am Bilanzstichtag und nicht die erfolgte Realisation als Voraussetzung für die Erfolgswirksamkeit
Immaterielle Vermögenswerte	Aktivierungsverbot wenn selbst erstellt	unter Umständen Aktivierungspflicht
Bewertung		
Bewertungsobergrenzen	Anschaffungshöchstwertprinzip, nur teilweise durchbrochen, z. B. bei kurzfristigen Währungspositionen	grundsätzlich Anschaffungshöchstwertprinzip mit zahlreichen Ausnahmen (i. d. R. Wahlrechte)
Umfang der Herstellungskosten	begrenztes Wahlrecht bei Entwicklungskosten	(produktionsbezogene) Vollkosten
Sachanlagevermögen	Anschaffungs- oder Herstellungskosten als Bewertungsobergrenze; Zuschreibungspflicht bis zu Anschaffungs- oder Herstellungskosten	Benchmark Treatment: fortgeführte Anschaffungs- oder Herstellungskosten. Allowed Alternative Treatment: Neubewertung der Sachanlagen mit Bildung einer Neubewertungsrücklage
Fremdwährungsforderungen bzw. -verbindlichkeiten	über 1 Jahr Laufzeit Beachtung Niederstwert-, Höchstwertprinzip zum Devisenmittelkurs	Umrechnung zum Stichtagskurs
Wertpapiere	Anschaffungskosten als Bewertungsobergrenze	fortgeführte Anschaffungskosten oder Wahlrecht zur Bewertung zu Marktpreisen grundsätzlich mit erfolgswirksamer Vereinnahmung unrealisierter Gewinne (Wertpapiere des Umlaufvermögens) bzw. Neubewertung mit Bildung einer Neubewertungsrücklage

Rechnungslegungssysteme im Vergleich		
		(Wertpapiere des Anlagevermögens)
Rechnungslegungszweck	orientiert sich an der langfristigen Kapitalerhaltung und damit am Gläubigerschutz. Die Gewinnermittlung erfolgt nach dem Vorsichtsprinzip.	Schutz der Investoren, liefert Informationen für wirtschaftliche Entscheidungen. Im Vordergrund steht die periodengerechte Gewinnermittlung.
Stille Reserven	Aufgrund des dominierenden Vorsichtsprinzips sowie der zahlreichen Wahlrechte besteht die Möglichkeit, stille Reserven zubilden.	Durch die Reformierung der IAS wurde die Möglichkeit, stille Reserven zu bilden, erheblich eingeschränkt.
Auswirkungen auf die Bilanzierung		
Immaterielle Vermögensgegenstände	Wurden immaterielle Güter entgeltlich erworben, wie zum Beispiel Patente, besteht ein Wahlrecht, diese zu aktivieren. Dagegen besteht bei selbstgeschaffenen immateriellen Vermögensgegenständen ein absolutes Aktivierungsverbot.	Bei Erfüllung der Voraussetzungen besteht eine Aktivierungspflicht auch für selbsterstellte immaterielle Vermögensgegenstände. F&E-Kosten sind unter engen Voraussetzungen zu aktivieren.
Geschäfts- oder Firmenwert	Bei originärem Firmenwert besteht Aktivierungsverbot, bei derivativem Wert (zum Beispiel durch Akquisition erworben) ein Wahlrecht. Abschreibung über vier Jahre oder nach voraussichtlicher Nutzungsdauer (in der Praxis 15 Jahre).	Bei originärem Firmenwert besteht Aktivierungsverbot, bei derivativem Wert Aktivierungspflicht Abschreibung bei Wertminderung.
Langfristige Fertigung (unfertige Erzeugnisse)	Gewinne dürfen erst ausgewiesen werden, wenn sie tatsächlich realisiert sind. So werden Gewinne aus einem langfristigen Auftrag dann gebucht, wenn das Produkt komplett ausgeliefert ist oder vertraglich festgelegte Teilleistungen erbracht sind (Completed Contract Method).	Der Gewinn kann anteilig über die Jahre der Auftragsabwicklung ausgewiesen werden (Percentage of Completion Method).

Rechnungslegungssysteme im Vergleich

Rückstellungen	Neben Pflichtrückstellungen können keine Aufwandsrückstellungen gebildet werden. Im Falle mehrerer wahrscheinlicher Werte ist das Vorsichtsprinzip zu beachten (das heißt, eher ein höherer Betrag zurückstellen). Ungewisse Gewinne sind nicht auszuweisen.	Rückstellungen dürfen nur für Verpflichtungen gegenüber Dritten gebildet werden. Es müssen mehr Gründe für eine Inanspruchnahme als dagegen sprechen. Der niedrigste wahrscheinliche Wert ist zurückzustellen. Wahrscheinliche ungewisse Gewinne sind anzugeben
Pensionsrückstellungen	Passivierungspflicht für Neuzusagen. Berücksichtigung künftiger Lohn-/Gehaltssteigerungen möglich. Abzinsung nach dem von der Bundesbank berechneten Durchschnittszins.	Anwartschaftsbarwertverfahren empfohlen mit der Pflicht, die künftige Gehalts- und Rentenentwicklung zu berücksichtigen. Diskontierungssatz orientiert sich am Kapitalmarktzins. Auch andere Bewertungsmodelle sind zulässig.

Wer den Abschluss nach den Regeln IFRS aufstellt, muss bei der Buchung von **Leasingverträgen** ab 2019 neue Regeln beachten:

Leasinggegenstände sind beim Leasingnehmer in die Bilanz aufzunehmen. Auf der Aktivseite wird ein Nutzungsrecht, auf der Passivseite eine Verbindlichkeit in gleicher Höhe ausgewiesen. Das Nutzungsrecht wird über die Laufzeit abgeschrieben, die Verbindlichkeit entsprechend den Zahlungen aufgelöst. Immer wenn ein länger als ein Jahr geltendes Nutzungsrecht, gleich ob Miete oder Leasing, an einer Sache gegeben ist, ist so zu buchen. Ausgenommen sind nur Gegenstände, die für einen kürzeren Zeitraum als zwölf Monate gemietet werden und die einen Wert von weniger als 5000 EUR haben. Buchungstechnisch wird damit die Bilanz „verlängert", der Eigenkapitalanteil sinkt rechnerisch und der Verschuldungsgrad steigt.

Beim Leasinggeber bleibt der Gegenstand auf der Aktivseite.

10.3 Abgrenzungsrechnung

Eines der Hauptziele des betrieblichen Rechnungswesens ist es, den Erfolg eines Jahres messen zu können. Das Jahresergebnis ist Grundlage der Wirtschaftlichkeitsberechnung und der Gewinnausschüttung und -besteuerung. Um Verzerrungen im Vergleich der Jahresergebnisse und in den gewinnbezogenen Auszahlungen zu vermeiden, müssen die Aufwendungen und Erträge einerseits der betrieblichen Tätigkeit und andererseits dem entsprechenden Geschäftsjahr wirtschaftlich genau zugerechnet werden. Diese Zuordnung ist Aufgabe der sachlichen und zeitlichen Abgrenzung.

10.3.1 Sachliche Abgrenzung

Ein Handelsunternehmen steht vor der Entscheidung, ob das Unternehmen wegen Unrentabilität geschlossen werden soll. Als Entscheidungsgrundlage liegt unter anderem folgende vereinfachte GuV-Rechnung vor:

Aus Veranschaulichungsgründen gehen wir von einer stark vereinfachten GuV-Rechnung aus. Folgende Daten liegen vor:

GuV-Rechnung

GuV-Position	Zugeordnete Konten	Beträge in EUR
Umsatzerlöse	Umsatzerlöse 19 % USt	240.000,00
	Erlöse aus Vermietung und Verpachtung	40.000,00
Aufwendungen für bezogene Waren	Warenaufwand 19 % USt	70.000,00
Löhne und Gehälter	Gehälter	100.000,00
Sonstige betriebliche Aufwendungen	Verluste aus Wertpapierverkäufen	200.000,00

Aus den Daten ergibt sich:

	EUR
Summe der Erträge	280.000,00
– Summe der Aufwendungen	–370.000,00
= Verlust	**–90.000,00**

Das Gesamtergebnis, d. h. der Verlust in Höhe von 90.000 EUR, scheint die Auffassung zu stützen, dass es überlegenswert ist, das Unternehmen zu schließen. Eine Analyse im Rahmen der Kosten- und Leistungsrechnung liefert folgende Erkenntnisse:

- Es sind betriebliche Aufwendungen (= **Kosten**), d. h. Aufwendungen im Zusammenhang mit der Beschaffung, Lagerung und dem Absatz der Waren in Höhe von 170.000 EUR (Warenaufwand 70.000 EUR + Gehälter 100.000) entstanden.
- Es wurden Erträge aus der betrieblichen Tätigkeit (= **Leistungen**) in Höhe von 240.000 EUR erzielt.
- Die Verluste aus Wertpapierverkäufen haben mit dem eigentlichen Betriebszweck eines Handelsunternehmens (An- und Verkauf von Waren) nichts zu tun. Da diese Aufwendungen in keinem Zusammenhang zu betrieblichen Leistungen stehen, werden sie für die Kalkulation als neutrale Aufwendungen bezeichnet.
- Die Mieterträge sind Erträge, die in keinem Zusammenhang zu dem eigentlichen Betriebszweck eines Handelsunternehmens stehen. Sie werden kalkulatorisch folglich als neutrale Erträge bezeichnet.

Um beurteilen zu können, ob das Handelsunternehmen erfolgreich gearbeitet hat, ist nur das Verhältnis von Kosten und Leistungen – da beide in unmittelbarem Zusammenhang zu dem eigentlichen Betriebszweck stehen – entscheidend:

Leistungen – Kosten = 240.000 – 170.000 = + 70.000 EUR

Der Betrag in Höhe von 70.000 EUR stellt das Ergebnis der eigentlichen betrieblichen Tätigkeit des Handelsunternehmens dar und wird als Betriebsergebnis bezeichnet. Da die Leistungen (Erlöse) die Kosten übersteigen, wurde ein **Betriebsgewinn** erwirtschaftet. Der Verlust laut GuV-Rechnung in Höhe von 90.000 EUR resultiert folglich nicht aus der eigentlichen Betriebstätigkeit, sondern aus Vorgängen, die mit dem Betriebszweck nichts zu tun haben. Es wurde ein negatives **neutrales Ergebnis**, hier ein neutraler Verlust, in Höhe von 160.000 EUR (Mieterträge 40.000 EUR – Verluste aus Wertpapierverkäufen 200.000 EUR) erzielt. Der Gesamtverlust laut GuV resultiert also aus dem negativen neutralen Ergebnis. Das Beispiel hat folgenden Zusammenhang verdeutlicht:

Gesamtergebnis (laut GuV) = Betriebsergebnis + neutrales Ergebnis

Für obiges BEISPIEL:
– 90.000 = + 70.000 – 160.000

Die Analyse führt zu dem Endresultat – wobei Relationen zum Branchendurchschnitt in diesem Beispiel ebenso unberücksichtigt blieben wie die Ergebnisse eines Zeitvergleichs –, dass das Unternehmen **nicht** aufgelöst werden sollte, da mit dem eigentlichen Betriebszweck ein Gewinn in Höhe von 70.000 EUR erwirtschaftet wurde.

Die Verluste aus Wertpapierverkäufen sind natürlich nur ein Beispiel für einen neutralen Aufwand. Neutrale Aufwendungen können betriebsfremd, periodenfremd oder außerordentlich sein.

Wir haben in obigem Beispiel nach sachlichen Gesichtspunkten solche Aufwendungen und Erträge, die in unmittelbarem Zusammenhang zum eigentlichen Betriebszweck stehen, von solchen abgegrenzt, die im Hinblick auf den Zweck eines Handelsunternehmens als neutral bezeichnet werden können. Man spricht deshalb in diesem Zusammenhang von **sachlicher Abgrenzung**. Wir haben diese Abgrenzung auf der Grundlage einer GuV-Rechnung vorgenommen. In der betrieblichen Praxis sind aber darüber hinaus Daten zu berücksichtigen, die einer Gewinn- und Verlustrechnung nicht entnommen werden können. Es handelt sich dabei um Kosten, die zu keinem Geldabgang geführt haben. In der Buchhaltung und damit in der GuV-Rechnung sind ja solche Daten erfasst, die auch tatsächlich zu einem Geldabgang geführt haben. Die Kosten, die nicht in der GuV-Rechnung erfasst sind, folglich also keine Aufwendungen darstellen, bezeichnet man als **Zusatzkosten**.[33] Als Beispiel für solche Zusatzkosten ist der Unternehmerlohn zu nennen. Er wird im Rahmen der Kalkulation in die Verkaufspreise eingerechnet – man bezeichnet ihn deshalb auch als **kalkulatorischen Unternehmerlohn** –, aber nicht an den Unternehmer ausbezahlt, denn dieser erhält ja den Gewinn. Die Höhe des Unternehmerlohns orientiert sich am Gehalt eines leitenden Angestellten, der mit einer vergleichbaren Tätigkeit beauftragt ist.

Weitere Beispiele für kalkulatorische Kosten[34] sind:

(1) **Kalkulatorische Miete:** Wenn das Unternehmen Eigentümer der Betriebsgebäudes ist, würde der Gegenwert der Wertminderung des Gebäudes und der Nutzung des Grundstücks nicht in der Preiskalkulation erscheinen, da man an sich selbst keine Miete zahlt. Aus diesem Grunde muss eine „fiktive" Miete verrechnet werden.

(2) **Kalkulatorische Verzinsung:** Unabhängig davon, ob das Betriebsvermögen mit eigenen oder fremden Mitteln finanziert worden ist, muss in die Kalkulation die Verzinsung des betriebsnotwendigen Kapitals eingehen. Die Zinsen an Gläubiger werden dann als neutral behandelt. Für das gesamte Vermögen wird dann der „landesübliche" Zins für längerfristige Kapitalmarktanlagen verrechnet. Bei einem betriebsnotwendigen Vermögen von beispielsweise 10 Mio. EUR und einem Verrechnungszins von 4 % werden also 400.000 EUR als Kosten verrechnet.

(3) **Kalkulatorische Abschreibungen:** In der Kalkulation soll nicht die steuerlich zulässige Abschreibung, sondern der tatsächliche Wertverlust verrechnet werden. Einerseits kann deshalb die Nutzungsdauer in vielen Fällen länger, in anderen Fällen kürzer sein. Während im Handels- und Steuerrecht höchstens von den Anschaffungs- bzw. Herstellungskosten abgeschrieben werden kann, ist in der Kalkulation die Berechnung der Abschreibung vom so genannten Wiederbeschaffungswert üblich. Hierzu können von Anfang an Preissteigerungen berücksichtigt werden.

Kosten können also betriebsbedingte Aufwendungen wie z. B. der Warenaufwand oder die Personalkosten sein. Man spricht auch von **Grundkosten** oder Zusatzkosten. Damit ist aber noch nicht ausreichend erklärt, was man eigentlich unter Kosten versteht. Probleme bereitet hier, dass man in der Alltagssprache ein anderes Verständnis von Kosten als in der Betriebswirtschaftslehre bzw. Kostenrechnung hat.

Hierzu ein einfaches

BEISPIEL: Wir kaufen einen Lieferwagen für 58.000 EUR. In der Alltagssprache sagt man, der Lieferwagen hat 58.000 EUR „gekostet". Nehmen wir an, die Heckmann KG habe dieses Fahrzeug auf Rechnung gekauft. Wie hat die Heckmann KG den Kauf gebucht?

Der Buchungssatz lautet:

Nr.	Soll	Haben	Buchungsbetrag Soll	Buchungsbetrag Haben
1	Fuhrpark		50.000,00	
	Vorsteuer		9.500,00	
		Autohaus Karl		59.500,00

Auf der Grundlage der bisher erworbenen Buchführungskenntnisse wissen Sie, dass Fuhrpark und Vorsteuer aktive Bestandskonten sind. Außerdem wissen Sie aus dem Kapitel über die Umsatzsteuer (Kapitel 7), dass Vorsteuer eine Forderung an das Finanzamt darstellt. Bei Verbindlichkeiten handelt es sich um ein passives Bestandskonto. Das Konto „Autohaus Karl" ist ein Konto der Nebenbuchhaltung. Der Buchungssatz enthält also nur Bestandskonten und ein Personenkonto, aber kein Aufwandskonto. Dies ist richtig, weil sich der Kauf ja nicht auf den Erfolg des Unternehmens auswirkt. Da betriebswirtschaftlich gesehen Kosten – genauer gesagt, Grundkosten – **betriebsbedingte Aufwendungen** sind, stellt der Kauf des Fahrzeugs folglich für Heckmann KG **keine** Kosten dar, sondern führt nur zu einer Ausgabe; Heckmann KG erhält durch den Kauf einen Wert in Form des Fahrzeugs. Was sind dann aber Kosten?

Unter Kosten versteht man den durch die betriebliche Leistungserstellung entstandenen **Werteverzehr.**

Bezogen auf unser Fahrzeug bedeutet dies, dass betriebswirtschaftlich gesehen der Kauf zwar keine Kosten verursacht, wohl aber die Benützung. Durch das Fahren mit diesem Fahrzeug verliert es im Laufe der Zeit an Wert. Diese Wertminderung erfassen wir in der Buchhaltung als Abschreibung (Abschnitt 10.1). Da die Kostenrechnung Grundlage für die Kalkulation unserer Produkte ist, übernehmen wir aber nicht den Abschreibungsbetrag aus der Buchführung, sondern machen eine eigene Berechnung auf. Wir nehmen nicht den Anschaffungspreis als Grundlage – in der Buchhaltung sind wir durch gesetzliche Bestimmungen dazu gezwungen, die Kostenrechnung ist aber nur unternehmensintern und deshalb in dieser Hinsicht frei –, sondern den Wiederbeschaffungspreis. Für uns ist ja im Hinblick auf unsere Kalkulation von Verkaufspreisen nicht wichtig, was wir beim Kauf für das Fahrzeug ausgeben mussten, sondern vielmehr der Betrag, den wir ausgeben müssen, wenn wir dieses Fahrzeug in einigen Jahren durch ein neues ersetzen müssen. Hinsichtlich der Nutzungsdauer sind wir in der betriebsinternen Kalkulation nicht an die AfA-Tabellen des Finanzamtes gebunden, sondern können die Nutzungsdauer betriebsindividuell festlegen. Auch in der Kostenrechnung schreibt man in der Regel linear ab, um die Kalkulation jährlich mit gleich großen Abschreibungsbeträgen zu belasten und damit eine Stetigkeit des Kostenansatzes zu erreichen. Die **kalkulatorische Abschreibung** (Abschreibungsbetrag = Wiederbeschaffungswert: Nutzungsdauer) stellt für uns Kosten dar, da sie den Werteverzehr des Fahrzeugs erfasst.

Diesen nicht leicht verständlichen Zusammenhang wollen wir noch an einem anderen **Beispiel** verdeutlichen:

Die Heckmann KG hat ein Darlehen aufgenommen. Jährlich zahlt Heckmann KG dafür 4.000 EUR Zinsen. Außerdem werden jährlich 2.000 EUR der Darlehensschuld an die Bank zurückgezahlt. Diese Rückzahlung bezeichnet man auch als Tilgung. In welcher Höhe sind hier Kosten entstanden? Es ist hilfreich, für die Zinszahlung und für die Tilgung jeweils den Buchungssatz zu bilden:

Nr.	Soll	Haben	Buchungsbetrag Soll	Buchungsbetrag Haben
1	Zinsaufwendungen		4.000,00	
		Bank		4.000,00

Nr.	Soll	Haben	Buchungsbetrag Soll	Buchungsbetrag Haben
1	Verbindlichkeiten gegenüber Kreditinstituten		2.000,00	
		Bank		2.000,00

Wir wissen, dass Verbindlichkeiten gegenüber Kreditinstituten ein passives und Bank ein aktives Bestandskonto ist. Bei Zinsaufwendungen handelt es sich um ein Aufwandskonto. Dieses Wissen führt bereits zu der Erkenntnis, dass uns für das Darlehen Kosten – dies sind betriebsbedingte **Aufwendungen** – in Höhe von 4.000 EUR pro Jahr entstehen. Die Tilgung stellt keine Kosten dar, da wir ja nur Geld zurückzahlen, das wir bereits – als Kredit – bekommen haben.

Es gibt Ausgaben, die keinen Aufwand darstellen, zum Beispiel die Rückzahlung eines Bankdarlehens. Andere Ausgaben sind zugleich Aufwand, beispielsweise die auf das Darlehen gezahlten Zinsen. Es gibt Aufwendungen, die in der betrachteten Periode nicht zu Ausgaben führen, zum Beispiel Abschreibungen auf eine Maschine. Aufwendungen sind häufig mit Kosten identisch. Andererseits werden „kalkulatorische" Zinsen auf das Eigenkapital in die Kostenrechnung eingebracht, obwohl diese nicht zu Ausgaben führen. Ähnliche Abgrenzungen werden mit Einnahmen, Erträgen und Erlösen gemacht. Wer Daten des betrieblichen Rechnungswesens verwendet, muss diese auch richtig in den entsprechenden Rechnungskreis einordnen und benennen können. Die folgende Tabelle vermittelt hierzu einen Überblick.

Es folgen kurze Definitionen der wichtigsten in diesem Abschnitt erläuterten Begriffe:

Grundbegriffe der Kostenrechnung

- **Kosten:** Durch die betriebliche Leistungserstellung verursachter Werteverzehr
- **Grundkosten:** Betriebsbedingte Aufwendungen = Zweckaufwendungen
- **Zusatzkosten:** Kosten, die nicht in der GuV-Rechnung enthalten sind, also keine Aufwendungen darstellen, denn sie haben zu keinem Geldabgang geführt
- **Kalkulatorische Kosten:** Kosten, die in der GuV-Rechnung überhaupt nicht (z. B. Unternehmerlohn) oder in anderer Höhe (z. B. kalkulatorische Abschreibung) berücksichtigt werden
- **Neutrale Aufwendungen:** Aufwendungen, aber keine Kosten. Neutrale Aufwendungen können betriebsfremd, periodenfremd oder außerordentlich sein

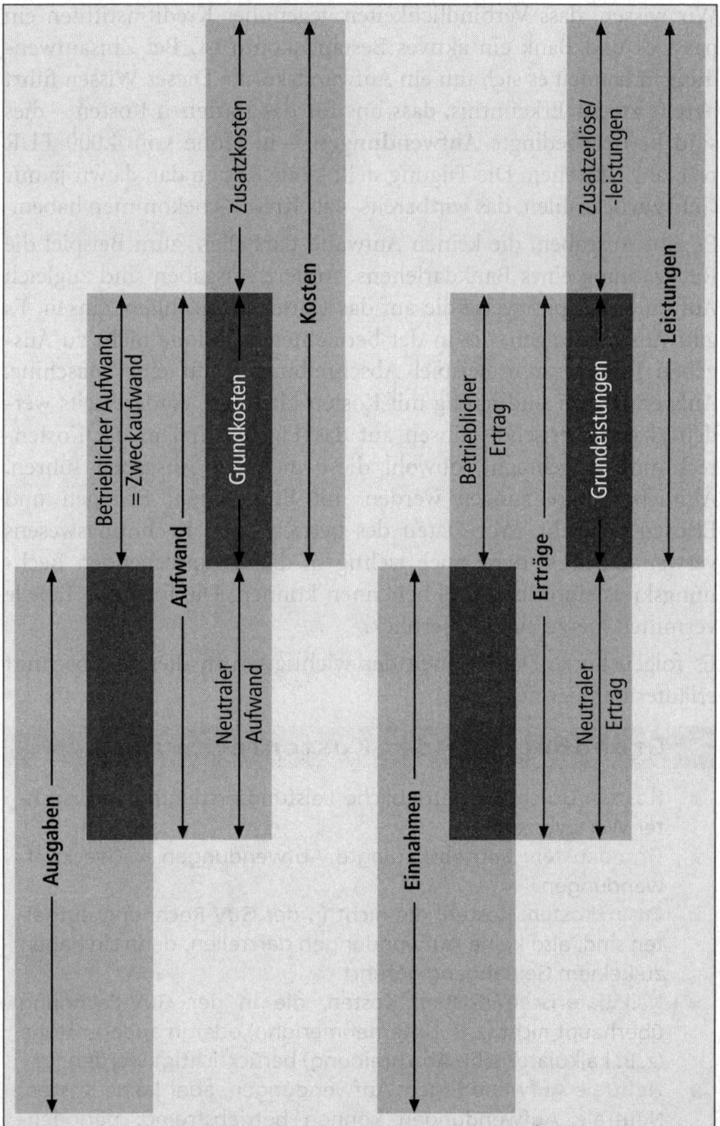

Abb. 5: Grundbegriffe der Kostenrechnung

- **Leistungen:** Erträge aus der betrieblichen Tätigkeit
- **Neutrale Erträge:** Erträge, aber keine Leistungen. Neutrale Erträge können betriebsfremd, periodenfremd oder außerordentlich sein
- **Betriebsergebnis:** Leistungen – Kosten; falls Leistungen > Kosten: Betriebsgewinn; falls Kosten > Leistungen: Betriebsverlust
- **Neutrales Ergebnis:** Gesamtergebnis – Betriebsergebnis
- **Gesamtergebnis:** Ergebnis laut GuV; Aufwendungen < Erträge: Gesamtgewinn; Aufwendungen > Erträge: Gesamtverlust

10.3.2 Antizipative Rechnungsabgrenzung

BEISPIEL: Heckmann bezahlt die Dezember-Miete für ein Außenlager in Höhe von 4.000 EUR erst im Januar des folgenden Geschäftsjahres. Wäre die Miete noch im Dezember bezahlt worden, würde das Konto Gebäudemiete den entsprechenden Betrag ausweisen. Zur exakten Abgrenzung muss aber der Mietaufwand für Dezember auf dem Konto gebucht werden.

Buchung am 31.12. 20XX:

Nr	Soll	Haben	Buchungsbetrag Soll	Buchungsbetrag Haben
1	Mieten, Pachten		4.000,00	
		Sonstige Verbindlichkeiten		4.000,00

Wenn ein Aufwand gebucht wird, vermindert sich das Eigenkapital. Aus diesem Grunde muss ein anderer Bilanzposten entsprechend verändert werden. Da aus der Kasse oder vom Bankkonto tatsächlich noch nichts abgeflossen ist, kann der Gegenwert nur als Passivzunahme auf einem dafür geschaffenen Konto erfasst werden. Der auf diesem Konto gebuchte Betrag wird ausgeglichen, wenn die Zahlung im nächsten Geschäftsjahr tatsächlich erfolgt:

Auf diese Weise wird im nächsten Geschäftsjahr „erfolgsneutral" gebucht. Da gewissermaßen eine Zahlung in der Erfolgsrechnung vorweggenommen wird, nennt man solche Vorgänge **antizipativ** (= vorwegnehmend).

Buchung bei Bezahlung im nächsten Geschäftsjahr:

Nr.	Soll	Haben	Buchungsbetrag Soll	Buchungsbetrag Haben
1	Sonstige Verbindlichkeiten		4.000,00	
		Bank		4.000,00

Wenn bei einer im nächsten Geschäftsjahr zu leistenden Zahlung Erfolgsbestandteile des laufenden Geschäftsjahres teilweise vorhanden sind, ist nur der auf das laufende Jahr entfallende Betrag als antizipativer Posten zu behandeln.

BEISPIEL: Zum 1.4. des nächsten Jahres wird die Grundsteuer für das vergangene Halbjahr in Höhe von 2.400 EUR gezahlt. Auf dem Konto Grundsteuer sind dann zum 31.12. 20XX 1.200 EUR zu erfassen.

BEISPIEL: Die Fahrradhandlung Heckmann hat ein Darlehen in Höhe von 300.000 EUR mit einer Auszahlung von 95 % aufgenommen. Die Laufzeit ist 10 Jahre. Das Disagio in Höhe von 15.000 EUR wird dann auf Jahresbeträge von jeweils 1.500 EUR verteilt.

Buchung bei Auszahlung des Darlehens:

Nr.	Soll	Haben	Buchungsbetrag Soll	Buchungsbetrag Haben
1	Bank		285.000,00	
	Disagio		15.000,00	
		Hypothekendarlehen		300.000,00

Buchung am 31.12.:

Nr.	Soll	Haben	Buchungsbetrag Soll	Buchungsbetrag Haben
1	Zinsaufwendungen		1.500,00	
		Disagio		1.500,00

Entsprechend wird jeweils bei **antizipativen Erträgen** gebucht.

Allgemein kann man für die Buchung antizipativer Posten folgende Regel aufstellen:

Zahlungszeitpunkt im nächsten Jahr, für Aufwand oder Ertrag betreffend das laufende Geschäftsjahr:

Aufwand Soll → Sonstige Verbindlichkeiten Haben

Sonstige Forderungen Soll → Ertrag Haben

BEISPIEL: Ein am 30.11. für drei Monate angelegtes Festgeld in Höhe von 120.000 EUR wird von der Bank erst bei Fälligkeit mit 4 % p. a. einschließlich Zinsen abgerechnet.
Ende Februar werden insgesamt 1.200 EUR Zinsen gutgeschrieben. Für Dezember des laufenden Geschäftsjahres entfallen darauf anteilig 400 EUR. Dieser Betrag muss noch als Zinsertrag erfasst werden. Als Gegenkonto verwendet man das Konto „Sonstige Forderungen".

Buchung:

Nr.	Soll	Haben	Buchungsbetrag Soll	Buchungsbetrag Haben
1	Sonstige Forderungen		400,00	
		Zinserträge		400,00

Nr.	Soll	Haben	Buchungsbetrag Soll	Buchungsbetrag Haben
1	Bank		1.200,00	
		Sonstige Forderungen		400,00
		Zinserträge		800,00

10.3.3 Transitorische Rechnungsabgrenzung

BEISPIEL: Am 30. 9. zahlt die Fahrradhandlung Heckmann die Kraftfahrzeugsteuer in Höhe von 600 EUR für ein Jahr im Voraus. Im Schema ergibt sich zunächst das folgende Bild:

Transistorische Rechnungsabgrenzung

31.12.

	Aufwand des laufenden Geschäftsjahres	Aufwand des folgenden Geschäftsjahres	
Zahlung 600	150,00	450,00	
Monate	Okt.-Dez.	Jan.-Sept.	

Am 30.9. wurde der gesamte Betrag auf dem Konto Kfz-Steuer und Bank gebucht. Als dem laufenden Geschäftsjahr zugehöriger Aufwand soll aber letztlich nur der vierte Teil (3/12) auf dem Konto stehen. Dies bedeutet, dass der das nächste Geschäftsjahr betreffende Teil, hier also 450 EUR, auf dem Konto storniert werden muss. Dies geschieht durch die Buchung im Haben. Da wegen der Übereinstimmung des Inventurergebnisses mit der Bilanz das Bankkonto nicht korrigiert werden darf, muss in der Bilanz ein Ausgleichsposten für die Stornierung des Aufwands in den Aktiva eingefügt werden. Diesen Posten nennt man Rechnungsabgrenzung; wenn er auf der Aktivseite steht „Aktive Rechnungsabgrenzung".

Zur Verdeutlichung verwenden wir für das Beispiel Hauptbuchkonten

Kfz-Steuer Soll		Haben		Bank Soll		Haben	
30. 9.	600,00					30. 9.	600,00

Buchung am 31.12.:

Nr.	Soll	Haben	Buchungsbetrag Soll	Buchungsbetrag Haben
1	Aktive Rechnungsabgrenzung		450,00	
		Kfz-Steuer		450,00

Auf den Hauptbuchkonten und in der Bilanz ergibt sich dann folgendes Bild:

Kfz-Steuer Soll		Haben		Bank Soll		Haben	
30. 9.	600,00	31.12.	450,00			30. 9.	600,00

Soll	Aktive Rechnungsabgrenzung	Haben
31.12.	450,00	

Die Aktive Rechnungsabgrenzung wird auf der Aktivseite der Bilanz ausgewiesen, die Kfz-Steuer mit 150 EUR als Aufwand im GuV-Konto.

Buchung im neuen Geschäftsjahr:

Nr.	Soll	Haben	Buchungsbetrag Soll	Buchungsbetrag Haben
1	Kfz-Steuer		450,00	
		Aktive Rechnungsabgrenzung		450,00

Die Aktive Rechnungsabgrenzung wird auf der Aktivseite der Bilanz ausgewiesen, die Kfz-Steuer mit 150 EUR als Aufwand im GuV-Konto.

Damit wird deutlich, dass der Betrag von 600 EUR buchhalterisch korrekt auf die zwei Rechnungsperioden verteilt worden ist.

Bei einem bereits gebuchten Ertrag, der ganz oder teilweise wirtschaftlich in das neue Jahr hineinreicht, verfährt man entsprechend.

BEISPIEL: Heckmann hat einen Teil des Bürogebäudes an eine befreundete Firma vermietet. Die Miete für ein Vierteljahr in Höhe von 6.000 EUR wird am 30. 11. im Voraus entrichtet. Es ist leicht ersichtlich, dass der bereits gebuchte Anteil des nächsten Geschäftsjahres in Höhe von 2/3 = 4.000 EUR bei dem entsprechenden Ertragskonto ausgebucht werden muss.

Buchung:

Nr.	Soll	Haben	Buchungsbetrag Soll	Buchungsbetrag Haben
1	Mieterträge		4.000,00	
		Passive Rechnungsabgrenzung		4.000,00

Da der abzugrenzende Betrag jetzt auf der Passivseite der Bilanz stehen muss, wird ein Konto „Passive Rechnungsabgrenzung" verwendet.

Um die gesamte zeitliche Abgrenzungsrechnung „in den Griff" zu bekommen, kann die „Checkliste" in der folgenden Abbildung 6 verwendet werden.

10.3.4 Rückstellungen

Der Grundsatz der Bilanzwahrheit erfordert, dass im Jahresabschluss die tatsächliche Vermögenslage des Kaufmanns dargestellt wird. Alle wirtschaftlichen Eventualitäten der Zukunft können hier aber nicht einbezogen werden. Es kommt in erster Linie auf die Vermögenslage zum Zeitpunkt der Bilanzerstellung an.

BEISPIEL: Am 15.12. des Jahres hat Heckmann aus dem Sonderprogramm eines Lieferanten einen Posten Fahrräder für das kommende Frühjahrsgeschäft mit Liefertermin 15. 2. des nächsten Jahres im Wert von 40.000 EUR bestellt. Es besteht eine grundsätzliche rechtliche Verpflichtung zur Abnahme und Bezahlung der Lieferung. Da beides aber in der bilanziellen Zukunft liegt, wird es nicht berücksichtigt. In der Finanzplanung muss gleichwohl die Auszahlung von 40.000 EUR für den Februar vermerkt werden.

Sind Verbindlichkeiten aber bereits im laufenden Geschäftsjahr begründet worden, sind solche auch zu erfassen, auch wenn deren Höhe noch nicht genau feststeht.

BEISPIEL: Die Reparatur des Flachdachs bei der Fahrradhandlung Heckmann ist im Dezember durchgeführt worden. Der Kostenvoranschlag lautet über 15.000 EUR; eine endgültige Abrechnung liegt bis zum Jahresende noch nicht vor.

Die im vorangegangenen Beispiel begründete ungewisse Verbindlichkeit ist als „Rückstellung" auf der Passivseite der Bilanz zu erfassen. Der aus der Reparatur sich ergebende geschätzte Aufwand wird im Soll des betreffenden Aufwandskontos gebucht. Auf diese Weise

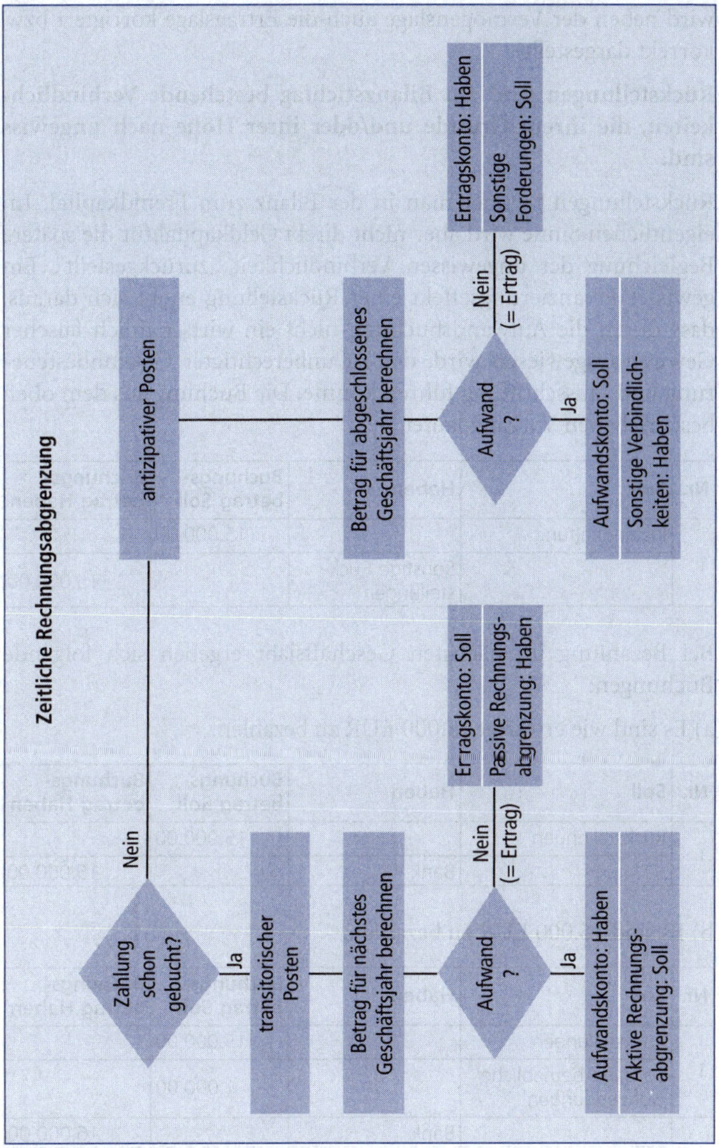

Abb. 6: Zeitliche Rechnungsabgrenzung

wird neben der Vermögenslage auch die Ertragslage korrigiert bzw. korrekt dargestellt.

Rückstellungen sind am Bilanzstichtag bestehende Verbindlichkeiten, die ihrem Grunde und/oder ihrer Höhe nach ungewiss sind.

Rückstellungen rechnet man in der Bilanz zum Fremdkapital. Im eigentlichen Sinne wird aber nicht direkt Geldkapital für die spätere Begleichung der ungewissen Verbindlichkeit „zurückgestellt". Ein gewisser Finanzierungseffekt einer Rückstellung ergibt sich daraus, dass durch die Aufwandsbuchung nicht ein wirtschaftlich falscher Gewinn ausgewiesen wird, der zu unberechtigter Gewinnbesteuerung und -ausschüttung führen könnte. Die Buchung aus dem oben beschriebenen Vorgang lautet:

Nr.	Soll	Haben	Buchungsbetrag Soll	Buchungsbetrag Haben
1	Instandhaltung		15.000,00	
		Sonstige Rückstellungen		15.000,00

Bei Bezahlung im nächsten Geschäftsjahr ergeben sich folgende Buchungen:

a) Es sind wie erwartet 15.000 EUR zu bezahlen.

Nr.	Soll	Haben	Buchungsbetrag Soll	Buchungsbetrag Haben
1	Rückstellungen		15.000,00	
		Bank		15.000,00

b) Es sind 16.000 EUR zu bezahlen.

Nr.	Soll	Haben	Buchungsbetrag Soll	Buchungsbetrag Haben
1	Rückstellungen		15.000,00	
	Sonstige betriebliche Aufwendungen		1.000,00	
		Bank		16.000,00

c) Es sind nur 14.000 EUR zu bezahlen.

Nr.	Soll	Haben	Buchungsbetrag Soll	Buchungsbetrag Haben
1	Rückstelllungen		15.000,00	
		Bank		14.000,00
		Sonstige betriebliche Erträge		1.000,00

Der Gesetzgeber hat im Handelsrecht und im Steuerrecht einerseits eine Rückstellungspflicht, andererseits aber auch eine Begrenzung der Möglichkeiten für die Bildung von Rückstellungen festgelegt. Die wesentlichen Bestimmungen beider Rechtsquellen sind identisch.

§ 249 HGB Rückstellungen

(1) Rückstellungen sind für ungewisse Verbindlichkeiten und für drohende Verluste aus schwebenden Geschäften zu bilden. Ferner sind Rückstellungen zu bilden für

1. im Geschäftsjahr unterlassene Aufwendungen für Instandhaltung, die im folgenden Geschäftsjahr innerhalb von drei Monaten, oder für Abraumbeseitigung, die im folgenden Geschäftsjahr nachgeholt werden,
2. Gewährleistungen, die ohne rechtliche Verpflichtung erbracht werden.

Für andere als die in Absatz 1 bezeichneten Zwecke dürfen Rückstellungen nicht gebildet werden. Rückstellungen dürfen nur aufgelöst werden, soweit der Grund hierfür entfallen ist.

§ 253 HGB Zugangs- und Folgebewertung

(2) Rückstellungen mit einer Restlaufzeit von mehr als einem Jahr sind mit dem ihrer Restlaufzeit entsprechenden durchschnittlichen Marktzinssatz der sich im Falle von Rückstellungen für Altersversorgungsverpflichtungen aus den vergangenen zehn Geschäftsjahren und im Falle sonstiger Rückstellungen aus den vergangenen sieben Geschäftsjahren ergibt. …

Eine **Rückstellungspflicht** gilt danach für:

- ungewisse Verbindlichkeiten: z. B. Garantieverpflichtungen, zu erwartende Steuernachzahlungen, Urlaubsrückstände, Prozesskosten und Pensionsverpflichtungen;

- drohende Verluste aus schwebenden Geschäften: z. B. drohende Kursverluste aus in ausländischer Währung lautenden Vertragsverpflichtungen oder zu erwartenden Zahlungseingängen; aus steuerrechtlicher Sicht sind diese Rückstellungen nicht zulässig;
- unterlassene Instandhaltungsverpflichtungen, die im folgenden Geschäftsjahr innerhalb von drei Monaten nachgeholt werden;
- Gewährleistungen ohne rechtliche Verpflichtung, z. B. aus Kulanz.

Handelsrechtlich sind Rückstellungen in Höhe des Betrags anzusetzen, der bei vernünftiger kaufmännischer Beurteilung nach den Verhältnissen am Bilanzstichtag wahrscheinlich zur Erfüllung der Verpflichtung notwendig ist: Da die vernünftige kaufmännische Beurteilung nur ein Schätzmaßstab ist, ist der eigentliche Bewertungsmaßstab für Rückstellungen für ungewisse Verbindlichkeiten der „Erfüllungsbetrag" gemäß § 253 Abs. 1 Satz 2 HGB. Dies bedeutet, dass handelsrechtlich auch künftige Preis- und Kostensteigerungen zu berücksichtigen sind.

Bei der Bewertung der Rückstellungen nach **Steuerrecht** sind die Wertverhältnisse am Bilanzstichtag maßgebend; künftige Preis- und Kostensteigerungen dürfen nicht berücksichtigt werden.

Der § 6 Abs. 1 Nr. 3 a EStG enthält Grundsätze zur Bewertung von Rückstellungen im Steuerrecht. Danach sind Rückstellungen für Geld- als auch für Sachverpflichtungen mit einem Zinssatz von 5,5 % abzuzinsen, es sei denn, dass ihre Laufzeit unter einem Jahr liegt. Rückstellungen für drohende Verluste aus schwebenden Geschäften dürfen nicht gebildet werden.

Eine unterschiedliche Bewertung von Rückstellungen nach Handels- und Steuerrecht erfordert die Buchung latenter Steuern.

10.4 Formale Abschlussarbeiten

Am Ende eines Geschäftsjahres steht ein neuer Abschluss bevor. Damit die Ergebnisse der Inventur mit denen der laufenden Buchhaltung zur Übereinstimmung gebracht werden können, sind noch einige Vorarbeiten als so genannte Abschlussbuchungen notwendig, die auch in einer Abschlussübersicht dargestellt werden können. Die Bestandskonten selbst werden heute nicht mehr von Hand formell abgeschlossen (vgl. Kap. 12).

In der Abschlussübersicht (Abb. 7) erfasste Abschlussbuchungen sind z. B.:

Nr.	Soll	Haben	Buchungsbetrag Soll	Buchungsbetrag Haben
1	Abschreibungen		16.000,00	
		Geschäftsausstattung		16.000,00

Nr.	Soll	Haben	Buchungsbetrag Soll	Buchungsbetrag Haben
1	Umsatzsteuer		5.830,00	
		Vorsteuer		5.830,00

Nr.	Soll	Haben	Buchungsbetrag Soll	Buchungsbetrag Haben
1	Aufwendungen für Handelswaren		18.000,00	
		Handelswaren		18.000,00

Der in der Inventur angegebene Handelswarenbestand wird mit 136.800 EUR übernommen. Die Differenz wird in der Spalte Umbuchungen bereinigt. Hier liegt eine Bestandsminderung vor. Diese wird wie ein Wareneingang behandelt.

10.4.1 Abschlussübersicht

Den Grundsätzen ordnungsmäßiger Buchführung entspricht es, wenn die Salden aller Konten zusammengestellt und tabellarisch abgestimmt werden. Bei einer einfachen Buchführung können auf diese Weise Buchungsfehler schon vor der Erstellung des eigentlichen Abschlusses aufgedeckt werden. Häufig wird diese Übersicht in sechs Ziffernspalten eingeteilt (Abb. 7, verkürzter Auszug).

- **Spalte 1, Kontensummen:** Hier werden die Summen aller Konten, getrennt nach Soll- und Habenseite, zusammengestellt.

Wurde jede Buchung „doppelt" richtig in die Konten eingetragen, müssen die Gesamtsummen auf der Soll- und Habenseite miteinander übereinstimmen. Bei einem EDV-gestützten Buchhaltungsprogramm wird formal laufend eine „Nullabstimmung" der jeweils gebuchten Kontenseiten vorgenommen, bei der Eingabefehler sofort erkannt bzw. ganz ausgeschlossen werden.

- **Spalte 2, Kontensalden I:** In dieser Spalte werden die Salden aus den Summen der Konten errechnet und jeweils auf der **wertmäßig größeren** Seite eingetragen. Die Summe der Soll- und Habensalden muss dabei wieder übereinstimmen.
- **Spalte 3, Korrekturen:** Hier können die den Abschluss vorbereitenden Buchungen erfasst werden wie beispielsweise Abschreibungen, Privatentnahmen, Abschluss des Warenkontos oder Verrechnung von Umsatz- und Vorsteuer. Die Summe der Soll- und Habeneintragungen muss übereinstimmen.
- **Spalte 4, Kontensalden II:** Als eine weitere Zwischenrechnung können nach Festlegung der Abschlussbuchungen nochmals die Salden abgestimmt werden.
- **Spalte 5, Schlussbilanz lt. Inventur:** Die Bestände auf den Konten müssen mit denen der Inventur übereinstimmen.
- **Spalte 6, Erfolgsrechnung:** Hier handelt es sich eigentlich nicht um eine Bilanz, sondern um eine tabellarische Darstellung der Gewinn- und Verlustrechnung.

10.4.2 Jahresabschluss und Ergebnisverwendung

Wenn das Jahresergebnis errechnet worden ist, muss das Gewinn- und Verlustkonto ausgeglichen werden. Die Form des Gewinn- oder Verlustausgleichs ist dabei von der Rechtsform des Unternehmens abhängig. Zusätzlich sind für einen etwa zu veröffentlichenden Jahresabschluss weitere gesetzliche formale Bestimmungen zu beachten.

Einzelunternehmung: Der Saldo aus dem Gewinn- und Verlustkonto eines Einzelunternehmens wird direkt über das Konto Eigenkapital ausgeglichen; Privatentnahmen werden ebenfalls direkt über

Kontenbezeichnung	Kontensummen S	Kontensummen H	Kontensalden I S	Kontensalden I H	Korrekturen S	Korrekturen H	Kontensalden II S	Kontensalden II H	Schlussb. lt. Inventur S	Schlussb. lt. Inventur H	Erfolgsrechnung S	Erfolgsrechnung H
Geschäftsausstattung	82.000,00		82.000,00			16.000,00	66.000,00		66.000,00			
Eigenkapital		122.230,90		122.230,90				122.230,90		122.230,90		
Forderungen	46.000,00	10.500,00	35.500,00				35.500,00		35.500,00			
Bank	54.000,00	32.670,50	21.329,50				21.329,50		21.329,50			
Vorsteuer	6.350,00	520,00	5.830,00			5.830,00						
Kasse	9.312,70	4.630,50	4.682,20				4.682,20		4.682,20			
Verbindlichkeiten	11.300,00	83.240,40		71.940,40				71.940,40		71.940,40		
Umsatzsteuer	900,00	11.370,40		10.470,40	5.830,00			4.640,40		4.640,40		
Aufwand für Handelswaren	84.000,00		84.000,00		18.000,00		102.000,00				102.000,00	
Handelswaren	154.800,00		154.800,00			18.000,00	136.800,00		136.800,00			
Mietaufwand	24.000,00		24.000,00				24.000,00				24.000,00	
Abschreibungen					16.000,00		16.000,00				16.000,00	
Umsatzerlöse für Handelswaren	3.000,00	210.500,00		207.500,00				207.500,00				207.500,00
	475.662,70	475.662,70	412.141,70	412.141,70	39.830,00	39.830,00	406.311,70	406.311,70	264.311,70	198.811,70	142.000,00	207.500,00
							Reingewinn			65.500,00	65.500,00	
									264.311,70	264.311,70	207.500,00	207.500,00

Abb. 7: Abschlussübersicht

das Konto Eigenkapital ausgebucht oder in den vorbereitenden Abschlussbuchungen der Betriebsübersicht erfasst.

Buchung:

Gewinn: GuV-Konto an Eigenkapital

Verlust: Eigenkapital an GuV-Konto

Offene Handelsgesellschaft: Der Gewinn oder der Verlust einer OHG wird entsprechend dem Gesellschaftsvertrag verteilt. Enthält dieser ausnahmsweise keine Regelung, gelten ersatzweise die Bestimmungen des § 121 HGB. Die Privatentnahmen werden vorweg auf den einzelnen Kapitalkonten der Gesellschafter belastet. Ein Verlust wird ebenfalls nach dem Aufteilungsplan auf dem Kapitalkonto belastet. Der Gesamtgewinn kann zunächst auf ein Verteilungskonto und dann auf die Kapitalkonten gebucht werden. Dann ergeben sich folgende Buchungssätze:

Buchung:

GuV an Gewinnverteilungskonto

Gewinnverteilungskonto an Kapitalkonten

Kommanditgesellschaft: Grundsätzlich gelten für die Vollhafter (Komplementäre) der KG die gleichen Regeln wie für die Gesellschafter der OHG. Für die Teilhafter wird ein Gewinn dann nicht dem Kapitalkonto zugeschrieben, wenn der Teilhafter seine übernommene Einlage bereits voll eingezahlt hat. Dann ist der Gewinnanteil für die Gesellschaft eine Verbindlichkeit.

Buchung:

GuV an Gewinnverteilungskonto

Gewinnverteilungskonto

- an Kapitalkonten (Vollhafter)
- an sonstige Verbindlichkeiten(Teilhafter)

Kapitalgesellschaften (GmbH und AG): Für die Kapitalgesellschaften gelten umfangreiche formale Bestimmungen für den Jahresabschluss. Sie gliedern sich in allgemeine Bestimmungen, die für alle Kapitalgesellschaften gelten, so z. B. für die Gliederung der Bilanz, und in Bestimmungen nur für kleine, mittelgroße und große Kapitalgesellschaften. Im Rahmen dieses Buches kann hier nicht auf Einzelheiten eingegangen werden.

Nach § 264 Abs. 1 HGB müssen Kapitalgesellschaften den aus Bilanz und Gewinn- und Verlustrechnung bestehenden Jahresabschluss um einen Anhang erweitern. Zusätzlich ist ein Lagebericht zu erstellen.

Der Anhang soll die einzelnen Positionen der Bilanz und der Gewinn- und Verlustrechnung erläutern. Dabei muss insbesondere auf die Bewertungs- und Abschreibungsmethoden, die Beteiligungen an anderen Unternehmen, die Struktur der Verbindlichkeiten und die Zahl der Arbeitnehmer eingegangen werden.

Der Lagebericht gibt zusätzliche Informationen über den Geschäftsverlauf im Abschlussjahr und die Lage am und nach dem Bilanzstichtag.

Das Anlagevermögen muss in einem besonderen **„Anlagespiegel“**, auch **„Anlagegitter“** genannt, näher erläutert werden. Dieser zeigt die Entwicklung der einzelnen Posten des Anlagevermögens und gibt Einblick in die Abschreibungs- und Investitionsentscheidungen des Unternehmens.

Er weist folgende Grundgliederung auf:

BEISPIEL:

		Mio. EUR
	Anfangsbestand zu Anschaffungs- oder Herstellungskosten am 1. d. J.	9.029
+	Zugänge zu Anschaffungs-/Herstellungskosten im Geschäftsjahr (= Bruttoinvestitionen)	919
–	Abgänge zu Anschaffungs-/Herstellungskosten (z. B. Verkäufe)	308
–	Summe aller Abschreibungen seit Anschaffung (kumuliert)	6.829
+	Zuschreibungen (so genannte Wertaufholung)	0
=	Buchwert für die Schlussbilanz	2.811
	Abschreibungen des laufenden Jahres	936

Das Eigenkapital der Kapitalgesellschaften wird in den folgenden Hauptpositionen der Bilanz ausgewiesen:

Das Eigenkapital einer Kapitalgesellschaft wird in einen längerfristig festen Teil, das Gezeichnete Kapital und die Kapitalrücklage, und in einen „beweglichen" Teil getrennt ausgewiesen. Der feste Betrag wird nur durch Gesellschafterbeschluss verändert, während der bewegliche Teil vom Beschluss des Geschäftsführers bzw. Vorstands, von den Gesellschaftern und vom erzielten Jahresergebnis abhängig ist.

BEISPIEL:

	Passiva	**Berichtsjahr**	**Vorjahr**
	A. Eigenkapital		
I.	Gezeichnetes Kapital	400.000,00	400.000,00
II.	Kapitalrücklage	100.000,00	100.000,00
III.	Gewinnrücklagen	200.000,00	200.000,00
IV.	Gewinnvortrag	10.000,00	8.000,00
V.	Jahresüberschuss	150.000,00	80.000,00
	Summe	860.000,00	788.000,00

Das Gezeichnete Kapital entspricht bei der GmbH dem Stammkapital, bei der AG dem Grundkapital. Ausstehende Einlagen werden meistens auf der Aktivseite ausgewiesen.

Rücklagen sind getrennt ausgewiesenes Eigenkapital. Sie werden nach ihrer wirtschaftlichen Herkunft gegliedert:

Eine Kapitalrücklage entsteht durch ein Aufgeld bei der Ausgabe von Anteilen gegenüber dem Nennbetrag der Anteile. Sie gehört zur Außenfinanzierung des Unternehmens, weil diese Rücklage direkt von den Gesellschaftern eingebracht wird.

BEISPIEL: Eine Aktiengesellschaft gibt 1 Mio. Stück neue Aktien zum Nennwert von 1,00 EUR/Stück zu einem Ausgabekurs von 14,00 EUR aus. Der erhaltene Betrag aus der Übernahme durch die Aktionäre wird dann wie folgt auf die Eigenkapitalkonten gebucht:

Erhöhung des Grundkapitals	1.000.000 × 1	1.000.000 EUR
Erhöhung der Kapitalrücklage	1.000.000 × 13	13.000.000 EUR
Zufluss finanzieller Mittel	1.000.000 × 14	14.000.000 EUR

Gewinnrücklagen können gebildet werden, wenn der bereits versteuerte Jahresgewinn nicht ausgeschüttet wird. Die Bildung von Gewinnrücklagen wird auch als offene Selbstfinanzierung bezeichnet.

Stille Rücklagen oder Reserven sind nicht aus der Bilanz ersichtlich. Sie ergeben sich durch Überbewertung von Passiva und Unterbewertung von Aktiva.

Die Erfolgsrechnung der Kapitalgesellschaften wird meistens in Staffelform nach dem Schema des § 275 HGB veröffentlicht.

Ein Jahresüberschuss wird einschließlich eines Gewinnvortrages vom Vorjahr entsprechend der Satzung durch Gesellschafterbeschluss nach Feststellung des Jahresabschlusses verteilt.

Die grundsätzliche Buchung lautet zum Bilanzstichtag:

GuV an Jahresüberschusskonto

und evtl. Jahresüberschusskonto
– an Gewinnrücklagen
– an Bilanzgewinn

Nach Beschluss der Gesellschafterversammlung und Bereitstellung des Bilanzgewinns zur Ausschüttung und Aufstockung der Gewinnrücklagen:

Bilanzgewinn
– an Gewinnrücklagen
– an sonstige Verbindlichkeiten

Weitere Zwischenkonten können eingerichtet werden.

10.5 Fragen und Übungen

(1) Ein buchhalterischer Laie meint, der immer wieder auftauchende Begriff „AfA“ bedeute: Abschreibung für Anlagen. Nehmen Sie dazu Stellung.

(2) Erläutern Sie, warum man bei der Ermittlung der Regelabschreibung von planmäßiger Abschreibung spricht.

(3) In Zusammenhang mit der Abschaffung der steuerlichen Möglichkeit zur degressiven Abschreibung für Neuanschaffungen

wurde argumentiert, dass dies letztlich keine Rolle für die Gesamtabschreibung spiele. Warum würden Unternehmen nach wie vor gerne degressiv abschreiben?

(4) Ein Handelsunternehmen in der Rechtsform der GmbH hat 10 Fahrzeuge im Bestand, die aber alle bereits vollständig abgeschrieben sind. Ein neu eingestellter Buchhalter bemängelt, dass in der Buchhaltung diese Fahrzeuge nicht jeweils mit dem Erinnerungswert von 1 EUR ausgewiesen werden. Zu Recht?

(5) Ein neu gegründetes Handelsunternehmen beschafft je 20 Stück gleicher länger nutzbarer Gegenstände. Begründen Sie, wie diese buchhalterisch abgeschrieben werden könnten, wenn sie folgende Nettopreise je Stück aufweisen würden:
a) 100,00 EUR
b) 200,00 EUR
c) 600,00 EUR
d) 1.200,00 EUR

(6) Aus den in 5 c beschafften Wirtschaftsgütern werden nach zwei Jahren 10 Stück verkauft. Welche buchhalterische Auswirkung hat dies, wenn diese als GWG behandelt worden sind?

(7) In einem älteren Buch über Rechnungswesen liest ein Benutzer den Begriff Einheitsbilanz. Warum findet er diesen Begriff in diesem Buch nicht mehr?

(8) Begründen Sie, warum für ein Einzelunternehmen die Bildung latenter Steuern nicht relevant ist.

(9) Ein Unternehmen hat eine Forderung in Schweizer Franken in Höhe von 20.0000 CHF. Bei Entstehung der Forderung war der Kurs 1,50 CHF für 1 EUR. Am Jahresende ist der Kurs der im Januar fälligen Forderung: (a) Geld 1,20 Mittel 1,21 Brief 1,22 (b) Geld 1,60 Mittel 1,61 Brief 1,62 Wie ist die Forderung zu bewerten?

(10) Wie wäre die Forderung zu behandeln, wenn sie erst in zwei Jahren fällig wäre? Welches Bewertungsprinzip kommt dabei zum Tragen?

(11) Wie wäre eine Verbindlichkeit in Schweizer Franken zu behandeln, wenn die Kurse und Fälligkeiten wie im Falle 9 wären?

(12) Ein Stahlhandelsunternehmen kauft Eisenmatten zu nachfolgend aufgeführten Terminen und Preisen. Wie kann der Bestand am Jahresende nach Handels- und Steuerrecht bewertet werden?

Käufe

Tag	Stück	Einzelpreis in EUR/Stück
15. 1.	100	13,00
20. 2.	80	13,50
25.3.	150	14,50
04. 5.	70	17,00
17. 8.	50	17,50

Verkäufe

Tag	Stück	Einzelpreis in EUR/Stück
25. 4.	70	15,00
17. 9.	120	18,00

(13) Ein buchhalterischer Laie meint, es gebe ja keinen Unterschied zwischen Rückstellung und Rücklagen. In beiden Fällen werde Geld zurückgelegt. Klären Sie den Laien auf.

(14) Der Laie fragt, warum man einmal von Ausgaben, dann wieder von Aufwand oder Kosten spricht. Er meint, die Buchhalter sollen sich doch auf einen einheitlichen Begriff einigen.

(15) Warum wird die zeitliche Abgrenzung durchgeführt?

(16) Wodurch unterscheiden sich „sonstige Verbindlichkeiten" und „Rückstellungen"?

(17) Erläutern Sie den Begriff „Zusatzkosten", und nennen Sie hierfür ein Beispiel.

(18) In einem Unternehmen wurde ein Gesamtgewinn laut GuV-Rechnung in Höhe von 170.000 EUR erzielt. Als neutrales Ergebnis wurde intern ein Gewinn in Höhe von 50.000 EUR ermittelt. Berechnen Sie das Betriebsergebnis.

(19) Abschreibung unseres LKWs mit 120.000 EUR Anschaffungskosten und einer voraussichtlichen Nutzungsdauer von 10 Jahren. Wie wird linear abgeschrieben?

(20) Für einen LKW ist die Kfz-Steuer im Laufe des Geschäftsjahres mit insgesamt 1.800 EUR im Voraus bezahlt worden. Von diesem Betrag entfallen auf das alte Jahr 650 EUR. Buchung am 31.12.?

(21) Die am 15. November fällige Gewerbesteuer in Höhe von 400 EUR ist Heckmann KG bis Anfang Februar des nächsten Jahres gestundet worden. Buchung am 31.12.?

(22) Die fälligen Hypothekenzinsen in Höhe von 6.000 EUR für den Zeitraum vom 1. November diesen Jahres bis zum 30. April des nächsten Jahres werden von uns erst am 30. April des nächsten Jahres bezahlt. Buchung am 31.12.?

(23) Von unserer Forderung an Bike Müller e. K. sind 23.800 EUR uneinbringlich. Buchung?

(24) Für einen schwebenden Prozess mit einem Kunden rechnen wir mit Prozesskosten in Höhe von 6.000 EUR. Buchung?

Lösungen:

(1) Der Begriff AfA bedeutet „Absetzung für Abnutzung". Dies ist ein Begriff des Einkommensteuerrechts. Dabei gibt es dort den Begriff „Abschreibung" nicht.

(2) Die Abschreibung verteilt die Anschaffungskosten auf künftige Geschäftsjahre. Eine sinnvolle Zuordnung ist deshalb Teil eines Plans für künftige Geschäftsjahre und hat nichts mit einer erst später tatsächlich festzustellenden tatsächlichen Wertminderung zu tun.

(3) An der Aussage ist korrekt, dass die gesamte Höhe der Abschreibung nicht den Anschaffungswert übersteigen kann, sondern in der Summe immer diesen ausmacht. Bei degressiver Abschreibung wird in den ersten Jahren mehr abgeschrieben als in späteren Jahren. Da die Abschreibung als Aufwand gebucht wird, wird der Gewinn in den ersten Jahren stärker als in den späteren Jahren gemindert. Die Gewinnsteuer wird also in den ersten Jahren zu Lasten späterer Jahre vermindert. Es wird ein Effekt der Steuerstundung erreicht.

(4) Der Erinnerungswert muss allenfalls in der Bilanz bei Fahrzeugen mit insgesamt 1 EUR ausgewiesen werden, wenn sonst keine be-

werteten Fahrzeuge mehr im Bestand wären. Die Wertentwicklung abgeschriebener Anlagen ergibt sich bei einer GmbH aus dem Anlagenspiegel, auch wenn bis auf 0 EUR abgeschrieben worden ist. Gleichwohl sind manche Buchhaltungsprogramme so eingerichtet, dass in der Anlagenbuchhaltung für jeden noch vorhandenen Gegenstand noch ein Mindestbetrag verbleibt, weil das Programm sonst den Gegenstand nicht mehr erfasst.

(5) Es kommt nicht auf die Summe aller Kaufpreise, sondern nur auf den Wert eines einzelnen Gegenstands an, da diese gesondert nutzbar sind. Wenn das Unternehmen einen GWG-Sammelposten führt, gilt:
(a) Wird sofort als Aufwand gebucht.
(b) und (c) werden in den Sammelposten eingestellt und damit jährlich mit 20 % abgeschrieben.
(d) Wird aktiviert und planmäßig abgeschrieben.
Führt das Unternehmen keinen GWG-Sammelposten gilt:
(a) Wird sofort als Aufwand gebucht.
(b) Wird aktiviert und sofort abgeschrieben (unter 410 EUR).
(c) und d) werden aktiviert und planmäßig abgeschrieben. Wenn kein GWG-Sammelposten geführt wird, könnten auch die Gegenstände unter (a) aktiviert und planmäßig abgeschrieben werden.

(6) Der Gegenwert ist als Ertrag in voller Höhe auszuweisen. Die in den GWG-Sammelposten des betreffenden Jahres eingestellten Gegenstände bleiben darin nach wie vor enthalten und werden abgeschrieben.

(7) Seit der Reform des Handelsrechts durch das Bilanzrechtsmodernisierungsgesetz gibt es keine Vorschrift mehr, dass Aufwendungen der Steuerbilanz mindestens so auch in der Handelsbilanz enthalten sein müssen (umgekehrte Maßgeblichkeit). Deshalb gibt es nur noch eine Steuerbilanz und evtl. eine Handelsbilanz.

(8) Latente Steuern sind der Korrekturposten zur Aufwandsposition „Steuern vom Einkommen und Ertrag“ (EE-Steuern). Diesen Posten gibt es nur bei Kapitalgesellschaften, die die Körperschaftsteuer als Gewinnsteuer als Aufwand buchen

müssen. Bei Einzelunternehmen wird der Gewinn bei der Einkommensteuer des Inhabers erfasst.

(9) Es handelt sich um eine kurzfristige Forderung, die zum Devisenmittelkurs zu bewerten ist. Im Fall (a) also mit 16.528,93 EUR. Der Wert bei Entstehung war 13.333,33 EUR. Die Differenz von 3.195,60 EUR ist als sonstiger betrieblicher Ertrag auszuweisen, auch wenn die Wertsteigerung noch nicht realisiert ist. Der Wert bei Fall (b) wäre 12.422,36 EUR. Der Wertverlust 910,97 EUR ist als sonstiger betrieblicher Aufwand auszuweisen.

(10) Im Fall (a) gälte das Höchstwertprinzip, Bewertung also mit 13.333,33 EUR. Im Fall (b) würde wegen des Vorsichtsprinzips mit 12.422,36 EUR bewertet und der Verlust ausgewiesen. Das Imparitätsprinzip (nicht realisierte Gewinne nicht ausweisen, nicht realisierte Verluste ausweisen) kommt zur Geltung.

(11) Bei einer Verbindlichkeit wird grundsätzlich gleich gewertet. Im Fall der Aufgabe 9 also zum Devisenmittelkurs mit Ausgleich über Erträge/Aufwand.

(12) **Käufe**

Tag	Stück	Einzelpreis in EUR/Stück	Gesamtpreis EUR
15. 1.	100	13,00	1.300,00
20. 2.	80	13,50	1.080,00
25.3.	150	14,50	2.175,00
04. 5.	70	17,00	1.190,00
17. 8.	50	17,50	875,00
Summe	450		6.620,00

Die Verkaufswerte bleiben bei der Bestandsbewertung unberücksichtigt. Es ist noch ein Bestand in Höhe von 260 Stück vorhanden.

Bei Anwendung der Durchschnittsbewertung ergibt sich:

6.620 : 450 × 260 = 3.824,89 EUR

Nach dem auch steuerlich zulässigen Lifo-Prinzip ergibt sich:

100 Stück zu 13,00 =	1.300,00 EUR
80 Stück zu 13,50 =	1.080,00 EUR
80 Stück zu 14,50 =	1.160,00 EUR
	3.540,00 EUR

(13) In beiden Fällen wird tatsächlich kein konkretes „Geld zurückgelegt“, sondern es wird nur verhindert, dass bei Rückstellungen Gewinn ausgewiesen wird, der sonst zu Steuerzahlungen bzw. Gewinnausschüttungen geführt hätte. Bei Rücklagen wird verhindert, dass bereits entstandener (aber versteuerter) Gewinn für Ausschüttungen an Gesellschafter ausgezahlt wird.

(14) Die drei Begriffe gehören zu den unterschiedlichen Bereichen des Rechnungswesens. Ausgaben sind Bestandteil der Finanzplanung. Dazu gehört jeder Geldabfluss. Aufwendungen sind Bestandteil der Gewinn- und Verlustrechnung eines buchführenden Unternehmens und vermindern als Werteverzehr den für ein Geschäftsjahr ausgewiesenen Gewinn. Als Kosten wird der betriebsbedingte Werteverzehr in der Kosten- und Leistungsrechnung bezeichnet.

(15) Durch die zeitliche Abgrenzung wird das Ergebnis periodengerecht ausgewiesen, unabhängig von ihrem Zahlungsausgang oder Zahlungseingang.

(16) Im Gegensatz zu „sonstigen Verbindlichkeiten“ sind bei den „Rückstellungen“ die Existenz, die Höhe und/oder die Fälligkeit der Verbindlichkeiten unsicher. Rückstellungen dürfen letztlich nur für unterlassene Aufwendungen des abgeschlossenen Wirtschaftsjahres gebildet werden.

(17) „Zusatzkosten“ sind Kosten, aber keine Aufwendungen, da sie nicht in der GuV-Rechnung enthalten sind. Als Beispiel ist der kalkulatorische Unternehmerlohn bei Einzelkaufleuten zu nennen.

(18) Durch Umstellung der Formel „Gesamtgewinn = Betriebsergebnis + neutrales Ergebnis“ erhält man: „Betriebsergebnis = Gesamtergebnis – neutrales Ergebnis“

also: 170.000 – 50.000 = 120.000 EUR

(19)

Sollkonto	Habenkonto	Betrag Soll	Betrag Haben
Abschreibungen		12.000,00	
	Fuhrpark		12.000,00

(20)

Sollkonto	Habenkonto	Betrag Soll	Betrag Haben
Aktive Rechnungs-abgrenzung		1.150,00	
	Kfz-Steuer		1.150,00

(21)

Sollkonto	Habenkonto	Betrag Soll	Betrag Haben
Gewerbesteuer		400,00	
	Sonstige Verbind-lichkeiten		400,00

(22)

Sollkonto	Habenkonto	Betrag Soll	Betrag Haben
Zinsaufwendungen		2.000,00	
	Sonstige Verbind-lichkeiten		2.000,00

(23)

Sollkonto	Habenkonto	Betrag Soll	Betrag Haben
Abschreibung auf Forderungen		20.000,00	
Umsatzsteuer		3.800,00	
	Bike Müller (zweifelhafte For-derungen)		23.800,00

(24)

Sollkonto	Habenkonto	Betrag Soll	Betrag Haben
Rechts- und Bera-tungskosten		6.000,00	
	Rückstellungen		6.000,00

11. Kapitel

Einnahmenüberschussrechnung

11.1 Grundlagen

Die Einnahmenüberschussrechnung (EÜR) ist die einfachste Art, den Gewinn eines Geschäftsjahrs zu ermitteln. Im Einkommensteuergesetz heißt es dazu:

> **§ 4 EStG Gewinnbegriff im Allgemeinen**
> (3) Steuerpflichtige, die nicht auf Grund gesetzlicher Vorschriften verpflichtet sind, Bücher zu führen und regelmäßig Abschlüsse zu machen, und die auch keine Bücher führen und keine Abschlüsse machen, können als Gewinn den Überschuss der Betriebseinnahmen über die Betriebsausgaben ansetzen. … Die Vorschriften über die Bewertungsfreiheit für geringwertige Wirtschaftsgüter (§ 6 Absatz 2), die Bildung eines Sammelpostens (§ 6 Absatz 2a) und über die Absetzung für Abnutzung oder Substanzverringerung sind zu befolgen. Die Anschaffungs- oder Herstellungskosten für nicht abnutzbare Wirtschaftsgüter des Anlagevermögens, für Anteile an Kapitalgesellschaften, für Wertpapiere und vergleichbare nicht verbriefte Forderungen und Rechte, für Grund und Boden sowie Gebäude des Umlaufvermögens sind erst im Zeitpunkt des Zuflusses des Veräußerungserlöses oder bei Entnahme im Zeitpunkt der Entnahme als Betriebsausgaben zu berücksichtigen. Die Wirtschaftsgüter des Anlagevermögens und Wirtschaftsgüter des Umlaufvermögens im Sinne des Satzes 4 sind unter Angabe des Tages der Anschaffung oder Herstellung und der Anschaffungs- oder Herstellungskosten oder des an deren Stelle getretenen Werts in besondere, laufend zu führende Verzeichnisse aufzunehmen.

Wer nicht zur kaufmännischen Buchführung im Sinne des Handelsgesetzbuchs und der Abgabenordnung verpflichtet ist, muss also gleichwohl für steuerliche Zwecke ein Mindestmaß an Aufzeichnungen einhalten. Dies gilt zum Beispiel für alle Selbstständigen der freien Berufe z. B. als Journalist, Architekt, Anwalt oder Arzt. Ausreichend ist ein Journal, in dem Einnahmen und Ausgaben sachlich nach Hauptgruppen getrennt sind.[35]

Neben den freien Berufen können auch gewerbliche und landwirtschaftliche Unternehmen auf eine kaufmännische Buchführung zugunsten einer Einnahmenüberschussrechnung unter folgenden Voraussetzungen verzichten.

Wer darf den Gewinn mit einer Einnahmenüberschussrechnung (EÜR) ermitteln?

- Gewerbetreibende mit Umsätzen bis zu 600.000 EUR
- und Gewinn von bis zu 60.000 EUR im Kalenderjahr,
- Land- und Forstwirte mit einem Wert der bewirtschafteten Fläche bis zu 25.000 EUR oder Gewinn bis zu 60.000 EUR oder Umsatz bis zu 600.000 EUR im Kalenderjahr.

Wenn eine dieser Bedingungen nicht erfüllt ist, muss nach § 141 Abgabenordnung zwingend eine Bilanz erstellt werden.

- Einzelkaufleute, die in zwei aufeinanderfolgenden Geschäftsjahren beide obigen Grenzen unterschreiten, können sich von der Buchführung-, Bilanzierungs- und Inventurpflicht befreien. Die Befreiungsregelung kann auch bei Neugründung beansprucht werden, sofern die Voraussetzungen am Ende des ersten Geschäftsjahres vorliegen.

Für Personen- und Kapitalgesellschaften ist die Buchführungspflicht immer gegeben.

Im Unterschied zur kaufmännischen Buchführung wird der Gewinn bei der EÜR nicht durch Bilanzierung und daraus folgendem Betriebsvermögensvergleich, sondern wie folgt ermittelt:

	Betriebseinnahmen
–	Betriebsausgaben
=	Gewinn

Es handelt sich bei der EÜR also um die Aufzeichnung aller betrieblichen Einnahmen und Ausgaben. § 4 Abs. 3 EStG[36] lässt dies zu. Es genügen einfache Aufzeichnungen, in denen alle im Laufe des Jahres zugeflossenen Einnahmen und abgeflossenen Ausgaben erfasst werden. Ergänzend müssen die Betriebseinnahmen und -ausgaben zumindest anhand einer Belegsammlung erläutert und glaubhaft gemacht werden. Folgende Einzelaufzeichnungen sind dabei notwendig:

- Bei Umsatzsteuerpflicht müssen die Einnahmen und Ausgaben getrennt nach Steuersätzen (7 % bzw. 19 %) aufgezeichnet werden.
- Für die Abschreibung der abnutzbaren Anlagegüter, z. B. Computer, Fahrzeug, Büroeinrichtung) muss eine Übersicht erstellt werden, aus der Anschaffungsdatum, Kaufpreis und Abschreibungsdauer mit den beanspruchten Abschreibungsbeträgen ersichtlich sind.
- Nicht abziehbare Betriebsausgaben müssen getrennt aufgezeichnet werden. Dazu gehören beispielsweise 30 % der Bewirtungskosten oder Geschenke an Geschäftspartner, deren Wert jährlich 35 EUR übersteigen.

Grundgedanke der EÜR ist das Zufluss-Abfluss-Prinzip bezüglich der tatsächlich im Wirtschaftsjahr geleisteten und erhaltenen Zahlungen. Dabei ist der Zeitpunkt der Zahlung maßgeblich für die Zuordnung zum jeweiligen Wirtschaftsjahr.

§ 11 EStG

(1) [1]Einnahmen sind innerhalb des Kalenderjahres bezogen, in dem sie dem Steuerpflichtigen zugeflossen sind. [2]Regelmäßig wiederkehrende Einnahmen, die dem Steuerpflichtigen kurze Zeit vor Beginn oder kurze Zeit nach Beendigung des Kalenderjahres, zu dem sie wirtschaftlich gehören, zugeflossen sind, gelten als in diesem Kalenderjahr bezogen. … (2) Ausgaben sind für das Kalenderjahr abzusetzen, in dem sie geleistet worden sind. Für regelmäßig wiederkehrende Ausgaben gilt Absatz 1 Satz 2 entsprechend. …

Eine zeitliche Abgrenzung wie bei der kaufmännischen Buchführung gibt es grundsätzlich nicht, ausgenommen bei der 10-Tage-Frist für sich regelmäßig wiederholende Einnahmen und Ausgaben, wie Lohnzahlung oder Miete, nicht dagegen Wareneinkäufe und Verkaufsumsätze und Umsatzsteuervorauszahlungen.

Allgemein gilt für Zahlungen:

Art der Zahlung	Vorgang	Zurechnung mit
Barzahlung	Einnahme bzw. Ausgabe	Mit Empfang bzw. Übergabe
Überweisung	Einnahme bzw. Ausgabe	Gutschrift bzw. Belastung des Bankkontos
Lastschrift	Einnahme bzw. Ausgabe	Gutschrift bzw. Belastung des Bankkontos
PayPal-Zahlung	Einnahme	Mit Zahlungseingang auf PayPal-Konto
	Ausgabe	Belastung des Bankkontos
Scheck	Einnahme bzw. Ausgabe	Mit Entgegennahme der Urkunde Mit Übergabe des Schecks an Empfänger
Kreditkarte	Ausgabe	Mit Abbuchung oder Rechnungs-datum

Beispiele für die Zurechnung zum Wirtschaftsjahr im Rahmen einer EÜR

Vorgang	Art und Zeitpunkt der Zahlung	Zurechnung zum Wirtschaftsjahr 02	Zurechnung zum Wirtschaftsjahr 01
Kleinteilekauf ab Lager des Großhändlers	Scheckübergabe am 23.12.01, ausgestellt mit Datum 31.12.01, bei der Bank eingelöst am 5.1.02		X
Lohnnachzahlung für 400-Euro-Jobber	Übergabe des Dezemberlohns 01 bar am 5.1.02		X Wegen des 10-Tagezeitraums
Abführung der Zahllast Umsatzsteuer	Belastung aus Lastschrift am 10.1.02	x	
Lieferung von Fahrrädern	Auslieferung am 22.12.01; Überweisung der Rechnung am 3.1.02	x	
Verkauf eines Fahrrads auf Rechnung, Ziel 2 Wochen	Übergabe am 23.12.01, Überweisungseingang am 9.1.01	x	

Bei einer EÜR sind allgemein folgende Hinweise zu beachten:

- Anzahlungen, die geleistet worden sind, gelten als Betriebsausgabe, erhaltene Anzahlungen als Betriebseinnahme.
- Betriebseinnahmen entsprechen dem Entgelt im Umsatzsteuerrecht. Dazu gehören also auch Einnahmen aus Hilfs- und Nebengeschäften, soweit sie im Betrieb anfallen. Sofern der Unternehmer umsatzsteuerpflichtig ist, gilt der erhaltene Bruttobetrag als Betriebseinnahme. Für die Ermittlung der Umsätze im Sinne des Umsatzsteuerrechts sind zusätzlich jeweils die Nettobeträge aufzuzeichnen. Erstattete Vorsteuer gilt als Betriebseinnahme.

BEISPIELE:
- umsatzsteuerfreie Betriebseinnahmen, z. B. Erhalt einer Versicherungsentschädigung
- umsatzsteuerpflichtige Betriebseinnahmen
- Sachentnahme
- private Fahrzeugnutzung
- vereinnahmte Umsatzsteuer als Vorsteuer

- Betriebsausgaben sind so aufzuzeichnen, dass ein sachverständiger Dritter sie leicht und einwandfrei überprüfen kann. Es gelten auch hier die GoBD. Dazu müssen sie einzeln, fortlaufend und unter Angabe des Datums sowie des Verwendungszwecks aufgezeichnet werden. Am Schluss des Kalenderjahrs sind die Betriebsausgaben zusammenzurechnen.

BEISPIELE:
- Zahlung Gewerbesteuer
- Bewirtungskosten und Geschenke
- Aufwendungen für GWG
- Fahrzeugkosten
- Abschreibungen
- Gehälter und Löhne
- Wareneinkäufe (netto)
- Bezogene Dienstleistungen (netto)
- abziehbare Vorsteuerbeträge
- im Kalenderjahr an das Finanzamt gezahlte Umsatzsteuer

- Für umsatzsteuerpflichtige Unternehmen gilt, dass als Betriebsausgaben die Bruttobeträge gelten. Die zu zahlende **Umsatzsteuer** gilt ihrerseits als Betriebsausgabe. Die Vorsteuerbeträge sind gesondert zu erfassen und aufzeichnen. Wird bei Anlagenkäufen die Umsatzsteuer als Vorsteuer verrechnet, so kann nur aus dem Nettobetrag abgeschrieben werden.

BEISPIELE für Erfassung der Umsatzsteuer bei Betriebseinnahmen und -ausgaben:

BEISPIEL 1: Verkauf Waren bar

- **Rechnungsbetrag**

Nettobetrag	500,00 EUR
+ 19 % USt,	95,00 EUR
= Rechnungsbetrag	595,00 EUR

- **Erfassung als** Betriebseinnahme mit 595,00 EUR; Erhöhung der Zahllast aus Umsatzsteuer um 95,00 EUR

BEISPIEL 2: Kauf Büromaterial bar

- **Rechnungsbetrag**

Nettobetrag	200,00 EUR
+ 19 % USt,	38,00 EUR
= Rechnungsbetrag	238,00 EUR

- **Erfassung als** Betriebsausgabe 238,00 EUR; Vorsteuer von 38,00 EUR kann im Rahmen der Zahllastermittlung verrechnet werden.

BEISPIEL 3: Abführung der Umsatzsteuerzahllast

- Betrag 57,00 EUR
- **Erfassung als** Betriebsausgabe 57,00 EUR

BEISPIEL 4: Erstattung von Umsatzsteuer (Vorsteuer > Umsatzsteuerschuld

- Betrag 120,00 EUR
- **Erfassung als** Betriebseinnahme 120,00 EUR

BEISPIEL 5: Kauf einer Werkzeugmaschine bar

- **Rechnungsbetrag**

Nettobetrag	600,00 EUR
+ 19 % USt,	114,00 EUR
= Rechnungsbetrag	714,00 EUR

– **Erfassung** der Vorsteuer von 114,00 EUR kann im Rahmen der Zahllastermittlung verrechnet werden; Anlagenzugang und Anschaffungskosten für die Ermittlung der Abschreibung aus 600,00 EUR nach Nutzungsdauer als Betriebsausgabe im Anschaffungsjahr oder Einstellung in GWG-Sammelposten; Abschreibung ist Betriebsausgabe.

Weitere Betriebsausgaben:

- Abschreibungen sind wie bei buchführungspflichtigen Unternehmen für die abnutzbaren Wirtschaftsgüter – für umsatzsteuerpflichtige Unternehmen aus dem Nettobetrag – zu ermitteln. Es gelten also die allgemeinen Abschreibungsvorschriften. Für die abzuschreibenden Anlagegüter und Geringwertige Wirtschaftsgüter muss ein Verzeichnis geführt werden (Anlagegitter). Die nicht abnutzbaren Wirtschaftsgüter des Anlagevermögens, also beispielsweise ein Grundstück, sind ebenfalls unter Angabe des Tages der Anschaffung oder Herstellung und der Anschaffungs- oder Herstellungskosten in ein laufend zu führendes Verzeichnis (§ 4 Abs. 3 Satz 5 EStG) aufzunehmen. Es gelten die allgemeinen Abschreibungsvorschriften wie bei der Bilanzierung, also insbesondere beim Wahlrecht zwischen Sofortabschreibung oder Sammelpostenregelung bei GWG (vgl. Abschnitt 10.1.5).
- **Privatentnahmen und -einlagen** müssen nicht aufgezeichnet werden. Sachentnahmen sind aber den Betriebseinnahmen hinzuzurechnen. Die Umsatzsteuervorschriften für Sachentnahmen sind ebenfalls zu beachten. Soweit ein Kassenbericht erstellt wird, müssen in diesen zur korrekten Abstimmung auch die Privatentnahmen und -einlagen aufgenommen werden. Die Umsatzsteuer auf einen Eigenverbrauch (unentgeltliche Wertabgabe) wird als Betriebseinnahme erfasst.
- Kassenaufzeichnungen müssen grundsätzlich nicht in vollem Umfang geführt werden. Nur Bareinnahmen müssen täglich aufgezeichnet werden.
- **Aufzeichnungsvorschriften** sind weniger formell als bei der kaufmännischen Buchführung. Außer den oben bereits erwähnten besteht nach § 4 Abs. 7 EStG eine gesonderte Aufzeichnungspflicht für die nichtabzugsfähigen Betriebsausgaben. Bewir-

tungsbelege müssen periodisch und zeitnah auf einem besonderen Konto oder einer besonderen Liste eingetragen werden. Für Arbeitgeber, die Lohnsteuer abführen, ergeben sich darüber hinaus Aufzeichnungspflichten aus § 41 EStG. Ein bestimmtes System für die Form der Aufzeichnungen ist nicht vorgeschrieben. Prinzipiell genügt die geordnete Zusammenstellung der Betriebseinnahmen und -ausgaben, z. B. in Listen. Es gelten die GoBD.

- Aufbewahrungspflichten gelten allgemein nach dem Steuerrecht, auch wenn die Rechtsgrundlagen dies nicht so klar wie bei der kaufmännischen Buchführung vorschreiben. Die Frist ist deshalb nach § 147 Abgabenordnung zehn Jahre.
- Sacheinnahmen sind wie Geldeingänge in dem Zeitpunkt als Betriebseinnahme zu erfassen, in dem der Sachwert zufließt.
- Wer seinen Gewinn nach der EÜR ermittelt, hat ein **Wahlrecht**, den Gewinn durch Betriebsvermögensvergleich, also mit Hilfe der kaufmännischen Buchführung, zu ermitteln. Dieses Wahlrecht wird man beispielsweise ausüben, wenn aus anderen Gründen eine kaufmännische Buchführung betrieben wird, oder wenn die EÜR Nachteile mit sich bringt. Da es bei der EÜR keine Rechnungsabgrenzung gibt, kann das Zu- und Abflussprinzip steuerlich in besonderen Situationen zum Nachteil, aber auch zum Vorteil führen. Gerade zum Jahresende hin können Ausgaben und Einnahmen bewusst und legal vorgezogen oder hinausgeschoben werden.
- Rückstellungen können in einer EÜR nicht gebildet werden, weder für Pensionen noch für Steuern. Erst wenn eine Zahlung tatsächlich geleistet wird, z. B. nach einem verlorenen Prozess, kann diese berücksichtigt werden.
- **Darlehen** spielen in der EÜR keine Rolle, Auszahlung und Tilgung müssen nicht gesondert erfasst werden. Hingegen sind die Zinsen und mit dem Darlehen verbundene Kosten zu den Betriebsausgaben im Jahr der Zahlung zu rechnen. für Zinsen gilt die 10-Tage-Frist.

- Die Differenz zwischen Kaufpreis und Verkaufspreis als **Gewinn oder Verlust** für nicht abnutzbare Wirtschaftsgüter, also für Grund und Boden, für Wertpapiere und vergleichbare nicht verbriefte Forderungen und Rechte kann erst bei Verkauf als Betriebseinnahme bzw. -ausgabe angesetzt werden.
- Geleistete **Anzahlungen** gelten als Betriebsausgabe, erhaltene Anzahlungen als Betriebseinnahme.

11.2 Erfassungsmuster und Steuerformular

Dirk Heckmann, Sohn von Uli Heckmann, betreibt als Schüler eine eigene Garagen-Service-Werkstatt für Zweiräder, um die Realitäten der Geschäftswelt hautnah erlernen und erfahren zu können. Auf Anraten des Steuerberaters von Uli Heckmann hat er für die Umsatzsteuer optiert,[37] damit er lernt, auch damit umzugehen. Die Buchführung hat Dirk als Einnahmenüberschussrechnung eingerichtet und führt sie in Listenform. Nachfolgend sind Auszüge aus diesen Listen als Muster zu sehen.[38]

Dirk Heckmann, Rad-Rep-Corner
Steuernummer: 12 345 678
Einnahmenüberschussrechnung 20XX in EUR

	Betrag	Umsatzsteuer
Einnahmen		
Betriebseinnahmen laut Aufstellung zu 19 %	1.742,10	278,16
Betriebseinnahmen laut Aufstellung zu 0 %		
Umsatzsteuererstattungen FA für Vorjahr		
Umsatzsteuererstattungen FA für laufendes Jahr		
Summen	1.742,10	278,16
Summe der Betriebseinnahmen	**1.742,10**	**278,16**
Ausgaben		
Waren, Roh- und Hilfsstoffe	47,60	7,60
Werbekosten	255,70	25,70
Büromaterial, Telefon	11,90	1,90
Fahrt- und Reisekosten	123,90	
AfA für bewegliche Wirtschaftsgüter	273,33	

Sammelabschreibung GWG, gekauft 2009	0	
Sammelabschreibung GWG, gekauft 2010	102,00	96,90
Umsatzsteuerzahlung an FA für Vorjahr	0	
Umsatzsteuerzahlung FA für laufendes Jahr	0	
Summen	814,43	132,10
Summe der Betriebsausgaben	**814,43**	
Gewinn	**927,67**	
Zu zahlende Umsatzsteuer für das laufende Jahr		**146,06**
Vorauszahlungssoll		
Vom FA zu erstattende Umsatzsteuer		

Nr.	**Datum**	**Text**	**Umsätze 19 %**		
			Brutto	**Netto**	**USt**
1	30. 4.	Bareinnahmen für Reparaturen Daten gemäß Quittungssammlung Nr. 1	83,30	70,00	13,30
2	31. 5.	Quittungssammlung Nr. 2	130,90	110,00	20,90
3	30. 6.	Quittungssammlung Nr. 3	254,66	214,00	40,66
4	31. 7.	Quittungssammlung Nr. 4	380,80	320,00	60,80
5	30. 9.	Quittungssammlung Nr. 5	452,20	380,00	72,20
6	31.10.	Quittungssammlung Nr. 6	249,90	210,00	39,90
7	30.11.	Quittungssammlung Nr. 7	107,10	90,00	17,10
8	31.12.	Quittungssammlung Nr. 8	83,30	70,00	13,30
	Summe		**1.742,10**	**1.464,00**	**278,16**

Dirk Heckmann, Rad-Rep-Corner
Interne Statistik
Betriebseinnahmen 20XX mit 19 % und 0 % Umsatzsteuer

	Monat	Umsätze 19 %		Umsätze 0 %	
1		Netto	USt	Umsatz	Brutto
2					
3					
	Quartal 1	70,00	13,30		
4					
…					

Dirk Heckmann, Rad-Rep-Corner
Steuernummer: 12 345 678
Ausgaben 20XX

Nr.	Datum	Text	Ausgaben			
			Brutto	% USt	Netto	USt
1	17. 3.	Werbeflyer Druck GmbH	95,20	19	80,00	15,20
2	20. 3.	Anzeige Wochenblatt	160,50	7	150,00	10,50
3	25. 4.	Kleinteile Eisen-Barth	47,60	19	40,00	7,60
4	05. 5.	Papier f. Drucker, PC-Welt	11,90	19	10,00	1,90
5	07. 6.	Briefmarken	5,50	0		
	Summe		320,70		280,00	35,20

Dirk Heckmann, Rad-Rep-Corner
Steuernummer: 12 345 678
Anlagespiegel

Inventar-Nr.	**Anschaffungstag**	**Text**	**Lieferant**	**Netto**	**USt**	**ND**	**Monate**	**AfA**	**Neuer Buchwert**
1	15.12.09	PC-Einheit	E-Markt	820,00	155,80	3	1	22,78	797,22
								273,33	523,89

Dirk Heckmann, Rad-Rep-Corner
Steuernummer: 12 345 678
Sammelposten GWG 20XX

Datum	**Text**	**Lieferant**	**Nettopreis**	**Umsatzsteuer**
13. 5.	Werkbank	Baumarkt AG	510,00	96,90
Summe			**510,00**	**96,90**
Abschreibung 20XX			**102,00**	

Dirk Heckmann, Rad-Rep-Corner
Steuernummer: 12 345 678
Fahrt- und Reisekosten 20XX

Reisetag	von	bis	Zeit	Fahrtziel/Zweck	km	Fahrtkosten PKW	Fahrtkosten Bahn/Bus	Verpflegungspauschale
13. 4.	8	18	10	Messe Eurobike	360	108,00		6,00
27. 5.	14	17	3	Kunde A-Stadt	20	6,00		
15. 6.	15	16	1	Schrauben-Dreher			3,90	
Summe						114,00	3,90	6,00
Summe							123,90	

Dirk Heckmann gibt wegen seiner geringen Umsätze nur eine Jahresumsatzsteuererklärung zusammen mit der Einkommensteuererklärung ab. Eine gesonderte tabellarische Darstellung der Umsatzsteuervorauszahlungen entfällt deshalb.

Für die Umsatzsteuererklärung sind folgende Daten zusammenzustellen:

Umsätze 19 %	Netto	Umsatzsteuer	Umsatz brutto
Lt. Liste Betriebseinnahmen	1.464,00	278,16	1.742,10
Gezahlte **Vorsteuer**		35,20	
- auf Ausgaben			
- auf GWG		96,90	
- auf Reisekosten		0	
- auf Wirtschaftsgüter		0	
Summe		132,10	
Umsatzsteuerschuld		146,06	

Würde der Umsatz des Rad-Rep-Corner 17.500 EUR übersteigen, müsste Dirk Heckmann das Formular Anlage EÜR ausfüllen und in elektronischer Form abgeben.

Vordruck „Einnahmenüberschussrechnung – Anlage EÜR[39]“: Der Steuererklärung ist eine Gewinnermittlung auf einem vorgeschriebenen Vordruck beizufügen. Dazu gehört auch ein Formblatt für das Verzeichnis der Anlagegüter. Beide Vordrucke müssen elektronisch übermittelt werden. Es empfiehlt sich, bei den eigenen Aufzeichnungen während des Jahres laufend die im Vordruck zu machenden Angaben zu berücksichtigen. So sind bei Verwendung des Vordrucks Raumkosten und andere Grundstücksaufwendungen einzeln und getrennt aufzuzeichnen, ebenso Schuldzinsen, Ausgaben für Geschenke und Bewirtungen. Die Steuerbehörde beanstandet es nicht, wenn Steuerpflichtige mit Betriebseinnahmen unter **17.500 EUR** den Vordruck nicht abgeben, sondern den Gewinn formlos mit Listen u. ä. ermitteln. Der Vordruck (vgl. S. 322 ff.) und die dazu gehörenden Erläuterungen können über die Internetseite der Finanzministerien geladen werden (www.elster.de).

11.3 Fragen und Übungen

(1) Dr. Markus Bender ist ein junger Allgemeinarzt und hat für rund 250.000 EUR seine Praxis eingerichtet. Er erwartet einen jährlichen Umsatz von zunächst mindestens 100.000 EUR. Mittelfristig denkt er daran, eine Zentralambulanz unter dem Dach einer GmbH mit einem befreundeten Kollegen zu gründen. Ein kaufmännisch ausgebildeter Freund bietet sich an, ihm Hilfe bei der „Inventur“, „Eröffnungsbilanz“ und Einrichtung der notwendigen Buchführung zu geben. Was ist von diesem Angebot zu halten?

(2) Die ärztlichen Leistungen von Dr. Bender sind umsatzsteuerfrei. Er möchte die in der Rechnung für die Praxiseinrichtung enthaltene Umsatzsteuer von rund 40.000 EUR erstattet haben. Welche Aussichten hat er dafür?

(3) Frank List hat ein kleines Gewerbe für Hausreinigung angemeldet. Im Handelsregister braucht er nicht eingetragen zu werden. Seine Leistungen sind umsatzsteuerpflichtig. Bei der Zusammenstellung seines Gewinns für das abgelaufene Kalenderjahr steht er vor folgenden Zurechnungsproblemen:

   (1) Der Dauerauftrag für die Dezember-Miete für ein kleines Lager ist von der Bank erst am 2.1. des laufenden Jahres abgebucht worden.

2015

Name des Steuerpflichtigen bzw. der Gesellschaft/Gemeinschaft/Körperschaft

Anlage EÜR

Bitte für jeden Betrieb eine gesonderte Anlage EÜR übermitteln!

Zeile			
1	Name des Steuerpflichtigen bzw. der Gesellschaft/Gemeinschaft/Körperschaft		
2	Vorname		
3	**(Betriebs-)Steuernummer**		77 · 15 · 1

Einnahmenüberschussrechnung

nach § 4 Abs. 3 EStG für das Kalenderjahr 2015 — Beginn — Ende — 99 · 15

Zeile		Kennzahl	
4	**davon abweichend**	131	2015 — 132
5	Art des Betriebs	100	
6	Rechtsform des Betriebs		
7	Einkunftsart	103	Land- und Forstwirtschaft = 1, Gewerbebetrieb = 2, Selbständige Arbeit = 3
8	Betriebsinhaber	104	Stpfl./Ehemann/Lebenspartner(in) A = 1, Ehefrau/Lebenspartner(in) B = 2, Beide Ehegatten/Lebenspartner(innen) = 3
9	Wurde im Kalenderjahr/Wirtschaftsjahr der Betrieb veräußert oder aufgegeben? (Bitte Zeile 78 beachten)	111	Ja = 1
10	Wurden im Kalenderjahr/Wirtschaftsjahr Grundstücke/grundstücksgleiche Rechte entnommen oder veräußert?	120	Ja = 1 oder Nein = 2

1. Gewinnermittlung — 99 · 20

Betriebseinnahmen

Zeile		Kennzahl	EUR, Ct
11	Betriebseinnahmen als umsatzsteuerlicher **Kleinunternehmer** (nach § 19 Abs. 1 UStG)	111	
12	davon nicht steuerbare Umsätze sowie Umsätze nach § 19 Abs. 3 Satz 1 Nr. 1 und 2 UStG — 119		*(weiter ab Zeile 17)*
13	Betriebseinnahmen als **Land- und Forstwirt,** soweit die Durchschnittssatzbesteuerung nach § 24 UStG angewandt wird	104	
14	Umsatzsteuerpflichtige Betriebseinnahmen	112	
15	Umsatzsteuerfreie, nicht umsatzsteuerbare Betriebseinnahmen sowie Betriebseinnahmen, für die der Leistungsempfänger die Umsatzsteuer nach § 13b UStG schuldet	103	
16	Vereinnahmte Umsatzsteuer sowie Umsatzsteuer auf unentgeltliche Wertabgaben	140	
17	Vom Finanzamt erstattete und ggf. verrechnete Umsatzsteuer	141	
18	Veräußerung oder Entnahme von Anlagevermögen	102	
19	Private Kfz-Nutzung	106	
20	Sonstige Sach-, Nutzungs- und Leistungsentnahmen	108	
21	Auflösung von Rücklagen und Ausgleichsposten (Übertrag aus Zeile 89)		
22	**Summe Betriebseinnahmen** (Übertrag in Zeile 71)	159	

99 · 25

Betriebsausgaben

Zeile		Kennzahl	EUR, Ct
23	Betriebsausgabenpauschale **für bestimmte Berufsgruppen** und/oder Freibetrag nach § 3 Nr. 26, 26a und/oder 26b EStG	190	
24	Sachliche Bebauungskostenpauschale für **Weinbaubetriebe/** Betriebsausgabenpauschale für **Forstwirte**	191	
25	Waren, Rohstoffe und Hilfsstoffe einschl. der Nebenkosten	100	
26	Bezogene Fremdleistungen	110	
27	Ausgaben für eigenes Personal (z. B. Gehälter, Löhne und Versicherungsbeiträge)	120	
	Absetzung für Abnutzung (AfA)		
28	AfA auf unbewegliche Wirtschaftsgüter (ohne AfA für das häusliche Arbeitszimmer)	136	
29	AfA auf immaterielle Wirtschaftsgüter (z. B. erworbene Firmen-, Geschäfts- oder Praxiswerte)	131	
30	AfA auf bewegliche Wirtschaftsgüter (z. B. Maschinen, Kfz)	130	
	Übertrag (Summe Zeilen 23 bis 30)		

2015AnlEÜR801 — Mai 2015 — 2015AnlEÜR801

(Betriebs-)Steuernummer

Zeile		Kz	EUR	Ct
	Übertrag (Summe Zeilen 23 bis 30)			
31	Sonderabschreibungen nach § 7g Abs. 5 und 6 EStG	134		
32	Herabsetzungsbeträge nach § 7g Abs. 2 Satz 2 EStG (Erläuterungen auf gesondertem Blatt)	138		
33	Aufwendungen für geringwertige Wirtschaftsgüter nach § 6 Abs. 2 EStG	132		
34	Auflösung Sammelposten nach § 6 Abs. 2a EStG	137		
35	Restbuchwert der ausgeschiedenen Anlagegüter	135		
	Raumkosten und sonstige Grundstücksaufwendungen (ohne häusliches Arbeitszimmer)			
36	Miete/Pacht für Geschäftsräume und betrieblich genutzte Grundstücke	150		
37	Aufwendungen für doppelte Haushaltsführung (z. B. Miete)	152		
38	Sonstige Aufwendungen für betrieblich genutzte Grundstücke (ohne Schuldzinsen und AfA)	151		
	Sonstige unbeschränkt abziehbare Betriebsausgaben			
39	Aufwendungen für Telekommunikation (z. B. Telefon, Internet)	280		
40	Übernachtungs- und Reisenebenkosten bei Geschäftsreisen des Steuerpflichtigen	221		
41	Fortbildungskosten (ohne Reisekosten)	281		
42	Kosten für Rechts- und Steuerberatung, Buchführung	194		
43	Miete/Leasing für bewegliche Wirtschaftsgüter (ohne Kraftfahrzeuge)	222		
44	Beiträge, Gebühren, Abgaben und Versicherungen (ohne solche für Gebäude und Kraftfahrzeuge)	223		
45	Werbekosten (z. B. Inserate, Werbespots, Plakate)	224		
46	Schuldzinsen zur Finanzierung von Anschaffungs- und Herstellungskosten von Wirtschaftsgütern des Anlagevermögens (ohne häusliches Arbeitszimmer)	232		
47	Übrige Schuldzinsen	234		
48	Gezahlte Vorsteuerbeträge	185		
49	An das Finanzamt gezahlte und ggf. verrechnete Umsatzsteuer (Die Regelung zum 10-Tageszeitraum nach § 11 Abs. 2 Satz 2 EStG ist zu beachten.)	186		
50	Rücklagen, stille Reserven und/oder Ausgleichsposten (Übertrag aus Zeile 89)			
51	Übrige unbeschränkt abziehbare Betriebsausgaben	183		

Zeile	**Beschränkt abziehbare Betriebsausgaben und Gewerbesteuer**	Kz	nicht abziehbar EUR	Ct	Kz	abziehbar EUR	Ct
52	Geschenke	164			174		
53	Bewirtungsaufwendungen	165			175		
54	Verpflegungsmehraufwendungen				171		
55	Aufwendungen für ein häusliches Arbeitszimmer (einschl. AfA und Schuldzinsen)	162			172		
56	Sonstige beschränkt abziehbare Betriebsausgaben	168			177		
57	Gewerbesteuer	217			218		

Zeile		Kz	EUR	Ct
	Kraftfahrzeugkosten und andere Fahrtkosten			
58	Leasingkosten	144		
59	Steuern, Versicherungen und Maut	145		
60	Sonstige tatsächliche Fahrtkosten ohne AfA und Zinsen (z. B. Reparaturen, Wartungen, Treibstoff, Kosten für Flugstrecken, Kosten für öffentliche Verkehrsmittel)	146		
61	Fahrtkosten für nicht zum Betriebsvermögen gehörende Fahrzeuge (Nutzungseinlage)	147		
62	Kraftfahrzeugkosten für Wege zwischen Wohnung und erster Betriebsstätte; Familienheimfahrten (pauschaliert oder tatsächlich)	142 –		
63	Mindestens abziehbare Kraftfahrzeugkosten für Wege zwischen Wohnung und erster Betriebsstätte (Entfernungspauschale); Familienheimfahrten	176 +		
64	**Summe Betriebsausgaben** (Übertrag in Zeile 72)	199		

2015AnlEÜR802 2015AnlEÜR802

(Betriebs-)Steuernummer

Ermittlung des Gewinns

Zeile		Kz		EUR	Ct
71	Summe der Betriebseinnahmen (Übertrag aus Zeile 22)				
72	abzüglich Summe der Betriebsausgaben (Übertrag aus Zeile 64)		–		
	zuzüglich				
73	– Hinzurechnung der Investitionsabzugsbeträge nach § 7g Abs. 2 Satz 1 EStG aus 2012 (Erläuterungen auf gesondertem Blatt)	180	+		
74	– Hinzurechnung der Investitionsabzugsbeträge nach § 7g Abs. 2 Satz 1 EStG aus 2013 (Erläuterungen auf gesondertem Blatt)	181	+		
75	– Hinzurechnung der Investitionsabzugsbeträge nach § 7g Abs. 2 Satz 1 EStG aus 2014 (Erläuterungen auf gesondertem Blatt)	182	+		
76	– Gewinnzuschlag nach § 6c i. V. m. § 6b Abs. 7 und 10 EStG	123	+		
	abzüglich				
77	– Investitionsabzugsbeträge nach § 7g Abs. 1 EStG (Erläuterungen auf gesondertem Blatt)	187	–		
78	Hinzurechnungen und Abrechnungen bei Wechsel der Gewinnermittlungsart (Erläuterungen auf gesondertem Blatt)	250			
79	Ergebnisanteile aus Beteiligungen an Personengesellschaften	255			
80	Korrigierter Gewinn/Verlust	290			

Zeile		Kz	Gesamtbetrag	Kz	Korrekturbetrag
81	Bereits berücksichtigte Beträge, für die das Teileinkünfteverfahren bzw. § 8b KStG gilt	261		262	

Zeile		Kz		EUR	Ct
82	Steuerpflichtiger Gewinn/Verlust vor Anwendung des § 4 Abs. 4a EStG	293			
83	Hinzurechnungsbetrag nach § 4 Abs. 4a EStG	271	+		
84	**Steuerpflichtiger Gewinn/Verlust**	219			

Nur bei Personengesellschaften/gesonderten Feststellungen:

Zeile		EUR	Ct
85	Anzusetzender steuerpflichtiger Gewinn/Verlust nach Anwendung des § 4 Abs. 4a EStG ohne Berücksichtigung des Teileinkünfteverfahrens bzw. § 8b KStG (Betrag lt. Zeile 80 zuzüglich Betrag lt. Zeile 83)		

(zu erfassen in den Zeilen 5, 6 und/oder 8 der Anlage FE 1 bzw. in Zeile 4 der Anlage FG)

2. Ergänzende Angaben

99 | 27

Rücklagen und stille Reserven
(Erläuterungen auf gesondertem Blatt)

Zeile		Kz	Bildung/Übertragung EUR	Ct	Kz	Auflösung EUR	Ct
86	Rücklagen nach § 6c i. V. m. § 6b EStG, R 6.6 EStR	187			120		
87	Übertragung von stillen Reserven nach § 6c i. V. m. § 6b EStG, R 6.6 EStR	170					
88	Ausgleichsposten nach § 4g EStG	191			125		
89	Gesamtsumme	190			124		
			(Übertrag in Zeile 50)			(Übertrag in Zeile 21)	

Rückgängigmachung von Investitionsabzugsbeträgen nach § 7g Abs. 3 und 4 EStG
(Erläuterungen jeweils auf gesondertem Blatt)

Zeile		Kz	EUR	Ct
90	– in 2012 abgezogen	180		
91	– in 2013 abgezogen	181		
92	– in 2014 abgezogen	182		

3. Zusätzliche Angaben bei Einzelunternehmen

99 | 29

Entnahmen und Einlagen i. S. d. § 4 Abs. 4a EStG

Zeile		Kz	EUR	Ct
93	Entnahmen einschl. Sach-, Leistungs- und Nutzungsentnahmen	122		
94	Einlagen einschl. Sach-, Leistungs- und Nutzungseinlagen	123		

2015AnlEÜR803 2015AnlEÜR803

Name des Steuerpflichtigen bzw. der Gesellschaft/Gemeinschaft/Körperschaft

Anlage AVEÜR 2015

Anlageverzeichnis/Ausweis des Umlaufvermögens [1] zur Anlage EÜR

77 15 1 | 99 40

Zeile	Gruppe/Bezeichnung des Wirtschaftsguts	Anschaffung -/Herstellungskosten/Einlagewert EUR Ct	Buchwert zu Beginn des Gewinnermittlungszeitraums EUR Ct	Zugänge EUR Ct	Sonderabschreibung nach § 7g Abs. 5 und 6 EStG EUR Ct	AfA/Auflösungsbetrag EUR Ct	Abgänge (insgesamt Übertrag in Zeile 35 der Anlage EÜR) [3] EUR Ct	Buchwert am Ende des Gewinnermittlungszeitraums EUR Ct
1	Name des Steuerpflichtigen bzw. der Gesellschaft/Gemeinschaft/Körperschaft							
2	(Betriebs-)Steuernummer							
	Grundstücke und grundstücksgleiche Rechte							
3	Grund und Boden	100	101	102			105	106
4	Gebäude	110	111	112		114	115	116
5	Andere (z. B. grundstücksgleiche Rechte)	120	121	122		124	125	126
6	Summe					190 (Übertrag in Zeile 23 der Anlage EÜR)		
	Häusliches Arbeitszimmer							
7	Anteil Grund und Boden	200	201	202			205	206
8	Gebäudeteil	210	211	212		214 (zu erfassen in Zeile 55 der Anlage EÜR)	215	216
9	**Immaterielle Wirtschaftsgüter**	320	321	322		324 (Übertrag in Zeile 29 der Anlage EÜR)	325	326
	Bewegliche Wirtschaftsgüter (ohne GWG)							
10	Kraftfahrzeuge	400	401	402	403	404	405	406
11	Büroausstattung	410	411	412	413	414	415	416
12	Andere	420	421	422	423	424	425	426
13	Summe				480 (Übertrag in Zeile 31 der Anlage EÜR)	490 (Übertrag in Zeile 30 der Anlage EÜR)		
14	**Sammelposten 2015**			432		434		436
15	**Sammelposten 2014**	440	441			444		446
16	**Sammelposten 2013**	450	451			454		456
17	**Sammelposten 2012**	460	461			464		466
18	**Sammelposten 2011**	470	471			474		
19	Summe					499 (Übertrag in Zeile 34 der Anlage EÜR)		
	Finanzanlagen							
20	Anteile an Unternehmen etc. [2]	500	501	502			505	506
21	Andere	510	511	512			515	516
22	**Umlaufvermögen** [1]	600		602			605 (zu erfassen in Zeile 25 der Anlage EÜR)	606

1) nur Umlaufvermögen i. S. d. § 4 Abs. 3 Satz 4 EStG (z. B. Wertpapiere, Grund und Boden sowie Gebäude) bzw. § 32b Abs. 2 Satz 1 Nr. 2 Satz 2 Buchstabe c EStG
2) für deren Erträge das Teileinkünfteverfahren bzw. § 8b KStG gilt
3) Summe der Einzelbeträge ohne Betrag aus Zeile 22

2015AnlAVEÜR811 – Mai 2015 – 2015AnlAVEÜR811

Abb. 8: Einnahmeüberschussrechnung

(2) Von einem Kunden hatte er am 31.12. noch einen Scheck für die monatlichen Leistungen im Dezember erhalten, den die Bank aber erst am 2.1. gutschreiben konnte.

(3) Ein weiterer Kunde hat seine Dezemberrechnung am 30.12. überwiesen, die Gutschrift geht auf dem Konto von List aber erst am 2.1. ein.

(4) Frank List kauft Reinigungsmittel für 119 EUR einschließlich 19 % Umsatzsteuer. Er möchte wissen, wie diese Beträge in seine EÜR bzw. Umsatzsteuerberechnung eingerechnet werden.

(5) Frank List möchte eine mobile Hebebühne erwerben, die einschließlich 19 % Umsatzsteuer 2.380 EUR kosten würde. Wie wäre diese Anschaffung in der EÜR und in der Umsatzsteuerabrechnung zu behandeln?

(6) Frank List zahlt am 10. 1. die Umsatzsteuer für das abgelaufene Jahr in Höhe von 8.000 EUR. Wie ist diese Zahlung in die EÜR einzustellen?

Lösungen:

(1) Das Angebot wäre irreführend. Als Freiberufler muss ein Arzt keine kaufmännische Buchführung einrichten. Bei dem erwarteten Umsatz würde dies sogar für einen Gewerbetreibenden gelten. Wenn er allerdings eine GmbH gründen würde, wäre diese in jedem Fall buchführungspflichtig. Gleichwohl sind Aufzeichnungen nach Steuerrecht in Form einer EÜR notwendig. Dr. Bender hat auch die Anlage EÜR abzugeben. Eine Inventur und Bilanz muss er nicht erstellen.

(2) Da er mit seiner Praxis nicht der Umsatzsteuer unterliegt, kann er auch keine Vorsteuer geltend machen.

(3) (1) Da es sich um eine wiederkehrende Zahlung handelt, gilt die 10-Tage-Regel. Die Zahlung ist dem abgelaufenen Jahr zuzurechnen.

(4) (2) Die Entgegennahme eines Schecks gilt wegen dessen Wertpapiercharakter bereits als geleistete Zahlung. Der Betrag ist also dem abgelaufenen Jahr zuzurechnen.

(5) (3) Bei einer Überweisung gilt der Tag der Gutschrift als Zahlung. Der Betrag ist dem laufenden Jahr (zum 2. 1.) zuzurechnen.

(6) Der Betrag von 119 EUR ist als Betriebsausgabe zu behandeln. 19 EUR können als Vorsteuer verrechnet werden.

(7) 380 EUR können als Vorsteuer abgesetzt werden. Der Nettobetrag von 2.000 EUR gilt als Anschaffungswert eines beweglichen Wirtschaftsguts und ist entsprechend der Nutzungsdauer abzuschreiben. Die Abschreibung ist Betriebsausgabe.

(8) Gezahlte Umsatzsteuer gilt als Betriebsausgabe. Da es bei der EÜR keine Rechnungsabgrenzung gibt, ist die Zahlung dem laufenden Jahr zuzurechnen.

12. Kapitel

EDV-Buchhaltung und Geschäftsprozess-orientierung

In der Regel wird heute die Buchhaltung nicht mehr manuell, sondern mithilfe der EDV durchgeführt. Die am Markt erhältlichen Buchhaltungsprogramme zeichnen sich in der Regel durch eine komfortable Bedieneroberfläche aus, was den hohen Verbreitungsgrad beschleunigt haben dürfte. Auf dem Softwaremarkt gibt es inzwischen – angefangen von Shareware-Produkten bis hin zur professionellen Software – eine große Anzahl von Buchhaltungsprogrammen. Die Qualität ist jeweils auch vor dem Hintergrund der eigenen Bedürfnisse zu beurteilen. Kap. 12.1 soll einen Einblick in die Arbeitsweise von Buchhaltungsprogrammen geben. Unterschiede zwischen den einzelnen, am Markt erhältlichen Programmen, werden nicht dargestellt.

In den letzten Jahren sind funktionsübergreifende Prozesse immer mehr in den Mittelpunkt gerückt. Hier kommen speziell dafür entwickelte Softwarelösungen zum Einsatz. Es handelt sich um integrierte Komplettlösungen, sogenannte **ERP**-Programme (**E** = Enterprise; **R** = Ressource; **P** = Planning). In Kap. 12.2 soll der Geschäftsprozessgedanke in seinen Grundzügen erläutert werden. Diese auch als **IUS** -Programme (**I** = Integrierte; U = Unternehmens; **S** = Software) bezeichneten Softwarelösungen gehen über die reine Finanzbuchhaltung hinaus.

12.1 Grundzüge einer Buchführung mit Einsatz einer Buchhaltungssoftware

Unabhängig von unternehmensspezifischen Faktoren, wie z. B. der Größe des Unternehmens, bringt der EDV-Einsatz enorme Vorteile. Die Wichtigsten sind:

- Bei der Erfassung von Geschäftsvorfällen werden Umsatzsteuer und Vorsteuer automatisch gebucht. Das Zahlenmaterial ist für eine Umsatzsteuerverprobung verfügbar. Mit „Umsatzsteuerverprobung" meint man eine Kontrolle des Saldos des Umsatzsteuerkontos mit der Summe der Salden aller Erlös- und Erlösberichtigungskonten.
- Alle gebuchten Geschäftsvorfälle werden vom Programm protokolliert. Das Buchungsjournal[40] ermöglicht jederzeit eine Kontrolle und dient als Buchungsnachweis.
- Automatische Berechnung der Skontobeträge. Einerseits werden eine optimale Skontoausnutzung durch den Nutzer (Eingangsrechnungen) und anderseits eine optimale Überprüfung der Berechtigung eines Skontoabzugs durch einen Kunden (Ausgangsrechnungen) ermöglicht.
- Automatischer Ausdruck von Fälligkeitslisten (Mahnwesen) und automatisches Erstellen von Mahnungen verschiedener Mahnstufen.
- Automatischer Ausdruck oder Online-Übertragungen von Überweisungen.
- Kontenausdruck mit aktuellem Kontenstand ist jederzeit möglich.
- Automatische Erstellung der GuV-Rechnung und einer „vorläufigen" Bilanz.
- Automatische Erstellung der Umsatzsteuervoranmeldung.
- Vielfältige statistische Auswertungsmöglichkeiten. Viele Computerprogramme sind nach einem „Baukastenprinzip" aufgebaut, d. h., neben dem Grundmodul („Kern" des Programms)

können verschiedene Zusatzmodule (z. B. „Kostenrechnung", „Auftragsbearbeitung") erworben werden. Welche Vorteile im Einzelnen genutzt werden können, hängt u. U. also auch davon ab, welche Zusatzmodule erworben wurden.

Nach der Programminstallation sind einige Grundeinstellungen vorzunehmen, bevor mit dem Buchen von Geschäftsfällen begonnen werden kann. Außer der Angabe der Firma, dem Land und der Währung, in der gebucht werden soll (z. B. EUR) ist auszuwählen, auf welche Weise der Gewinn ermittelt werden soll. Eine Programmhilfe, die jederzeit aufgerufen kann, gibt Erläuterungen. Außer der Angabe des Geschäftsjahres ist ein Kontenrahmen auszuwählen. Es stehen verschiedene Kontenrahmen zur Auswahl,[41] u. a. auch Kontenrahmen der DATEV.[42] Sowohl bei der Auswahl des Kontenrahmens als auch bei der Entscheidung für die Gewinnermittlungsart („Einnahmenüberschussrechnung" bzw. „Betriebsvermögensvergleich = doppelte Buchführung") ist die Einholung des Rates eines Steuerberaters anzuraten. Die Angabe des Finanzamtes sowie die Festlegung von Fristen für das Mahnwesen sind weitere Grundeinstellungen.

Befindet man sich im Buchhalter-Modul, dann kann der Kontenrahmen auf den Bildschirm geholt werden (entsprechendes Symbol anklicken oder Auswahl über *Ansicht – Kontenplan*). Der Kontenrahmen muss den Gegebenheiten im Unternehmen angepasst werden und wird damit zum Kontenplan. Alle „Werkzeuge", die man zur Anpassung benötigt, befinden sich in Form von Symbolen oberhalb des am Bildschirm angezeigten Kontenrahmens. Auf diese Weise können:

- Konten gelöscht werden, die man nicht benötigt.[43]
- Konten geändert werden, um sie den Gegebenheiten anzupassen. Dies wird z. B. beim Konto „Bank" der Fall sein. Die Bezeichnung „Bank" kann durch einen Banknamen ersetzt werden. Die entsprechenden Daten (z. B. Konto-Nr., BLZ) können bei Auswahl der entsprechenden Registerkarte eingegeben werden.
- Anlage neuer Konten: Dies wird z. B. der Fall sein, wenn man mehrere Bankkonten führt. Die zu vergebende Kontonummer sollte zweckmäßig in den Kontenrahmen eingefügt werden. Au-

ßerdem sind die Debitoren und Kreditoren anzulegen, da diese natürlich nicht im Kontenrahmen vorhanden sein können. Die Kontonummern für Debitoren und Kreditoren sind grundsätzlich frei wählbar, sollten jedoch – im Gegensatz zu den Sachkonten –, die vierstellig sind, fünfstellig sein.

Soll z. B. ein neues aktives Bestandskonto angelegt werden, können die Eigenschaften eines anderen aktiven Bestandskontos relativ einfach übernommen werden. Wichtig für die richtige Auswahl eines ähnlichen Kontos ist, dass man z. B. weiß, ob das Konto aus einer Bilanzposition abgeleitet wurde, die dem Anlage- oder Umlaufvermögen zugeordnet wird. Entsprechendes gilt für Aufwands- bzw. Ertragskonten.

Grundsätzlich besteht auch die Möglichkeit des Datenimports, wenn entsprechende Dateien (z. B. eine Kundendatei) bereits vorliegen.

Auf den Konten stehen bisher noch keine Zahlen. Bei Umstellung auf EDV-Buchführung müssen die Anfangsbestände auf den Konten gebucht werden. Dieser Vorgang ist von einmaligem Charakter, da in Folgejahren ein „automatischer Vortrag“ möglich ist.

Grundsätzlich gibt es zwei Arten der Buchung von Buchungssätzen:

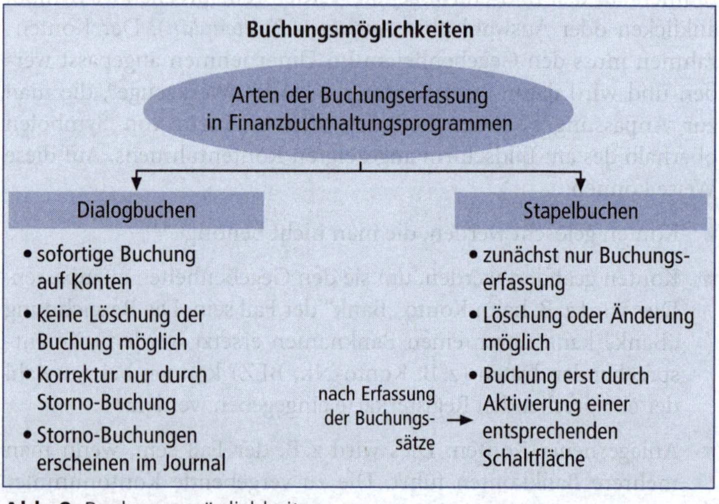

Abb. 9: Buchungsmöglichkeiten

Auch laufende Geschäftsfälle können im Dialog oder im „Stapel“ erfasst werden.

Betrachten wir exemplarisch die Buchung eines Warenverkaufs an unseren Kunden Birkle. Wir (Heckmann) haben an Birkle „Fahrradtaschen“ für 200 EUR zuzüglich Umsatzsteuer auf Rechnung verkauft.

Wie lautet der Buchungssatz?

Nr.	Soll	Haben	Buchungsbetrag Soll	Buchungsbetrag Haben
	Birkle		238,00	
		Umsatzerlöse		200,00
		Umsatzsteuer		38,00

Die Buchung auf Debitorenkonto „Birkle OHG“ ist zweckmäßig, wie wir in Kapitel 4 dargestellt haben. Einige Buchhaltungsprogramme erlauben aber auch eine Buchung auf dem Konto „Forderungen“. Abb. 10 verdeutlicht die Alternativen.

Wir gehen hier davon aus, dass Heckmann auf Personenkonten bucht. Das Buchhaltungsprogramm bucht den Geschäftsfall in der oben dargestellten Art und Weise. Die Eingabe gestaltet sich aber einfacher: Eine Umsatzsteuerautomatik berechnet die Umsatzsteuer selbstständig. Es ist möglich, bei der Anlage von Konten einen Steuerschlüssel zu hinterlegen. Ist das Konto „Umsatzerlöse“ bereits angelegt, kann man den Steuerschlüssel ansehen.

Es können unterschiedliche Steuersätze (z. B. 7 %) ausgewählt werden. Da die Heckmann KG nur den Steuersatz mit 19 % benötigt, genügt der Regelfall 19 % Umsatzsteuer (hier nur mit USt bezeichnet). Dieser Steuerschlüssel bewirkt, dass bei einer Buchung auf dem Konto „Umsatzerlöse“ 19 % Umsatzsteuer automatisch berechnet und auf das Umsatzsteuerkonto gebucht werden. Man kann sich das so vorstellen: Immer wenn ein Buchungsbetrag auf das Konto „Umsatzerlöse“ gebucht wird „weiß“ das Programm, das es sich um einen Bruttobetrag handelt, aus dem die Umsatzsteuer herauszurechnen ist. Diese Steuerautomatik kann manuell auch abgeschaltet werden. Aufgrund der Steuerautomatik ist folgende vereinfachte Eingabe möglich:

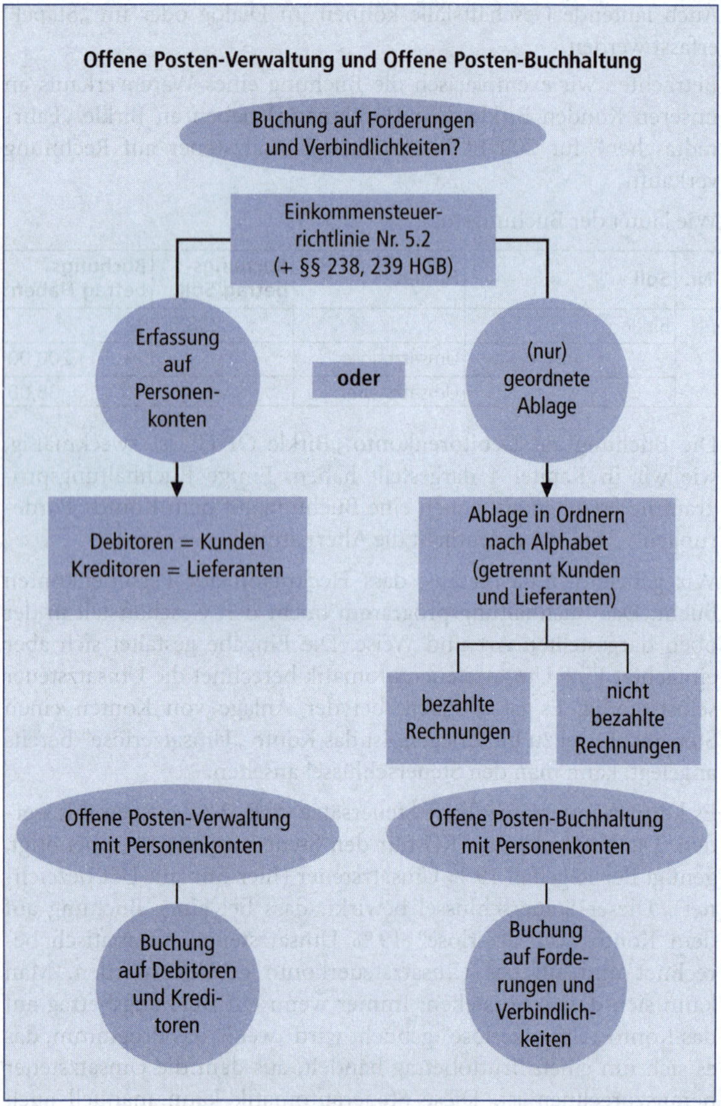

Abb. 10: Offene Posten-Verwaltung und Offene Posten-Buchhaltung

Vereinfachte Buchungseingabe bei einer Ausgangsrechnung:

Nr.	Soll	Haben	Buchungsbetrag
	Birkle	Umsatzerlöse	238,00

Durch den Steuerschlüssel und die Steuerautomatik rechnet nun das Buchhaltungsprogramm quasi einen Dreisatz:

119 % entsprechen	238 EUR
19 % entsprechen	X EUR

Die errechneten 38 EUR werden am Bildschirm eingeblendet.

Die Software berechnet den Nettobetrag (238 EUR – 38 EUR = 200 EUR) und bucht diesen automatisch auf das Konto „Umsatzerlöse“.

Dies bedeutet, dass die Eingabe vereinfacht ist, die Software aber genau den Buchungssatz macht, den wir bereits kennen. Die Lagerbuchung muss in der Regel gesondert im Modul „Lager“ eingegeben werden. Bei Einsatz von IUS-Programmen erfolgt diese ebenfalls automatisch. Die Übertragung auf „Forderungen aus Lieferungen und Leistungen“ erfolgt automatisch.

Noch komfortabler geht es, wenn man ein Programmpaket erworben hat, das auch ein Fakturierungsmodul enthält. Dann kann man mit dem Fakturierungsmodul die Rechnung am Bildschirm erstellen und anschließend in den „Buchhalter“ transferieren. Wird eine Rechnung (auf den Bildschirm oder über den Drucker) ausgedruckt, dann wird man gefragt, ob die Rechnung gleich gebucht werden soll. Bestätigt man dies, dann wird die Rechnung in das Modul „Buchhalter“ übergeben. Wechselt man nun in den „Buchhalter“, dann findet man dort die übergebene Buchung in Form eines Buchungssatzes[44] im Buchungsstapel.

Entsprechendes gilt auch für Einkaufsbuchungen. Analog gibt es hier eine Vorsteuerautomatik und eine automatische Übertragung vom Kreditorenkonto auf „Verbindlichkeiten aus Lieferungen und Leistungen“.

In der Regel hat man mehrere Eingangs- und Ausgangsrechnungen sowie weitere andere Belege wie z. B. Kontoauszüge. Eine Ordnung der Belege ermöglicht eine rationelle Eingabe. Bevor die Belege in den Computer eingegeben werden, erfolgt eine Sortierung nach sogenannten Belegkreisen[45] wie z. B.:

- Belegkreis 1: Ausgangsrechnungen und Gutschriften an Kunden
- Belegkreis 2: Eingangsrechnungen und Gutschriften von Lieferanten
- Belegkreis 3: Bankkontoauszüge mit Belegen (z. B. Lastschriften)
- Belegkreis 4: Kassenabrechnungen mit Belegen
- Belegkreis 5: sonstige Belege (z. B. für Lohnbuchungen).

Innerhalb eines Belegkreises wird nach Datum sortiert. Anschließend werden die Belege vorkontiert. Die Vorkontierung mithilfe eines entsprechenden Stempels erscheint nicht mehr zeitgemäß. Beim Übertragen von Daten in diesen Stempelabdruck besteht die Gefahr von Übertragungsfehlern. Aus diesem Grund erscheint es zweckmäßiger, die wichtigen Informationen auf dem Beleg anzustreichen und fehlende zu ergänzen.

Bilanz und GuV-Rechnung: Zum Geschäftsjahresende soll eine Bilanz und GuV-Rechnung ausgedruckt werden. Sowohl Bilanz als auch GuV-Rechnung stellen Auswertungen von vorhandenem Zahlenmaterial dar. Wir haben bisher Wert darauf gelegt, dass die Bilanz auf der Grundlage von Inventurwerten zu erstellen ist. Was in manchen Buchhaltungsprogrammen über das Symbol „Waage" gestartet wird, ist aber zunächst eine Auswertung der Zahlen aus den Konten. Aus diesem Grund erscheint es zweckmäßiger, von „vorläufiger Bilanz" zu sprechen, da noch eine Abstimmung mit den Inventurwerten (und u. U. Durchführung von Korrekturbuchungen bei Inventurdifferenzen) zu erfolgen hat und eine Bewertung des Vermögens und der Schulden (siehe hierzu Kap. „Jahresabschluss") vorzunehmen ist.

In Buchhaltungsprogrammen sind in der Regel für die doppelte Buchführung der Auswertungsaufbau für die Gliederung der Bilanz und die GuV-Rechnung mit den entsprechenden Kontenzuordnungen bereits hinterlegt. Grundlage bilden die handelsrechtlichen Bestimmungen (§ 266, Abs. 2 u. 3 HGB und § 275, Abs. 2 HGB). Im

Programm kann der Aufbau von Bilanz und GuV angesehen werden. Der Aufbau kann dort ebenso wie die Kontenzuordnung geändert werden. Es ist auch möglich, einen „eigenen" Aufbau einzugeben.

Um das Prinzip zu verdeutlichen, nehmen wir an, es sei in der Bilanzstruktur keine Position „Flüssige Mittel" vorhanden. Die Position soll in den Bilanzaufbau eingefügt werden. Damit in der später auszudruckenden Bilanz die Position „Flüssige Mittel" mit einem entsprechenden Betrag erscheint, sind zwei Schritte zu tun, die bildhaft in Abbildung 11 dargestellt werden. In ähnlicher Weise wird bei der GuV-Rechnung (vgl. Abb. 12) verfahren.

Über einen entsprechenden Menüpunkt kann ein Wirtschaftsjahr abgeschlossen werden. Es ist allerdings zu beachten, dass nach diesem „endgültigen" Abschluss keine weiteren Buchungen für das abgeschlossene Geschäftsjahr vorgenommen werden können.

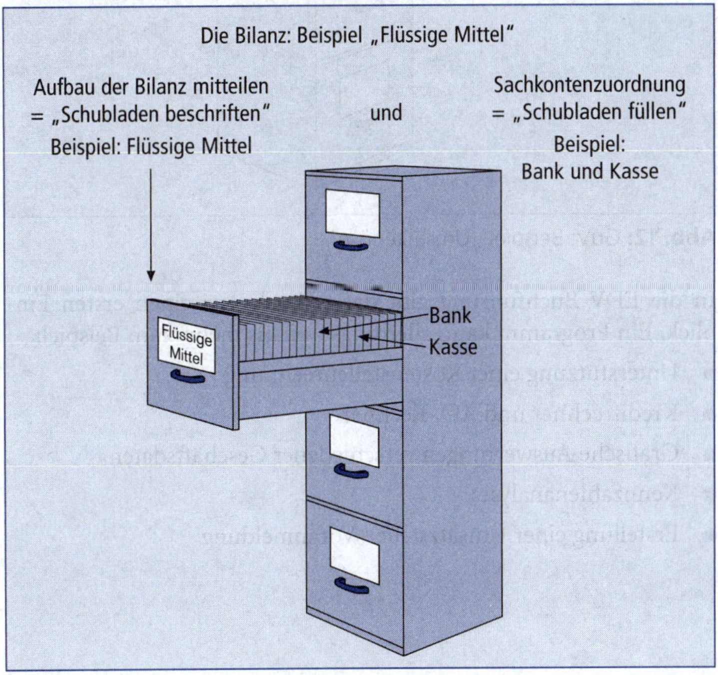

Abb. 11: Die Bilanz: Beispiel „Flüssige Mittel"

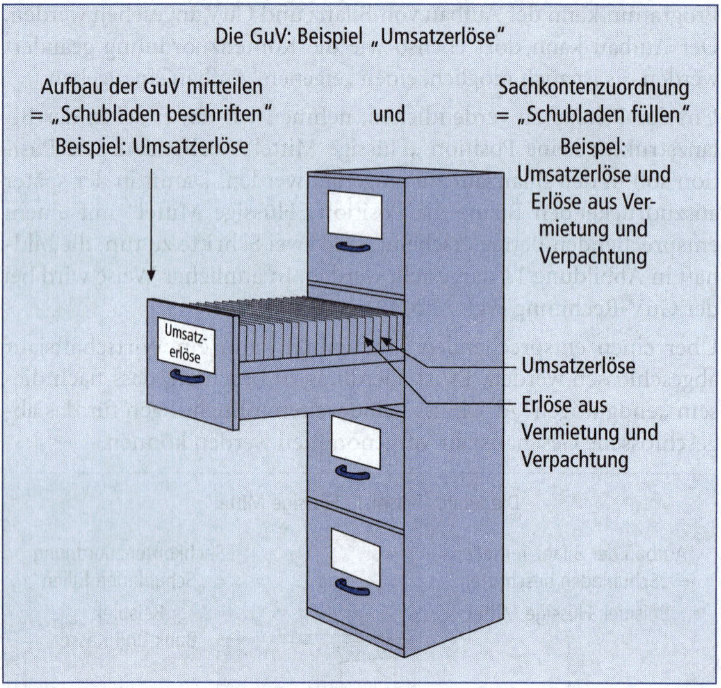

Abb. 12: GuV: Beispiel „Umsatzerlöse"

In die EDV-Buchführung gibt dieses Buch nur einen ersten Einblick. Ein Programm kann allerdings weitaus mehr, zum Beispiel:

- Unterstützung einer Kostenstellenrechnung
- Kreditrechner und AfA-Rechner
- Grafische Auswertungen verschiedener Geschäftsdaten
- Kennzahlenanalyse
- Erstellung einer Umsatzsteuer-Voranmeldung

12.2 Geschäftsprozessorientierung und Integrierte Unternehmenssoftware

Beim Geschäftsprozesskonzept wird versucht, die in Unternehmen anfallenden, typischen Aufgaben in zusammenhängende Abfolgen von Tätigkeiten zu gliedern. Nach einer Analyse des Ist-Zu-Standes

- Welche Abläufe erfolgen?
- Wer ist zuständig und verantwortlich?
- Welche Tätigkeiten werden konkret ausgeführt?
- Welche Unterlagen werden eingesetzt/benötigt?

kann über eine Optimierung zu einer Vereinheitlichung und damit Standardisierung von Abläufen übergeführt werden. Geschäftsprozesse werden nur für solche Abläufe modelliert (= beschrieben), die sich mit einer Regelmäßigkeit wiederholen. Neben der Optimierung betriebsinterner Abläufe spielt die Kundenorientierung im Sinne einer umfassenden Berücksichtigung der Belange der Kunden eine entscheidende Rolle. Eine tayloristische Aufspaltung in Einzeltätigkeiten tritt zugunsten eines ganzheitlichen, kundenorientierten Denkens zurück. Funktions- und abteilungsspezifische Tätigkeiten nehmen zugunsten bereichsübergreifender Tätigkeiten ab. Die verstärkte Vernetzung betrieblicher Teilbereiche verlangt in Unternehmen in der Regel auch nach einer alle Bereiche integrierenden Software. Man spricht von **IUS** (= integrierte Unternehmenssoftware) oder von ERP (= Enterprise Ressource Planning)-Programmen. Diese unterscheiden sich von reinen Finanzbuchhaltungsprogrammen dadurch, dass sie prozessorientiert aufgebaut sind und eine zentrale Datenbank verwenden. Dies ermöglicht eine komplette Integration der einzelnen Module und vermeidet eine mehrfache Erfassung von Daten. In Nicht-IUS gibt es zwar u. U. auch Module (z. B. Lager, Angebotserstellung, Finanzbuchhaltung etc.), diese sind aber nicht vernetzt und bestehen u. U. aus einzelnen Datenbanken. Dies bedeutet z. B., dass man in der Finanzbuchhaltung eine Ausgangsrechnung bucht, der Lagerbestand (Modul „Lager") aber dadurch nicht verändert wird. Hier müsste man den mengenmäßigen Abgang im Lager gesondert in diesem Modul erfassen. Bei einer IUS würde u. a. die wertmäßige Erfassung des Verkaufs automatisch zu einer mengenmäßigen Verminderung des Lagerbestandes führen. Was wir im Rahmen von Verkaufsbuchungen als „Lagerbuchung" kennengelernt haben, wird von der IUS mit Buchen der AR automatisch durchgeführt. Die IUS macht die Lagerbuchung für jeden Artikel gesondert. Werden fünf verschiedene Artikel verkauft, bucht die IUS für jeden Artikel den Lagerabgang. Auf diese Weise ist sichergestellt, dass der Warenbestand für jeden Artikel mengen- und wertmäßig auf dem aktuellen Stand ist.

Außerdem würde die Erfassung eines Kundenauftrages automatisch zu einem Abgleich mit dem im Lager vorhandenen Bestand führen. Reicht dieser für die Ausführung des Auftrages nicht aus, würde bereits bei der Erfassung des Auftrages eine entsprechende Meldung des Lagers erscheinen, dass der vorhandene Bestand um × Stück zu niedrig ist. Am Bildschirm kann dann entschieden werden, ob der Auftrag dennoch angenommen werden soll. Dieses Beispiel macht bereits deutlich, dass die Bearbeitung des Kundenauftrages (Erfassung des Auftrages; Prüfung des Lagerbestands im Hinblick auf die Erfüllung des Auftrages) an die Stelle einer abteilungsbezogenen Betrachtungsweise (Abteilung „Verkauf"; Abteilung „Lager") tritt. Man könnte sagen, der Prozess „Kundenauftragsbearbeitung" läuft quer zu den betrieblichen Funktionen (Einkauf, Lager; Produktion; Verkauf).

Verdeutlichen wir den Zusammenhang weiter exemplarisch an dem Beispiel des Prozesses „Kundenauftragsbearbeitung". Betrachtet man die Finanzbuchhaltung isoliert, dann beginnt dort die Tätigkeit im Rahmen eines Verkaufes mit der Erfassung und Buchung der Rechnung. Diesem Vorgang gingen aber bereits Aktivitäten voraus.

Greifen wir ein einfaches Beispiel aus der Geschäftstätigkeit einer Fahrradfabrik heraus:

1	08. Jan. 20XX	Kunde „Bike Müller e.Kfm." fragt schriftlich an, ob wir 300 Fahrräder des Modells „Run 2016" zum Preis von 300 EUR pro Stück am Lager haben. Er benötigt die Ware bis spätestens 28. Januar 20XX.
2	13. Jan. 20XX	Wir (Fahrradfabrik) erstellen ein Angebot über 300 Fahrräder für 300 EUR pro Stück. Da die entsprechende Anzahl im Absatzlager vorhanden ist, kann der gewünschte Liefertermin zugesagt werden.
3	20. Jan. 20XX	Bestellung (= Auftrag) des Kunden „Bike Müller e.Kfm." entsprechend unserem Angebot trifft ein.
4	24. Jan. 20XX	Wie liefern die 300 Fahrräder an den Kunden mit Lieferschein und Ausgangsrechnung aus.
5	10. Febr. 20XX	Bike Müller e.Kfm. überweist den Rechnungsbetrag für unsere Ausgangsrechnung vom 24. Januar 20XX.

Der Buchung der Ausgangsrechnung gingen die Aktivitäten 1 bis 3 voraus und es folgt die Aktivität 5. Dieser vereinfachte (ausreichend Lagerbestand vorhanden) Ablauf stellt einen Prozess dar. Verallgemeinert man diesen Vorgang, lässt er sich z. B. wie folgt darstellen:

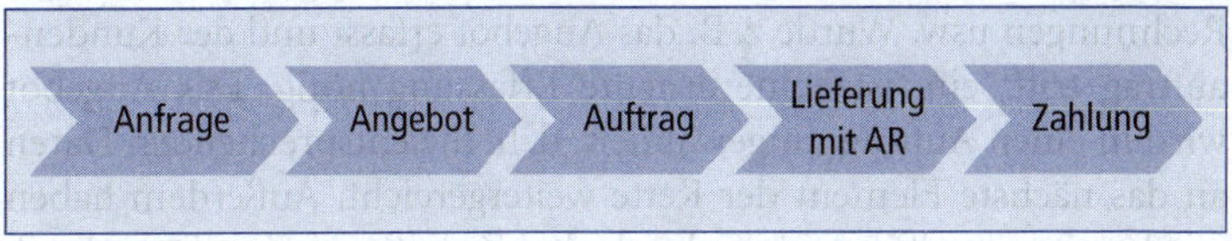

Abb. 13: Prozessverlauf

Nun wird häufig der Fall auftreten, dass der vorhandene Lagerbestand an Fertigerzeugnissen nicht ausreicht, den Kundenauftrag zu erfüllen. Hier müsste der Prozess um die Produktion und ggf. Teilebeschaffung an entsprechender Stelle erweitert werden. Hat der Kunde Handelswaren bestellt (= Waren, die ein Industrieunternehmen einkauft und unverändert weiter verkauft) wäre in obiger Darstellung nach Auftrag „Beschaffung" einzufügen. Unterhalb von Beschaffung könnte man einen Subprozess (= Unterprozess) „Beschaffung von Handelswaren" einfügen. Dieser könnte die Teile „Losbildung, Lieferantenauswahl, Bestellung, Lieferung und Zahlung der ER" beinhalten.

Um eine Standardisierung erreichen zu können, wäre zu präzisieren, was jeweils zu tun ist. So wäre z. B. beim Eintreffen der Anfrage mithilfe der Kundendatei zu prüfen, ob der Kunde bereits vorhanden (angelegt) ist. Ist der Kunde bereits angelegt, kann auf der Grundlage der Artikeldatei zur Prüfung übergangen werden, ob die Ware vorhanden ist. Ist der Kunde neu, ist er in der Kundendatei anzulegen. Bereits hier wird deutlich, wie wichtig eine präzise Ist-Analyse der Vorgänge ist.

Eine Möglichkeit einer differenzierten Darstellung von Geschäftsprozessen sind Ereignisgesteuerte Prozessketten (**EPK**). In diesen Darstellungen werden spezifische Symbole benutzt, um den Prozessablauf mit seinen möglichen Verzweigungen darzustellen. Solche Darstellungen können sehr umfangreich ausfallen, wenn der Detaillierungsgrad hoch ist.

Die EPK bilden letztlich auch die Grundlage für die Integrierte Unternehmenssoftware. Diese Programme sind prozessorientiert aufgebaut. So finden sich in einem Modul „Kunden/Verkauf" (die Bezeichnung der Module hängt von der jeweiligen Software ab) Unterpunkte entsprechend der Prozesskette: Angebote, Aufträge, Rechnungen usw. Wurde z. B. das Angebot erfasst und der Kundenauftrag trifft ein, ist keine erneute Erfassung nötig. Das Angebot wird in einen Auftrag umgewandelt, d. h. die entsprechenden Daten an das nächste Element der Kette weitergereicht. Außerdem haben wir bereits ausgeführt, dass durch den Zugriff auf **eine** Datenbank u. a. ein Abgleich mit dem Lagerbestand bereits bei der Angebotserstellung programmgesteuert erfolgt. Wurde das Angebot in einen Auftrag umgewandelt, erfolgt in der Lagerverwaltung automatisch ein Vermerk der Menge in Auftrag.

Wird der Auftrag ausgeführt, werden die Daten weitergereicht. Nach Ergänzung des Lieferdatums/Rechnungsdatums kann die Ausgangsrechnung ausgedruckt und – nach Ergänzung des Buchungsdatums – automatisch gebucht werden. Im Rahmen warenwirtschaftlicher Vorgänge ist die Eingabe eines Buchungssatzes nicht erforderlich. Vereinfacht ausgedrückt ermöglicht der modulare Aufbau (Modul „Kunden/Verkauf") dem Programm zu erkennen, dass es sich bei der AR um einen Verkauf handelt, der auf „Umsatzerlöse" zu buchen ist. Auf der Grundlage der in der Rechnung ausgewiesenen Artikel kann eine Zuordnung (Artikeldatenbank) zu Umsatzerlösen

Handelswaren bzw. Umsatzerlöse eigene Erzeugnisse automatisch vorgenommen werden. Liegt ein Handelsunternehmen vor, wie z. B. unsere Fahrradhandlung Heckmann, können mehrere Umsatzerlöskonten (z. B. Umsatzerlöse Herrenräder, Umsatzerlöse Damenräder, Umsatzerlöse Kinderräder usw.) geführt und diesen Konten automatisch über die Artikelnummer zugeordnet werden.

Da die Ausgangsrechnung ja den Namen und die Adresse des Kunden enthält, kann bei der Buchung problemlos das entsprechende Debitorenkonto (Kundendatenbank) eingefügt werden. Durch die hinterlegte Kontenmatrix bzw. entsprechende Umsatzsteuerschlüssel erfolgte die korrekte Buchung auf dem Umsatzsteuerkonto ebenfalls programmgesteuert (Umsatzsteuerautomatik).

Hier wird deutlich, dass die Finanzbuchhaltung nicht mehr isoliert betrachtet werden kann, sondern eine ganzheitliche Betrachtung in den Mittelpunkt rückt. ERP Systeme unterschiedlicher Anbieter unterscheiden sich in ihrem Funktionsumfang. Neben Modulen, die den Kernbereich des Unternehmens abdecken, gibt es unterschiedliche Zusatzmodule. Die Software kann in der Regel auf die spezifischen Bedürfnisse des Kunden angepasst werden (= „customising").

Die Geschäftsprozessoptimierung bleibt eine permanente Aufgabe der Unternehmen. Eine Optimierung setzt eine fundierte Prozessanalyse voraus. Für die Analyse stehen u. a. folgende Methoden zur Verfügung:

Ausgewählte Methoden der Prozessanalyse:

- **Benchmarking**: Erkundung von Verbesserungsmöglichkeiten durch Vergleich der eigenen Geschäftsprozesse mit denen von Spitzenunternehmen derselben Branche.
- **Workflowanalyse**: Erkundung von Verbesserungsmöglichkeiten durch Untersuchung häufig auftretender Fehler im Prozessablauf.
- **Referenzanalyse**: Erkennen von Verbesserungsmöglichkeiten durch Vergleich der eigenen Prozesse mit Prozessmodellen, die die IUS zur Verfügung stellt.

- **Schwachstellenanalyse**: Ausgehend von konkreten Prozessmängeln (z. B. Bearbeitung der Kundenaufträge dauert zu lange) wird auf Mängel des Geschäftsprozesses (z. B. unklare Zuständigkeitsregelung) geschlossen und damit der Prozess optimiert.

Glossar buchhalterischer Grundbegriffe

Abschreibung. Buchhalterische Erfassung der Wertminderung von Vermögensgegenständen. Gegenstände des Anlagevermögens mit begrenzter Nutzungsdauer müssen planmäßig abgeschrieben werden; Grundstücke können nur außerplanmäßig abgeschrieben werden. Gegenstände des Umlaufvermögens wie Warenvorräte oder Wertpapiere müssen auf einen etwaigen gegenüber den Anschaffungskosten geringeren Börsen- oder Marktpreis abgeschrieben werden. Die Abschreibung kann direkt gebucht werden, indem die Wertminderung abgesetzt wird, oder indirekt, indem bis zum Ausscheiden ein so genanntes Wertberichtigungskonto eingerichtet wird.

Absetzung für Abnutzung (AfA). Steuerrechtlicher Begriff für die Abschreibung von Anlagegütern, die der Abnutzung unterliegen. Die Absetzung bemisst sich nach der betriebsgewöhnlichen Nutzungsdauer der Wirtschaftsgüter, die aus Tabellen der Finanzverwaltung zu entnehmen sind.

Aktiva. Bezeichnung für die linke Seite der Bilanz.

Anschaffungskosten. Alle Zahlungen, die der Bilanzierende trägt, um ein Wirtschaftsgut zu erlangen und in den Betriebsprozess einzugliedern. Außer dem Kaufpreis zählen dazu die Anschaffungskosten wie Maklergebühren, Notariatskosten, Bezugskosten, Zölle oder Frachten. Preisnachlässe mindern die Anschaffungskosten. Anschaffungskosten sind Grundlage und Obergrenze für die Bewertung und die Bemessung.

Antizipative Posten. Aufwendungen und Erträge, die wirtschaftlich in das abgeschlossene Geschäftsjahr gehören, aber erst im nächsten Geschäftsjahr zu Ausgaben bzw. Einnahmen führen, werden auf dem entsprechenden Erfolgskonto und auf den Bilanzkonten Sonstige Forderungen bzw. Verbindlichkeiten „vorweggenommen".

Aufwendungen. Aufwendungen stellen einen betrieblichen Werteverzehr für eine bestimmte Rechnungsperiode dar. Dabei spielt es keine Rolle, ob dieser Werteverzehr dem Betriebszweck dient oder nicht.

Ausgabe. Verminderung des Geldvermögensbestandes, die entweder nur die Vermögenszusammensetzung ändert, oder als Aufwendung gilt.

Bewertung. Festlegung eines Vermögens- oder Schuldpostens in der Bilanz in Geldeinheiten. Bewertungsspielraum im Handels- wie im Steuerrecht gibt es insbesondere bei abnutzbaren Anlagegütern, Forderungen, Vorräten und selbst erstellten Anlagen. Maßgeblich für die Bewertung im Steuerrecht sind grundsätzlich die handelsrechtlichen Vorschriften.

Bilanz. Gegenüberstellung von Vermögen und Kapital in Kontoform zum Abschluss des Rechnungsjahres eines Unternehmens. Nach HGB hat jeder Kaufmann am Schluss eines jeden Geschäftsjahres die Bilanz nebst der GuV-Rechnung aufzustellen, zu unterzeichnen und 10 Jahre lang aufzubewahren. Die Bilanz ist klar, übersichtlich, in deutscher Sprache und in Euro aufzustellen. Das Anlage- und Umlaufvermögen, das Eigenkapital, die Schulden und die Rechnungsabgrenzungsposten sind gesondert auszuweisen und hinreichend aufzugliedern.

Bruttoverkaufspreis. Nettoverkaufspreis zuzüglich Umsatzsteuer.

Buchen im Dialog. In Finanzbuchhaltungsprogrammen werden meistens Eingangs- und Ausgangsrechnungen im Dialog gebucht. „Dialog" bedeutet, vereinfacht ausgedrückt, dass das Programm eine Buchungsmaske vorgibt, in die die buchungsrelevanten Eingaben eingetragen werden. Durch die Eingaben werden die Sach- und Personenkonten sofort aktualisiert.

Buchungssatz. Kurzform einer Aussage darüber, wie und auf welchen Konten ein Geschäftsfall erfasst wird. Zuerst wird das Konto genannt, auf dem im Soll, dann das Konto, auf dem im Haben gebucht wird.

Controlling. Eine Entscheidungs- und Führungshilfe für ein Unternehmen durch ergebnisorientierte Planung, Steuerung und Überwachung des Unternehmens.

Debitoren. In der Buchführung gebrauchter Begriff für die Kunden. Bei Kreditinstituten auch für Kunden, die Kredit beansprucht haben. Die Debitorenbuchhaltung gehört zu den Nebenbüchern.

Doppik. Kurzbezeichnung für das System der kaufmännischen doppelten Buchführung. Danach löst jeder Geschäftsvorfall eine Veränderung auf zwei Konten aus (Buchungssatz). Der Erfolg eines Unternehmens kann ebenfalls auf doppelte Weise ermittelt werden, einmal durch Vergleich des Eigenkapitals zu Beginn und am Ende des Geschäftsjahres und zum anderen durch die Ergebnisrechnung (GuV). Von Doppik spricht man auch, weil jeder Geschäftsfall auf T-Konten und in Form eines Buchungssatzes erfasst wird.

Dreiecksgeschäfte. Ein innergemeinschaftliches Dreiecksgeschäft im Sinne des Umsatzsteuergesetzes liegt vor, wenn drei in verschiedenen EU-Mitgliedstaaten für Zwecke der Umsatzsteuer erfasste Unternehmer (erster Lieferer, erster Abnehmer, letzter Abnehmer) über einen Gegenstand Umsatzgeschäfte abschließen, dieser Gegenstand unmittelbar vom Ort der Lieferung des ersten Lieferers an den letzten Abnehmer befördert oder verwendet wird, der Liefergegenstand von dem Gebiet eines Mitgliedstaates in das Gebiet eines anderen Mitgliedstaates gelangt und der Liefergegenstand durch den ersten Lieferer oder den ersten Abnehmer befördert oder versendet wird.

E-Bilanz. Elektronische Übertragung von Bilanz und GuV ans Finanzamt nach vorgegebener Taxonomie (Gliederung).

Eigenkapital. Finanzierungsmittel eines Betriebes, die dem Inhaber oder den Gesellschaftern zuzurechnen sind. Das Eigenkapital ergibt sich aus der Differenz des Vermögens und der Schulden (Inventar).

Einnahme. Erhöhung des Geldvermögensbestandes, die entweder nur die Vermögenszusammensetzung ändert, oder als Ertrag gilt.

Einnahmenüberschussrechnung. Verfahren der Gewinnermittlung ohne Bilanzierungspflicht für freie Berufe und nicht buchführungspflichtige gewerbliche oder land- und forstwirtschaftliche Betriebe. Der Gewinn wird nicht durch Betriebsvermögensvergleich, sondern durch Subtraktion der im Kalenderjahr gezahlten Betriebsausgaben von den vereinnahmten Betriebseinnahmen ermittelt.

Ereignisgesteuerte Prozessketten (EPK). Darstellungsform für Geschäftsprozesse.

Ergebniskonten. Aufwands- und Ertragskonten. Sie werden auch als Erfolgskonten bezeichnet.

Erinnerungswert. Ist ein Vermögensgegenstand gänzlich abgeschrieben, aber noch vorhanden, darf er in der Bilanz nicht völlig weggelassen werden, meistens wird der Vermögensgegenstand deshalb mit mindestens 1 Euro angesetzt.

Erlösberichtigung. Korrektur des Umsatzerlöses durch Sollbuchung. Mögliche Ursachen sind: Kunde zahlt unter Abzug von Skonto; Kunde erhält eine Preisminderung aufgrund einer fehlerhaft gelieferten Ware.

ERP-Programme. Enterprise Resource Planning. Dies sind integrierte Komplettlösungen, die modular aufgebaut sind und prozessorientiert nahezu alle Unternehmensbereiche abdecken.

Erträge. Erträge stellen einen betrieblichen Wertezuwachs für eine bestimmte Rechnungsperiode dar. Dabei spielt es keine Rolle, ob dieser Wertezuwachs dem Betriebszweck dient oder nicht.

Fifo. First-in-first-out. Ein Verfahren zur Bewertung gleichartiger Gegenstände des Vorratsvermögens. Es wird unterstellt, dass die zuerst gekauften Waren auch zuerst verbraucht oder veräußert worden sind. Die Bewertungsgrundlage sind also die Preise der letzten Käufe. Nach dem Vorsichtsprinzip ist das Verfahren also bei fallenden Preisen anzuwenden. Dieses Verfahren ist steuerlich unzulässig.

Geringwertige Wirtschaftsgüter (GWG). Bewegliche, abnutzbare und selbständig bewertbare Wirtschaftsgüter des Anlagevermögens mit einem Anschaffungswert von netto, d. h. ohne Umsatzsteuer, von mehr als 150 EUR, aber nicht mehr als 410 EUR bzw. 1.000 EUR. Für diese Wirtschaftsgüter gibt es ein Wahlrecht der Abschreibung. Bis 150 EUR einschließlich kann die Anschaffung unmittelbar als Aufwand gebucht werden. Bis 410 EUR einschließlich können Wirtschaftsgüter im selben Jahr vollständig abgeschrieben werden. Wahlweise kann ein Sammelkonto GWG eingerichtet werden, in das alle Anschaffungen zwischen 150 und 1.000 EUR einschließlich für ein Wirtschaftsjahr eingestellt und dann pauschal mit je 20 % jährlich abgeschrieben werden.

Geschäftsprozess. Abfolge von Aktivitäten in einem Unternehmen. Kernprozesse tragen direkt zur Wertschöpfung bei. Unterstützende Prozesse sind erforderlich, um die Kernprozesse auszuführen. Ein typischer Kernprozess ist die Auftragsbearbeitung.

Gewinn. Gewinn ist ein wertmäßig positives Ergebnis der unternehmerischen Tätigkeit. In der Buchhaltung wird er als Zunahme des Eigenkapitals während eines Geschäftsjahres erfasst, wenn die Erträge größer als die Aufwendungen sind.

Grundbuch. Journal

Grundsätze ordnungsmäßiger Buchführung. Sammelbegriff für die teilweise gesetzlich festgeschriebenen, teilweise als Handelsbrauch üblichen Regeln für die Buchführung und Bilanzierung der Unternehmen.

Gutschrift. Formal die Buchung auf der Habenseite eines Kontos. Inhaltlich verwendet für die Buchung einer Leistung zugunsten einer anderen Person oder Unternehmung. Die Buchung auf der Habenseite zeigt, dass eine Verbindlichkeit an diese Person begründet oder eine Forderung an sie vermindert wird.

GuV. Gewinn- und Verlustrechnung eines Unternehmens erfasst die Aufwendungen und Erträge eines Geschäftsjahres in Konto- oder Staffelform. Sind die Erträge größer als die Aufwendungen, wird ein Gewinn, sind sie kleiner, ein Verlust ausgewiesen. Die GuV gehört mit der Bilanz zum Jahresabschluss.

GuV-Konto. Gegenüberstellung von Aufwendungen und Erträgen und damit Sammelkonto für Ergebniskonten.

Haben. Die rechte Seite eines Kontos.

Handelsbilanz. Eine Bilanz, die in Aufbau und in der Bewertung den Vorschriften des HGB entspricht. Veröffentlichungspflichtige Unternehmen müssen die Handelsbilanz veröffentlichen.

Hauptbuch. Die so genannten Sachkonten nehmen die Geschäftsvorfälle einzeln oder meist gesammelt auf. Aus den Salden der als Hauptbuch bezeichneten Sachkonten kann jederzeit eine vorläufige Bilanz zusammengestellt werden.

Hauptbuchkonto. Vgl. T-Konto

Herstellungskosten. Herstellungskosten sind die Aufwendungen, die durch den Verbrauch von Gütern und die Inanspruchnahme von Diensten für die Herstellung eines Vermögensgegenstandes, seine Erweiterung oder für eine über seinen ursprünglichen Zustand hinausgehende wesentliche Verbesserung entstehen.

Höchstwertprinzip. Verbindlichkeiten sind dem kaufmännischen Vorsichtsprinzip entsprechend im Zweifel zum höchsten Wert anzusetzen, bei Währungsverbindlichkeit zum Briefkurs.

Imparitätsprinzip. Die aus dem Vorsichtsprinzip abgeleitete Regel, dass noch nicht realisierte Gewinne beim Abschluss nicht, wohl aber nicht realisierte Verluste zu berücksichtigen sind.

Integrierte Unternehmenssoftware. (IUS) ERP-Programme

Internationale Rechnungslegungsvorschriften. Weltweit sind drei Normengefüge für die Rechnungslegung maßgebend: die US-amerikanischen Generally Accepted Accounting Principles (GAAP), die International Financial Reporting Standards (IFRS, ursprünglich IAS) und die Richtlinien der EU. Die Hauptunterschiede liegen in erster Linie in den Wahlrechten, deren Zahl vom HGB über die IFRS zu den GAAP geringer wird. Die IFRS sind Empfehlungen ohne Rechtskraft. Sie lehnen sich stärker an die angloamerikanische Rechnungslegung als an die in der EU üblichen Standards an.

Inventar. Jeder Kaufmann hat zu Beginn seines Handelsgewerbes und zum Schluss jedes Geschäftsjahres seine Grundstücke, seine Forderungen und Schulden, den Betrag seines baren Geldes sowie seine sonstigen Vermögensgegenstände genau zu verzeichnen und dabei den Wert der einzelnen Vermögensgegenstände und Schulden anzugeben.

Inventur. Körperliche Bestandsaufnahme des Vermögens und der Schulden eines Unternehmens zu einem Stichtag durch Zählen, Messen, Wiegen und Abstimmen der Forderungen und Verbindlichkeiten mit den Aufzeichnungen der Geschäftspartner.

Inventurdifferenz. Abweichung zwischen einem errechneten Endbestand (Saldo auf einem Bestandskonto) und dem im Rahmen einer Bestandsaufnahme (= Inventur) ermitteltem tatsächlichen Wert.

Journal. Aufzeichnung über die in zeitlicher Abfolge aufgezeichneten Geschäftsvorfälle, auch als „Grundbuch“ bezeichnet.

Kontenabgleich. Vergleich der auf den Bestandskonten errechneten Salden mit den Inventurergebnissen.

Kontenplan. Systematische Gliederung aller Konten eines Unternehmens unter Berücksichtigung der betriebsindividuellen Verhältnisse auf der Grundlage eines Kontenrahmens.

Kontenrahmen. Systematisch gegliedertes Ordnungsschema für die Einrichtung von Konten einer bestimmten Branche, z. B. Großhandel, Industrie oder Bankengruppe. Einteilung meistens nach dem dekadischen System in größere Bereiche, Kontenklassen und Unterbereiche, Kontengruppen bzw. Kontenarten. Grundlage des Kontenplans eines Unternehmens.

Konto. Eine zur Aufnahme und wertmäßigen Erfassung von Geschäftsvorfällen bestimmte Rechnung in Form einer Gegenüberstellung. Die linke Seite wird als „Sollseite“, die rechte Seite als „Habenseite“ bezeichnet. Die Differenz aus den aufgezeichneten Bewegungen ist der Saldo.

Kosten. Bewerteter Verzehr (Verbrauch) von Gütern zur Erstellung und zum Absatz betrieblicher Leistungen. Kosten können einem Aufwand entsprechen; ihre Höhe wird dann aus der Finanzbuchhaltung abgeleitet.

Kostenrechnung. Zusammenstellung der in einem Unternehmen entstandenen Kosten nach verschiedenen Gesichtspunkten: In der Kostenartenrechnung nach Art der verbrauchten Güter, in der Kostenstellenrechnung durch Zurechnung auf konkrete Betriebsstellen und in der Kostenträgerrechnung durch Zuordnung auf betriebliche Leistungen.

Kundenskonto. Der Verkäufer bezeichnet den seinen Kunden gewährten Skonto als „Kundenskonto“ (Mehrzahl: Kundenskonti). Der reine Skonto stellt eine Erlösschmälerung dar. Aufgrund der nachträglichen Erlösschmälerung ist eine Korrektur der beim Warenverkauf gebuchten Umsatzsteuer erforderlich.

Lastschrift. Belastung eines Kontos auf der Sollseite. Meistens gebraucht im Zusammenhang mit Personenkonten bei der Begründung einer Forderung.

Lieferantenskonto. Skonto, den uns der Lieferant gewährt, bezeichnen wir als „Lieferantenskonto“. Er stellt eine nachträgliche Preisminderung dar. Die nachträgliche Preisminderung erfordert eine Korrektur der bereits beim Rechnungseingang gebuchten Vorsteuer.

Lifo. Last-in-first-out. Ein Verfahren zur Bewertung gleichartiger Gegenstände des Vorratsvermögens. Es wird unterstellt, dass die zuletzt gekauften Waren auch zuerst verbraucht oder veräußert worden sind. Die Bewertungsgrundlage sind also die Preise der ersten Käufe. Nach dem Vorsichtsprinzip ist das Verfahren also bei steigenden Preisen anzuwenden.

Methoden der Geschäftsprozessanalyse. Eine Optimierung von Geschäftsprozessen ist auf der Grundlage von Geschäftsprozessanalysen mittels Benchmarking, Workflowanalyse, Referenzanalyse oder Schwachstellenanalyse möglich.

Nachlässe. Kontenbezeichnung im Industriekontenrahmen. Das Konto kann für die Erfassung einer vom Lieferanten gewährten Preisminderung (wegen mangelhafter Lieferung) oder für eine Korrektur des Warenaufwands auf der Grundlage einer Zahlung einer Eingangsrechnung unter Abzug von Skonto genutzt werden.

Nebenbücher. Hilfsbücher der kaufmännischen Buchführung zur Ergänzung des Hauptbuches. Nebenbücher werden hauptsächlich eingerichtet für die Erfassung der Debitoren, Kreditoren, Wechsel, Rohstoff- und Warenbestände.

Nettoverkaufspreis. Verkaufspreis ohne Umsatzsteuer

Niederstwertprinzip. Nach dem Prinzip der kaufmännischen Vorsicht darf nach den Vorschriften des Handels- und Steuerrechts bei der Bewertung von Gegenständen des Umlaufvermögens von zwei Werten, dem Anschaffungswert (oder Herstellungswert) und dem Tageswert (Börsen- oder Marktpreis) jeweils nur der niedrigere angesetzt werden („strenges Niederstwertprinzip“). Bei Gegenständen des Anlagevermögens braucht der niedrigere Tageswert nicht verwendet zu werden, es bleibt beim durch planmäßige Abschreibung korrigierten Anschaffungswert als dem höchstmöglichen Wertansatz („gemildertes Niederstwertprinzip").

Nullstellung. Bezeichnung für den Abschluss der Aufwands- und Ertragskonten. Da die Erfolgsrechnung eine Jahresrechnung ist, müssen die Ergebniskonten am Geschäftsjahresende auf „null" gestellt werden.

Offene Postenbuchhaltung. Meistens für Kunden geführte Konten, die nicht als Nebenbücher, sondern nur durch geordnete Aufbewahrung von Belegen geführt werden. Dabei wird nicht auf Personenkonten gebucht.

Offene Posten-Verwaltung. Buchung auf Personenkonten für Debitoren (Kunden) und Kreditoren (Lieferanten).

Passiva. Bezeichnung für die rechte Seite der Bilanz.

Rechnungsabgrenzung. Verfahren zur zeitlichen Zuordnung der in ein Rechnungsjahr gehörenden Aufwendungen und Erträge. Im engeren Sinne zählen dazu nur die transitorischen Posten.

Rücklage. Eine Rücklage ist bei Kapitalgesellschaften ein Unterkonto des Eigenkapitals. Sie stammt aus nicht ausgeschütteten Gewinnen (Gewinnrücklagen) oder aus einer über den Nennwert hinausgehenden Einzahlung (Kapitalrücklage). Aktiengesellschaften müssen eine gesetzliche Rücklage von mindestens 10 % des Grundkapitals bilden.

Rücksendungen an uns oder von uns an Lieferanten aufgrund mangelhafter Lieferungen führen zu Korrekturbuchungen. Je nach Art des Sachverhaltes erfolgen direkte Korrekturbuchungen oder Korrekturbuchungen über Unterkonten.

Rückstellungen. Verbindlichkeiten, die dem alten Rechnungsjahr dem Grundsatz nach entstanden sind, deren Höhe und/oder Fälligkeit zum Zeitpunkt der Bilanzerstellung aber noch nicht genau feststehen.

Schrottwert. Der nach Ablauf der voraussichtlichen Nutzungsdauer für eine dann veräußerte Anlage noch zu erzielende Wert. Hat der Schrottwert eine nennenswerte Höhe, wird er bei der Berechnung der planmäßigen Abschreibung vom Anschaffungswert abgesetzt.

Soll. Die linke Seite eines Kontos.

Sondervergütungen. Sondervergütungen an Mitarbeiter stellen zusätzliche Personalkosten dar. Sondervergütungen, die ein einzelner Mitarbeiter erhält (= direkte Sondervergütungen) sind lohnsteuer- und sozialabgabenpflichtig. Sondervergütungen, die der ganzen Belegschaft zugute kommen (z. B. Betriebsausflug), werden als indirekte Sondervergütungen bezeichnet. Da diese Aufwendungen im Gegensatz zum Arbeitgeberanteil bei der Sozialversicherung freiwillig erfolgen, werden diese indirekten Sondervergütungen auf dem Konto „freiwillige soziale Aufwendungen" erfasst.

Soziale Aufwendungen. Der Unternehmer ist gesetzlich dazu verpflichtet, im Rahmen der Sozialversicherungspflicht der Arbeitnehmer die Hälfte der Beiträge zu zahlen. Der Arbeitgeberanteil wird auf dem Konto „gesetzliche soziale Aufwendungen" erfasst. Davon zu unterscheiden sind Aufwendungen, die der Unternehmer freiwillig erbringt, wie z. B. die Kosten eines Betriebsfestes. Diese werden auf einem eigenen Konto „freiwillige soziale Aufwendungen" erfasst.

Steuerbilanz. Nach dem Grundsatz der Maßgeblichkeit der handelsrechtlichen Bilanzerstellungsvorschriften auch für die Besteuerung ist bei der dafür als Grundlage dienenden Vermögensübersicht von der Handelsbilanz auszugehen. Wurden die nach den steuerlichen Vorschriften geltenden Wertuntergrenzen handelsrechtlich unterschritten, muss eine gesonderte Steuerbilanz erstellt werden.

Stapelbuchen. Bei Verwendung eines Buchhaltungsprogramms kann dieses so gesteuert werden, dass zunächst nur die Buchung als solche erfasst wird. Löschungen oder Änderungen sind vor Ausführung der Buchung noch möglich.

Tageswert. Der Tageswert ist der Wert, der für ein Gut am Markt zu einem bestimmten Zeitpunkt zu erzielen wäre. Der Begriff ist identisch mit dem steuerlichen Begriff „gemeiner Wert" und dem handelsrechtlichen Begriff „Zeitwert".

Teilwert. Nach dem Steuerrecht ist der Teilwert der Betrag, den ein Erwerber des ganzen Unternehmens im Rahmen des Gesamtkaufpreises für das einzelne Wirtschaftsgut ansetzen würde, wobei davon ausgegangen werden muss, dass der Erwerber das Unternehmen weiterführt. Grundsätzlich wird im Steuerrecht nach dem Teilwert bewertet, mindestens aber zum gemeinen Wert.

T-Konto. Wird ein Konto in herkömmlicher Form wie im ursprünglichen Hauptbuch eingerichtet, stehen beispielsweise bei Aktivkonten der Anfangsbestand und die Zugänge auf der Soll-Seite, Abgänge auf der Habenseite. Die beiden Seiten sind durch einen Mittelstrich getrennt, dies gibt dem Konto die Form eines großen „T".

Transitorische Posten. Beträge, die im alten Geschäftsjahr im Voraus geleistet oder empfangen und zunächst als Aufwand oder Ertrag erfasst wurden, die aber dem nächsten Geschäftsjahr zuzurechnen sind.

Umsatzsteuer als durchlaufender Posten. Die Umsatzsteuerlast trägt der Endverbraucher. Für den Unternehmer stellt sie keine Kosten dar; sie ist ein durchlaufender Posten. Was das Unternehmen auf der einen Seite an Steuerbeträgen einnimmt, gibt es auf der anderen Seite in gleicher Höhe wieder aus.

Umsatzsteuerverprobung. Darunter versteht man die Kontrolle („Probe") des Saldos auf dem Umsatzsteuerkonto mit der Summe der Salden aller Erlös- und Erlösberichtigungskonten.

Verdichtung. Hierunter versteht man die automatische Übertragung der Salden aller Kundenkonten oder Lieferantenkonten (Nebenbücher) auf das jeweilige Sachkonto (Hauptbuchkonto).

Verlust. Die Aufwendungen eines Geschäftsjahres waren größer als die Erträge.

Vermögenswirksame Leistungen. Nach dem Vermögensbildungsgesetz kann ein Arbeitnehmer 870 € jährlich maximal vermögenswirksam staatlich gefördert sparen. Werden bestimmte Einkommensgrenzen nicht überschritten, gewährt der Staat eine Arbeitnehmersparzulage in Höhe von 9 % aus 470 € auf Anlagen in Bausparverträgen und 20 % aus höchstens 400 € auf Anlagen in Beteiligungswerten. Trägt der Arbeitgeber den monatlichen Sparbetrag ganz oder teilweise, dann sind diese vermögenswirksamen Leistungen des Arbeitgebers für den Arbeitnehmer arbeitsrechtlich Bestandteil des Gehalts (Lohns) und damit lohnsteuer- und sozialversicherungspflichtig. Die vermögenswirksame Anlage (monatlicher Sparbetrag) wird vom Arbeitgeber vom Gehalt einbehalten und dann entsprechend weitergeleitet.

Vorsichtsprinzip. Nach HGB ist vorsichtig zu bewerten, insbesondere sind alle vorhersehbaren Risiken und Verluste, die bis zum Abschlusstag entstanden sind, zu berücksichtigen; Gewinne sind nur zu berücksichtigen, wenn sie am Abschlussstichtag realisiert sind.

Vorsteuerüberhang. Sind die Vorsteuerforderungen gegenüber dem Finanzamt höher als die Umsatzsteuerschulden, liegt ein „Vorsteuerüberhang" vor. Das Finanzamt erstattet diesen Überschuss bzw. verrechnet ihn gegebenenfalls mit Steuerschulden. Zu einem Vorsteuerüberhang kommt es, wenn im Umsatzsteuervoranmeldezeitraum mehr eingekauft als verkauft wurde.

Wareneinsatz. Der Wareneinsatz stellt die verkauften Waren bewertet zum Einkaufspreis dar. (Was haben uns die Waren, die wir verkauft haben, gekostet?)

Zahllast. Die Vorsteuerforderung und die Umsatzsteuerschuld werden gegeneinander verrechnet. Ein Überhang an Umsatzsteuerschulden gegenüber dem Finanzamt wird als „Zahllast" (= tatsächlich zu zahlen) bezeichnet. Ist die Zahllast am Ende des letzten Voranmeldezeitraumes noch nicht ans Finanzamt abgeführt, ist sie zu passivieren, d. h. auf die Passivseite der Schlussbilanz einzustellen. In der Praxis ist für die Ermittlung der Zahllast die Umsatzsteuerverprobung durchzuführen.

Internet-Adressen zum Rechnungswesen

Bitte beachten Sie folgende Hinweise:

- Prüfen Sie bei allen Adressen, ob für Sie Kosten entstehen!
- Beachten Sie die Urheberrechte!
- Mit Urteil vom 12. Mai 1998 hat das Landgericht Hamburg entschieden, dass man durch die Ausbringung eines Links die Inhalte der gelinkten Seite ggf. mit zu verantworten hat. Dies kann, so das LG, nur dadurch verhindert werden, dass man sich ausdrücklich von diesen Inhalten distanziert.
- Wir haben auf diesen Seiten Links zu Seiten im Internet angegeben. Für alle diese Links gilt: Wir erklären ausdrücklich, dass wir keinerlei Einfluss auf die Gestaltung und die Inhalte der gelinkten Seiten haben. Deshalb distanzieren wir uns hiermit ausdrücklich von allen Inhalten aller gelinkten Seiten und machen uns diese Inhalte nicht zu eigen. Diese Erklärung gilt für alle genannten Links und für alle Inhalte der Seiten, zu denen die bei uns angegebenen Banner und Links führen.

Themenbereich	Adresse	Hinweise
Buchführung/ Jahresabschluss	www.dejure.org	Aktuelle Gesetzestexte, z. B. Einkommensteuergesetz, Einkommensteuerrichtlinien, Abgabenordnung, HGB
Buchführung	www.steuernetz.de	z. B. über „Rechner& Tools" u. a. zu Gehaltsrechner, Abschreibungsrechner
Buchführung	www.gruenderstadt.de	Über „Infopark" und „Vorbereitung" zu „Rechnungswesen"
Buchführung	www.existenzgruender.de	Über „Gründerwerkstatt" und dann „Checklisten und Übersichten" zu „Preiskalkulation und Rechnungswesen" oder zu „Controlling"

Themenbereich	Adresse	Hinweise
Buchführung	www.esteuer.de	Informationen zur Taxonomie in der E-Bilanz (Bilanz und GuV)
Buchführung	www.jura.uni-saarland.de	Über „Deutschland" und „Rechtsprechung" und „Gerichte" zu „B. Bundesgerichte" zu aktuellen Urteilen des Bundesfinanzhofes
Buchführung/ Jahresabschluss	www.rechnungswesenforum.de	Forum mit Fragen und Antworten zu verschiedenen Themenbereichen wie Buchführung allgemein, Steuern, Jahresabschluss. IAS und IFRS
Buchführung	www.rechnungswesen-portal.de	u. a. Fachinfos zu diversen Themen; „Buchhalter-News"
Buchführung	www.datev.de	Informationen über DATEV
Internationale Rechnungslegung	www.ifrs-portal.com	Informationen zu IFRS/IAS
Internationale Rechnungslegung	www.fasb.org/home	Grundlagen für internationale Abschlüsse in englischer Sprache
Internationale Rechnungslegung	www.iasplus.com/index.htm	Informationen in englischer Sprache
Steuern	www.bundesfinanzministerium.de	z. B. über „Wirtschaft& Verwaltung" zu „Steuern" mit aktuellen Informationen. z. B. AfA-Tabelle am einfachsten über „Suche"
Steuern	www.elster.de	Informationen über „Unternehmen"; „Elster-Formular" und „Elster-online"
Steuern	www.ihk.de	Über „Recht und Steuern" zu diversen Informationen

Themenbereich	Adresse	Hinweise
Controlling	www.controllingportal.de	Zahlreiche Infos z. B. zu Kennzahlen; IAS/IFRS; Nutzung von Excel im Controlling

Anmerkungen

1 Ohne Land- und Forstwirte (Grenzwerte für diese Gruppe siehe § 141 AO)

2 § 141 AO

3 § 241a HGB Einzelkaufleute, die in zwei aufeinanderfolgenden Geschäftsjahren die Grenzwerte nicht überschreiten, sind nicht zur doppelten Buchführung verpflichtet. Die § 238 bis 241 HGB sind dann nicht anzuwenden. Bei Neugründungen gilt dies bereits, wenn die Grenzwerte beim ersten Abschlussstichtag nicht überschritten werden.

4 AG = Aktiengesellschaft

5 GmbH = Gesellschaft mit beschränkter Haftung

6 Nach Steuerrecht

7 Diesen § finden sie bei den gesetzlichen Bestimmungen zum Inventar im Kap. 2.2

8 Bei einer Aktiengesellschaft ist das der Vorstand; bei einer GmbH der/die Geschäftsführer

9 Der Aufsichtsrat ist das Kontrollorgan einer Aktiengesellschaft.

10 GmbH und Aktiengesellschaft sind Kapitalgesellschaften

11 Abgeleitet aus lat. solidus = fest, ganz, vollständig.

12 Abweichend von der HGB-Gliederung weisen wir z. B. die Position „Fuhrpark" aus Anschaulichkeitsgründen separat aus. Auf die Position „Rechnungsabgrenzungsposten" verzichten wir hier, da diese erst in einem späteren Kapitel erläutert werden.

13 Die Positionen Techn. Anlagen und Maschinen, Fuhrpark, Betriebs- und Geschäftsausstattung können auch zu einer Position „Andere Anlagen, Betriebs- und Geschäftsausstattung" zusammen gefasst werden, was bei Kapitalgesellschaften (AG, GmbH) üblich ist.

14 Auch möglich ist die Bezeichnung: Waren

15 Auch möglich ist die Bezeichnung: Kasse, Bankguthaben

16 Da es verschiedene Kontenrahmen gibt, verzichten wir im Folgenden auf die Angabe von Kontennummern.

17 Bzw. Verbindlichkeiten gegenüber Finanzbehörden. Vgl. hierzu die Erläuterungen im Text oben.

18 Man unterscheidet Manteltarifvertrag und Lohn- bzw. Gehaltstarifvertrag. Im Manteltarifvertrag ist z. B. festgelegt, dass die Entlohnung nach den Sätzen des Gehaltstarifvertrages (bei Angestellten) zu erfolgen hat; in manchen Branchen wird nicht mehr nach Arbeitern und Angestellten getrennt, sondern es wird eine Mitarbeitervergütung tariflich vereinbart.

19 Die Pflicht zur Einkommensteuerzahlung ergibt sich aus § 1 des Einkommensteuergesetzes. Die Steuer auf die Einkünfte aus nichtselbständiger Arbeit bezeichnet man als Lohnsteuer. Sie wird als Vorauszahlung direkt vom Arbeitgeber einbehalten und an dessen zuständiges Finanzamt abgeführt.

20 Zu den Einnahmen zählen auch Sachleistungen (z. B. Waren, unentgeltliche oder verbilligte Kost und Wohnung).

21 Das Finanzamt leitet die Kirchensteuer weiter.

22 Die Steuerklassen werden im Folgenden nur vereinfacht wiedergegeben.

23 Die Zahl der Kinderfreibeträge, die dem jeweiligen Arbeitnehmer zustehen, können den Steuermerkmalen entnommen werden.

24 Man spricht hier auch von „Splitting": Da in der Steuerklasse III weniger Steuern als in der Steuerklasse V zu zahlen sind, wird sich der besser verdienende Ehepartner in die

Klasse III, der weniger gut verdienende Ehepartner in die Klasse V einstufen lassen (gemeinsamer Antrag).

25 17.900 EUR (Ledige) bzw. 35 800 EUR (Verheiratete) bzw. beim Beteiligungssparen 20.000/40.000 EUR (Stand 2016).

26 Auch dafür hat er Anspruch auf Sparzulage.

27 Im Unterschied zur Buchung eines Warenverkaufs an Dritte erfolgt die Sollbuchung nicht auf dem Konto Forderungen, sondern auf dem Konto Ford. an Mitarbeiter.

28 Zu den direkten Sondervergütungen können auch die vermögenswirksamen Leistungen gerechnet werden, deren buchhalterische Behandlung bereits besprochen wurde.

29 Z. B. Scheffler, Bilanzen richtig lesen.

30 Bei der Buchung im Rahmen einer Einnahmenüberschussrechnung (Vgl. Kap. 11) oder bei nicht umsatzsteuerpflichtigen Unternehmen kann der Buchungsbetrag für den Aufwand einschließlich Umsatzsteuer höher als 150,00 EUR ausmachen. Gleichwohl gilt die Grenze von unter 150,00 EUR netto.

31 Dieses Verfahren gilt zwingend für die Ermittlung der Werbungskosten aus Abschreibung bei Überschusseinkünften.

32 Vgl. im Anhang Internetadressen die Website des Deutschen Rechnungslegungskommittees.

33 Entsprechend gibt es auf der Ertragsseite Leistungen, die nicht aus der GuV-Rechnung ersichtlich sind. Man spricht von Zusatzleistungen. Solche Zusatzleistungen spielen allerdings keine so große Rolle.

34 Auf den Begriff „Anderskosten“ gehen wir im Rahmen dieses Bandes nicht ein.

35 Vgl. Muster in Kap. 11.2

36 Vgl. Anhang.

37 Nach § 19 Umsatzsteuergesetz ist dies auch möglich, wenn der Mindestumsatz nicht erreicht wird. Dieser liegt für Kleinunternehmer bei 17.500 EUR.

38 Muster mit Excel-Tabellen sind auch kostenlos über www.klicktipps.de zu erhalten.

39 Der Vordruck ist jeweils für das abgelaufene Geschäftsjahr bei der Steuerverwaltung abrufbar, für 2016 also erst im Jahr 2017.

40 Es enthält alle gebuchten Geschäftsfälle in zeitlicher Reihenfolge (= Grundbuch).

41 Je nach ausgewähltem Kontenrahmen ergeben sich auch unterschiedliche Kontennummern.

42 Zu Kontenrahmen vgl. auch Kap. 6.

43 Löschen sollte man ein Konto jedoch nur, wenn man ganz sicher ist, dass man es nicht benötigt bzw. nicht benötigen wird.

44 Es ist natürlich auch möglich, anstelle einer einzelnen Rechnung mehrere Rechnungen in einem Arbeitsgang zu übergeben.

45 Zuvor werden sie auf Richtigkeit überprüft.

Sachverzeichnis

A

B

G

H

I

J

K

V

W

Z

Scheffler
Lexikon der Rechnungslegung
Buchführung, Finanzierung, Jahres- und Konzernabschluss nach HGB und IFRS.
Wirtschaftsberater **Toptitel**
4. Aufl. 2015. 590 S.
€ 19,90. dtv 50948
Auch als **ebook** erhältlich.

Dieses Lexikon ist Nachschlagewerk und Ratgeber für alle Fragen zur Darstellung und Beurteilung der Vermögens-, Finanz- und Ertragslage von Unternehmen und Konzernen.

Tanski
Internationale Rechnungslegungsstandards
IFRS/IAS Schritt für Schritt.
Wirtschaftsberater
3. Aufl. 2010. 399 S.
€ 19,90. dtv 50852

Viele Beispiele und grafische Übersichten machen das Verständnis der IAS (International Accounting Standards) leicht und zeigen die markanten Unterschiede zur HGB-Bilanzierung.

Scheffler
Bilanzen richtig lesen
Rechnungslegung nach HGB und IAS/IFRS.
Wirtschaftsberater **Toptitel**
10. Aufl. 2016. 303 S. **Neu**
€ 14,90. dtv 50954
Neu im August 2016

Bilanz, Bewertung, Gewinn- und Verlustrechnung, Bilanzanalyse, Bilanzpolitik.

Schneck
Rating
Wie Sie Ihre Bank überzeugen.
Wirtschaftsberater
2. Aufl. 2008. 258 S.
€ 12,50. dtv 50871

Beimler/Girlich
Ratgeber Betriebsprüfung
Wirtschaftsberater
1. Aufl. 2011. 260 S.
€ 16,90, dtv 50909
Auch als **ebook** erhältlich.

Außenprüfungen von Finanzamt und Sozialverwaltung – Tipps für die Praxis.

Schultz
Controlling
Das Basiswissen für die Praxis.
Wirtschaftsberater **Toptitel**
2. Aufl. 2015. 299 S.
€ 14,90. dtv 50943
Auch als **ebook** erhältlich.

Von der Informationsversorgung über operative Planungs- und Kontrollinstrumente bis hin zu Analyse- und Prognosemethoden stellt das Buch die ganze Palette der Verfahren vor.

Horváth & Partners
Das Controllingkonzept
Gestaltung eines wirkungsvollen Controllingsystems.
Wirtschaftsberater **Toptitel**
8. Aufl. 2016. Rd. 400 S. **Neu**
ca. € 16,90. dtv 50949
Neu im November 2016
Auch als **ebook** erhältlich.

Wie setzt man Controlling in die Praxis um? Arbeitsschritte und Fallbeispiele.